权威·前沿·原创

皮书系列为

“十二五”“十三五”国家重点图书出版规划项目

总编／张道根　于信汇

上海资源环境发展报告（2018）

ANNUAL REPORT ON RESOURCES AND ENVIRONMENT OF SHANGHAI(2018)

上海对接推进长江经济带生态共同体建设

主　编／周冯琦　胡　静

社会科学文献出版社
SOCIAL SCIENCES ACADEMIC PRESS (CHINA)

图书在版编目（CIP）数据

上海资源环境发展报告．2018：上海对接推进长江经济带生态共同体建设／周冯琦，胡静主编．--北京：社会科学文献出版社，2018.2
（上海蓝皮书）
ISBN 978-7-5201-2103-3

Ⅰ．①上… Ⅱ．①周… ②胡… Ⅲ．①自然资源-研究报告-上海-2018 ②环境保护-研究报告-上海-2018 Ⅳ．①X372.51

中国版本图书馆CIP数据核字（2017）第327435号

上海蓝皮书
上海资源环境发展报告（2018）
——上海对接推进长江经济带生态共同体建设

主　　编／周冯琦　胡　静

出 版 人／谢寿光
项目统筹／郑庆寰
责任编辑／吴　敏　吴云苓

出　　版／社会科学文献出版社·皮书出版分社（010）59367127
地址：北京市北三环中路甲29号院华龙大厦　邮编：100029
网址：www.ssap.com.cn
发　　行／市场营销中心（010）59367081　59367018
印　　装／北京季蜂印刷有限公司

规　　格／开　本：787mm×1092mm　1/16
印　张：18　字　数：270千字
版　　次／2018年2月第1版　2018年2月第1次印刷
书　　号／ISBN 978-7-5201-2103-3
定　　价／89.00元

皮书序列号／PSN B-2006-060-4/7

上海蓝皮书编委会

主要编撰者简介

周冯琦　上海社会科学院生态与可持续发展研究所所长，上海市生态经济学会会长、博士生导师、研究员。国家社科基金重大项目“我国环境绩效管理体系研究”首席专家，相关研究成果曾获上海市哲学社会科学优秀成果类二等奖、上海市决策咨询二等奖以及中国优秀皮书一等奖等奖项。

胡　静　上海市环境科学研究院低碳经济研究中心主任，高级工程师，主要从事低碳经济与环境政策研究。先后主持开展国家科技部、环保部、上海市科委、上海市环保局等相关课题和国际合作项目40余项，公开发表科技论文20余篇。

程　进　主编助理，上海社会科学院生态与可持续发展研究所助理研究员，博士，自然资源核算与管理研究室副主任。主要从事自然资源资产管理、环境绩效评价、区域环境治理合作、生态文明与区域发展模式创新等领域的研究。参与国家社会科学基金重大项目“我国环境绩效管理体系研究”，担任子课题负责人，曾获中国优秀皮书报告二等奖。

摘　要

长江经济带横贯我国东西，以占全国20%的国土面积承载了全国40%以上的人口和GDP，在我国区域发展格局中地位重要，也是我国重要的生态安全屏障。近年来，受经济活动和全球气候变化等多重因素的影响，长江经济带生态环境问题严峻，表现为环境污染加剧、安全隐患较大、生态退化严重、自然灾害频发、河口生态环境问题加剧等。长江经济带发展必须坚持生态优先、绿色发展，把生态环境保护摆在优先地位，共抓大保护，不搞大开发。

推进长江经济带生态共同体建设对于系统推进长江经济带大保护具有重要意义。“长江经济带生态共同体”是基于长江经济带复合生态系统的健康度、整体性、系统性，区域间共担生态环境风险、共治生态环境系统、共享生态文明利益，而形成的生态要素有机融合、经济发展与生态环境保护良性互动、区域间共生共利共荣的地域性共同体。本报告以复合生态系统为理论基础，借鉴城市生命力、生态系统生命力等相关概念内涵，构建了包括生态系统健康指数、经济社会发展指数、生态建设响应指数三个维度在内的生态共同体生命力指数，对2011～2015年长江经济带生态共同体生命力指数的动态发展特征进行总体评价，并对各区域生命力指数特征进行比较。结果表明，长江经济带生态共同体生命力指数不断上升，并逐渐由生态系统健康驱动向生态系统健康、经济社会发展、生态建设响应共同驱动转变。各区域生态共同体生命力指数存在显著差异，上游地区生态系统健康指数表现较好，下游地区经济社会发展指数和生态建设响应指数相对更优，下游地区在经济发展水平、经济发展活力、环境经济效率、人居社会生活和谐等方面均处于领先，这也是长江经济带下游地区生态共同体生命力最主要的优势所在。

上海的生态共同体生命力指数一直居长江经济带首位。长期以来，上海积极响应国家对上海市的发展定位，探索长江经济带合作机制，推动对口支援和产业转移，加强对上中游创新溢出，以提升经济发展水平，致力于对接长江经济带建设，并取得了较为显著的成效，这为上海对接推进长江经济带生态共同体建设提供了重要支撑。依托江海交汇、全球城市、科创中心、制度创新等优势，将上海定位为长江经济带生态共同体建设中的“共抓生态保护的示范者、创新驱动发展的先行者、协调区域发展的领头羊、对内对外开放的动力源、引领制度创新的排头兵”，使上海成为长江经济带生态共同体建设中区域协同的协调者、要素协同的扩散源、目标协同的引领者。

上海对接推进长江经济带生态共同体建设，一是加强城市生态环境建设，加强自然生态系统保护，加强水源地保护与水环境综合整治，保护生态空间载体，持续推进崇明世界级生态岛建设，形成长江经济带绿色生态廊道的重要节点。二是发挥全球城市优势，打造要素配置与服务系统重要枢纽。上海通过打造国际化航运金融服务业中心、高端产业向内地转移平台、亚太生产组织中枢等，提升上海对长江经济带信息、产业、货物运输、商品交易的信息管理和人才培训等服务水平。三是建设全球科创中心，依靠创新合作带动长江经济带产业绿色转型发展。上海需要进一步提升全球科创资源配置能力，加强长江经济带科技服务对接与科技资源共享，充分发挥产业创新网络的中心策动、产业绿色发展的中枢传导功能，对接推进长江经济带产业转型升级。四是引领长江经济带环境治理体制机制创新。倡导建立长江流域排污权交易机制和长江经济带区域协作机制，对接构建长江经济带跨界生态补偿机制，对接推进长江经济带自然资源资产产权制度建设。

关键词： 长江经济带　生态共同体　上海

目　录

Ⅰ　总报告

Ⅱ　生态共建篇

Ⅲ　发展引领篇

Ⅳ　制度协同篇

皮书数据库阅读**使用指南**

总 报 告

General Report

B.1 上海对接推进长江经济带生态共同体建设研究

周冯琦　尚勇敏*

摘　要： 长江经济带是一个包含人类和各种自然环境要素在内的生态共同体，推进长江经济带生态共同体建设对于系统推进长江经济带大保护具有重要意义。长江经济带生态共同体是一个生态要素有机融合、经济发展与生态环境保护良性互动、区域间共生共利共荣的地域性共同体。长江经济带生态共同体生命力指数包括生态系统健康指数、经济社会发展指数、生态建设响应指数，本报告从这三个维度构建指标体系对长江经济带生态共同体生命力进行评价。结果显示，（1）2011～

* 周冯琦，上海社会科学院生态与可持续发展研究所所长，研究员，研究方向为低碳经济与绿色发展、环境经济政策等；尚勇敏，上海社会科学院生态与可持续发展研究所，助理研究员，研究方向为区域可持续发展、区域创新与区域经济发展模式转型。

2015年长江经济带生态共同体生命力指数在波动中总体上升，其中经济社会发展指数、生态建设响应指数上升幅度快于生态系统健康指数。（2）下游地区经济社会发展指数和生态建设响应指数相对更优，而上游地区生态系统健康指数较好。依托江海交汇、全球城市、科创中心、制度创新等优势，上海在长江经济带生态共同体建设中应发挥“共抓生态保护的示范者、创新驱动发展的先行者、协调区域发展的领头羊、对内对外开放的动力源、引领制度创新的排头兵”的作用。

关键词： 长江经济带　生态共同体　生命力　上海

长江经济带作为依托长江水系而形成的具有一定独立性、整体性的地理空间单元，是一个包含人类和各种自然环境要素在内的生态共同体。上海作为长江经济带发展的龙头，在区位条件、经济水平、科技创新、改革开放等领域具有先天优势，有必要响应国家战略要求，对接推进长江经济带生态共同体建设。这对于增强上海在全国乃至全世界城市体系中的地位，推进长江经济带建设意义显著。

一　长江经济带生态共同体的理论内涵

目前对生态共同体尚无科学合理界定，为此有必要通过对现有理论进行梳理，厘清长江经济带生态共同体和长江经济带生态共同体生命力指数的内涵特征。

（一）生态共同体相关理论演变

针对人与自然关系，学者们提出了“自然共同体”“大地共同体”“地区共同体”“社会共同体”等概念。大地共同体理论认为人类、生物等均是共同体的普通成员，人与自然处在相互依赖的群体本位状态①。生态政治学提出“地区共同体”，该领域学者们将其视为一种维持地区可持续发展的方案②。随着人类改造自然的力量不断增强，人类社会进入工业文明，并形成对自然巨大的改造和适应能力，进而形成了“社会共同体”③。同时，还出现了“生命共同体”“山水田林湖生命共同体”“生态文明”等相关概念。“生命共同体”探讨生命物种的生物性以及人类的社会性，习近平总书记提出“坚持山水林田湖草是一个生命共同体”，体现了从更大格局上认识人—地关系的思想，深刻而透彻地阐明了人与自然和谐的根本；因此，“尊重自然、顺应自然、保护自然”首先要尊重生命体。

表1　生态共同体相关概念内涵

生态共同体相关概念	内涵
自然共同体	人类是自然共同体的一个普通成员
社会共同体	人类改造自然、利用自然形成的共同体
地区共同体	维持地区可持续发展的一种方案
生态共同体	人类对所处的自然环境改变不断做出适应性调整，自然由自在自然转向人化自然
生命共同体	生命物种的生物性以及人类社会性

（二）长江经济带生态共同体概念界定

分析长江经济带生态共同体的内涵需要分别从“生态”和“共同体”两个关键词进行探讨。“生态”要求长江经济带生态系统具有较强的“再生能力”和“健康度”；“共同体”包含了“共”“同”两层含义，前者要求坚持整体性思想，反映长江经济带各省份是一个完整的生态系统、各行政部

① 郑慧子：《在自然共同体中人对自然有伦理关系吗?》，《自然辩证法研究》2001年第12期，第1~4页。

② 王玉明：《城市群环境共同体：概念、特征及形成逻辑》，《北京行政学院学报》2015年第5期，第19~27页。

③ 余谋昌：《人类文明：从反自然到尊重自然》，《南京林业大学学报》（人文社会科学版）2008年第8（3）期，第1~6页。

门之间需要共保共治，即“整体性”；“同”则要求长江经济带生态大保护要做到统领、统一、统筹，即“系统性”。

为此，我们认为“长江经济带生态共同体”是基于长江经济带复合生态系统的健康度、整体性、系统性，区域间共担生态环境风险、共治生态环境系统、共享生态文明利益，而形成的生态要素有机融合、经济发展与生态环境保护良性互动、区域间共生共利共荣的地域性共同体；也被视为区域间的组织形态和功能模式、区域生态建设的行动联盟、区域生态价值共享的利益团体。

从内在属性来看，“长江经济带生态共同体”是一个目标共同体、责任共同体。从构成要素来看，包括山水林田湖、海洋、矿藏、微生物、能量等自然生态要素，文化、精神、观念、法规、政策、体制、科技等社会要素，以及各类生产活动、生产空间、生产要素组成的经济要素，而人类是各类要素的核心，将自然、社会、经济要素联系起来。从目标体系来看，“长江经济带生态共同体”致力于实现山水田林湖生态要素有机融合、和谐共生的生态空间格局，实现经济建设、政治建设、文化建设、社会建设、生态文明建设五位一体总体布局，实现人与自然友好相处、经济与社会良性互动、生态与人文深度融合的新格局①，实现中央与地方、上游与下游、各省份之间共建绿色生态屏障、共享绿色发展成果的发展格局。

（三）长江经济带生态共同体特征分析

1. “长江经济带生态共同体”是新型的空间观、发展观、文明观

新型空间观强调生态系统内部的有机联系，是山水田林湖等自然要素与人类活动相互包容，自然生态系统与人工改造生态系统镶嵌构成，长江上下游各省份之间绿色协调发展，城市与乡村有机融合的空间格局；应强化水、大气和生态环境的分区管治，系统构建生态安全格局，上游地区以预防保护

---

① 杨思涛：《践行绿色发展新理念——学习习近平总书记关于绿色发展重要论述的体会》，《光明日报》2017 年 7 月 10 日，第 1 版。

为主，中游地区以保护修复为主，下游地区以治理修复为主，东中西部、上中下游、干流支流实行空间管控，分区施策。新型文明观强调牢固树立和贯彻落实生态文明思想及五大发展理念，做好生态环境大保护顶层规划设计，坚守资源环境底线和管控生态空间，实施专项行动解决民生环境问题，实现以生态文明建设为指导①。新型发展观的核心内涵就是坚持“生态优先，绿色发展”，要把生态环境保护摆在压倒性位置。从区域间关系来看，强调长江经济带上中下游地区、各省份的发展应坚持全国一盘棋，充分发挥长江经济带区域内部的主动性，各地区应立足比较优势，统筹人口分布、经济布局与资源环境承载力。

2. “长江经济带生态共同体”是一体化共生的构成形式

长江经济带生态共同体包含三种共生形式。一是人与自然的共生，自然为人类提供原料、实物、空间等，人类为自然有机循环、自然生长提供物质、能量和机制支持。二是不同城市、区域之间相互依存，长江经济带形成一个整体的、系统的生态空间结构和区域生态系统。三是不同城市、区域之间相互合作，由于单个地区、城市所拥有的资源和治理能力有限，长江经济带成为各省份、上中下游地区之间合作的载体。

3. “长江经济带生态共同体”具有多样化的网络格局

长江经济带生态共同体呈现网络化格局形态，包括四个层级。一是生态网络。长江经济带生态基质包括森林、绿地、耕地、水体等相互连通、有机循环构成的生态网络，综合自然、人文等的空间分布，形成一个由不同廊道、不同板块、不同层次、不同功能耦合而成的网络式生态体系。二是物理网络。长江经济带上中下游地区、各省份通过公路、铁路、航运等交通线路，人员、货物、市场等有形要素的流动，形成一个具有开放性、适应性、延展性，不断整合入新的节点，不断扩展的复杂有机整体。三是流的网络。随着信息化不断加深，城市、区域之间的联系更加依赖于信息，长江经济带

---

① 王金南、王东、姚瑞华：《把长江经济带建成生态文明先行示范带》，中华人民共和国环保部网站，http：//www. zhb. gov. cn/home/ztbd/rdzl/swrfzjh/mtbd/201701/t20170111_ 394613. shtml。

各省份联系也不断加深，并构建成复杂多元的信息网络、产业网络、合作网络、资金网络，在“流的空间”上构建成长江经济带“流的网络”。四是治理网络。长江经济带生态共同体建设需要一个跨区域的制度性合作机制，将区域环境政策、制度、规范，以及环保技术创新等纳入治理进程，形成网络化生态共同体建设平台，以及由政府、企业、公众等多元化治理主体参与形成的合作网络。

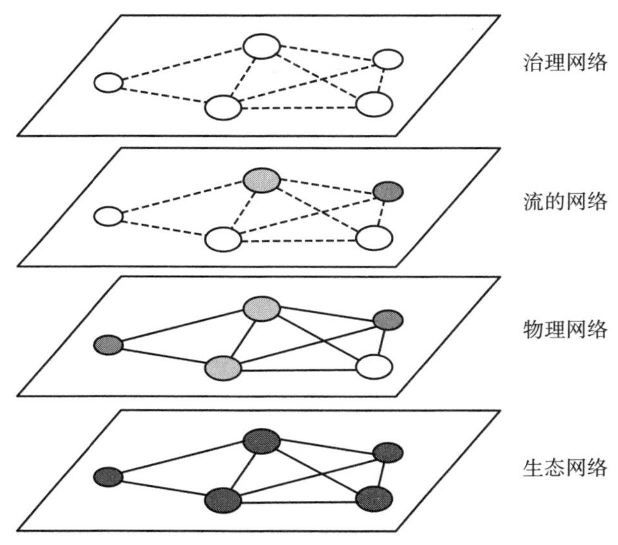

图 1　长江经济带生态共同体多样化网络格局

4. “长江经济带生态共同体”具有多层级、嵌套式的结构

长江经济带是一个由多个区域以及所包含的各类要素、主体通过区域流形成的一个关系网络共同体，具有彼此联动、相互融合的嵌套结构。长江经济带还是一个由若干亚生态系统等形成的嵌套式巨型生态系统结构，长江经济带生态共同体以不同的子生态系统或城市群、城市分层分区进行生态建设；长江经济带生态共同体建设是自上而下与自下而上的结合，既需要从顶层设计入手，做好长江经济带生态共同体建设整体规划，自上而下进行生态建设合作，又需要自下而上、从支流到长江干流等进行推进。

二 长江经济带生态共同体生命力指数评价

2017年7月，习近平总书记提出“坚持山水林田湖草是一个生命共同体”，体现了深刻的大生态观。《长江经济带生态环境保护规划》指出要坚持一盘棋思想。党的十九大报告提出“坚持人与自然和谐共生”。长江经济带作为一个相对独立的地理空间单元，是一个由人、自然、社会、经济等多种生命、多种要素、多种行为活动共同耦合形成的生态共同体。推进长江经济带生态共同体建设对于统筹协调、系统保护，构建区域一体化生态环境保护格局，系统推进长江经济带大保护具有重要意义。而长江经济带生态共同体生命力指数评价，将有利于刻画长江经济带生态共同体建设的现状水平和存在问题；有利于分析各省份优劣势，在长江经济带生态共同体建设中所应突出的重点、需要弥补的弱项、应该努力的方向等；有利于将长江经济带构建成山水林田湖草系统治理，生态、经济、社会统筹发展，人与自然和谐共生，实现区域间共建生态屏障、共享绿色发展成果的共生共利共荣发展格局。

（一）长江经济带区域概况

长江经济带涉及11个省份，面积约205万平方千米，占全国总面积的21.38%。2015年，长江经济带水、耕地、森林和能源等各类资源分别占全国的39.47%、34.42%、40.77%、36.87%。2014年园地、林地、牧草地分别占全国的79.14%、37.05%和7.84%。同时，长江经济带拥有全国37.80%的城镇村及工矿用地、36.53%的交通用地以及40.73%的水利设施用地（见表2），并集聚了全国42.75%的人口、42.23%的GDP（2015年）（见表3）。可见，长江经济带是中国经济发展重要板块，也是我国重要的生态安全屏障。从长江经济带内部空间来看，下游地区经济发展水平远高于上游地区，其GDP、财政收入、进出口贸易总额在长江经济带中占据主导地位，而相对较强的经济活动也形成了对生态环境的压力。

表 2 2014 年长江经济带主要国土资源面积及比重

单位：万亩，%

项目	耕地	园地	林地	牧草地	城镇村及工矿用地	交通用地	水利设施用地
上游地区	29904.6	4209.7	86870.6	16837.5	5148.7	607.0	465.6
占全国比重	14.76	19.52	22.88	5.11	11.05	11.57	8.72
中游地区	27552.3	2750.1	52398.8	25.1	7765.2	734.6	1247.1
占全国比重	13.60	12.75	13.80	0.01	16.67	14.00	23.36
下游地区	23175.5	10108.6	1366.7	8937.9	4694.9	574.8	462.2
占全国比重	11.44	46.87	0.36	2.72	10.08	10.95	8.66
长江经济带	80632.3	17068.3	140636.0	25800.6	17608.8	1916.4	2174.8
占全国比重	39.80	79.14	37.05	7.84	37.80	36.53	40.73

注：下游地区包括上海、江苏、浙江，中游地区包括安徽、江西、湖北、湖南，上游地区包括云南、贵州、四川、重庆。

资料来源：《中国国土资源统计年鉴》（2015 年）。

表 3 2015 年长江经济带主要经济指标及占全国比重

地区	GDP（亿元）	占全国比重（%）	常住人口（万人）	占全国比重（%）	固定资产投资（亿元）	占全国比重（%）
上游地区	69892	22.90	19493	33.17	64325	27.07
中游地区	97182	31.84	23345	39.72	93383	39.30
下游地区	138126	45.26	15930	27.11	79923	33.63
占全国比重（%）	42.23		42.75		42.28	

地区	财政收入（亿元）	占全国比重（%）	进出口贸易总额（亿美元）	占全国比重（%）
上游地区	8822	23.64	1624	9.73
中游地区	10141	27.17	1651	9.89
下游地区	18358	49.19	13416	80.38
占全国比重（%）	44.96		42.22	

资料来源：《2015 年长江经济带九省两市国民经济和社会发展统计公报》。

由于人口、经济活动密集，长江经济带水资源利用不断加剧，水环境与水生态也面临严峻的挑战，表现为环境污染加剧、安全隐患较大、生态退化严重、自然灾害频发、河口生态环境问题加剧等。党的十八届五中全会明确要用绿色发展理念来打造长江经济带，长江经济带生态共同体建设直接影响着长江经济带建设目标的实现。

（二）长江经济带生态共同体生命力指标体系构建

依据盖亚理论，从结构、功能、活动、演化规律等看，整个地球的生态系统可被视为一个有机生命体，各种要素通过共同作用维持着整个地球生态系统的生命力①②，在地球生命共同体中，能源、资源、植被、水体、人口、建筑、交通、社会活动等构成生命共同体的基本结构要素，这些要素进行能量和物质的传递、转换、循环与处理，共同完成生命共同体的自我生长和消亡与自我更新和适应的演化过程。

目前对生态共同体生命力尚无科学界定，但相关学者对生命力、生命力指数等概念进行了界定③。以复合生态系统为理论基础，借鉴城市生命力、生态系统生命力等相关概念内涵，我们认为，生态共同体生命力是承载人类活动、实现自我再生，保持人类活动与自然环境有机协调的能力，具有良好的生态系统健康度、区域共建共享生态的整体性、要素间与目标体系之间的系统性。生态共同体生命力指数是生态共同体生命力的衡量指数，包含生态系统健康指数、社会经济发展指数、生态建设响应指数。

生态共同体生命力是一个相对较新的研究领域，目前学术界较少开展对生态共同体生命力评价的研究。基于生态共同体生命力内涵，依据科学性与实用性、系统性与层次性、稳定性与动态性、可操作性与指导性等原则，结合长江经济带生态共同体特征，本书从生态系统健康指数、经济社会发展指数、生态建设响应指数三个维度，构建长江经济带生态共同体生命力评价指标体系，指标体系共包含 27 个指标（见表 4）。

---

① Lovelock J. Gaia., *A New Look at Life on Earth*（Oxford：Oxford University Press，1979）.

② Yu K J，Zhang D，et al.，“The Planning for the Life Science Park in Zhong Guan Cun，Beijing”，*City Planning Review*，25（2001）：76－80.

③ 苏美蓉、杨志峰、陈彬：《基于生命力指数与集对分析的城市生态系统健康评价》，《中国人口·资源与环境》2010 年第 2 期，第 122～128 页。

表 4 长江经济带生态共同体生命力评价指标体系

目标层	准则层	因素层	指标层	单位
长江经济带生态共同体生命力指数	生态系统健康指数	环境质量	环境空气优良率	%
			水功能区水质达标率	%
		生态压力	单位面积地质灾害数量	次/万 km^2
			自然灾害受灾人口比例	%
			人口密度	人/km^2
			土地开发强度	%
		生态产品供给能力	森林覆盖率	%
			人均水资源量	m^3/人
			人均耕地面积	hm^2/人
	经济社会发展指数	经济发展活力	人均 GDP	万元/人
			第三产业比重	%
			GDP 增长率	%
			社会投资占固定资产投资比重*	%
			R&D 经费内部支出占 GDP 比重	%
			每万人国内专利申请授权量	件
		环境经济压力	废水排放总量	万吨
			二氧化硫排放量	吨
			能源消费总量	亿吨标准煤
		人居社会和谐	城乡居民人均纯收入	万元
			万人拥有医院床位数	张/万人
			人均公共绿地面积	m^2
			人均教育经费支出	万元/人
	生态建设响应指数	生态调控能力	环保投资占 GDP 比重	%
			每万人政府环保人员数量	人/万人
			当年单位面积人工造林面积	hm^2/km^2
		公众参与水平	环保部门依申请公开数量	件
			环保部门官方微博当年发布微博数量	条

注：*即利用外资、自筹资金、其他资金占全社会固定资产投资的比重，该三项投资基本来自本地或外部市场，其比例反映了投资的市场化程度和开放程度。

生态系统健康指数表示生态系统的再生能力、健康状况等，生态系统再生能力越强、健康状况越良好，生态共同体生命力也越佳，包括环境质量、生态压力、生态产品供给能力三个领域，分别表征生态系统的空气和水环境质量，生态系统面临的自然灾害、人为活动产生的压力，以及森林、水、耕地等提供的生态系统承载能力。该维度包含环境空气优良率、土地开发强度、人均水资源量、人均耕地面积等 9 个指标。

经济社会发展指数表示经济社会发展水平、活力等，经济社会发展水平越高，生态共同体的经济子系统越具有生命力，生态共同体通过经济社会水平提升来实现自我调适、自我成长的能力越强；环境经济压力反映经济社会发展所产生的污染物排放及其对环境影响程度；人居社会和谐反映生态共同体建设中，以人为中心的生态系统得到最佳构建，人居生活水平得到有效保障，人与自然更加和谐共生；同时，经济社会越具有活力，经济的成长性越强，与其他地区的经济社会联系也越紧密，则该区域的经济社会子系统生命力也越佳。该维度包含经济发展活力、环境经济压力、人居社会和谐三个领域，以及人均 GDP、城乡居民人均纯收入等 13 个指标。

生态建设响应指数表示政府、公众等生态建设主体对生态共同体调控、生态建设的响应能力和水平。该维度包含生态调控能力、公众参与水平两个领域，以及环保投资占 GDP 投资比重、当年单位面积人工造林面积、环保部门依申请公开数量等 5 个指标。

（三）评价方法与数据来源

本报告采用归一化标准化方法对数据进行标准化处理，采用熵值法确定各指标权重，并用专家打分法确定各因素层的权重，并通过加权求和法计算得出 2011 ~ 2015 年长江经济带生态共同体生命力指数，分析其变化趋势；同时，分析长江经济带上游地区、中游地区、下游地区三个地区，以及长江经济带九省两市的生态共同体生命力指数差异。

本研究数据来源于《中国统计年鉴》（2012 ~ 2016）、《中国国土资源统计年鉴》，各省市统计年鉴、环境状况公报、省环保局信息公开年度工作报告，新浪微博等。

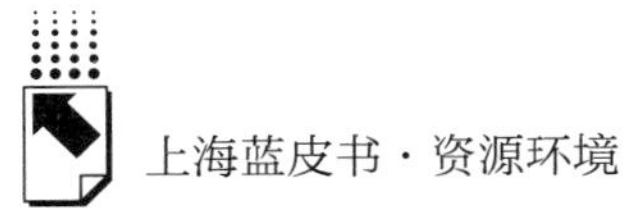

（四）长江经济带生态共同体生命力评价结果

以长江经济带九省两市为评价对象，通过长江经济带生态共同体生命力指数评价体系，对2011～2015年长江经济带生态共同体生命力指数的动态发展特征进行总体评价，并对各区域生命力指数特征进行比较。

1. 总体指数评价结果

2011～2015年，长江经济带生态共同体生命力指数从2011年的0.391上升至2015年的0.484（见图2）。从生态共同体生命力指数的三个维度来看，生态系统健康指数波动较大但总体处于上升趋势，从0.465上升至2015年的0.524，其中2013年出现较大幅度下降，由于当年自然灾害受灾人口比例从上年的11.4%上升至25.2%，人均水资源量也从上年的2303立方米下降至1865立方米，且城镇化造成土地开发强度上升。尽管长江经济带平均环境空气优良率、水功能区水质达标率分别从70.2%、59.2%上升至80.9%、72.2%，单位面积地质灾害数量也从59次每平方公里下降至36次每万平方公里；但生态系统压力依然较大，土地开发强度持续上升，人均耕地面积不断下降，这影响了生态系统健康指数的稳定上升。

2011～2015年，长江经济带经济社会发展指数从0.379上升至0.514，长江经济带人均GDP从3.78万元上升至5.30万元，R&D经费内部支出占GDP比重从1.47%上升至1.78%，每万人国内专利申请授权量从8.43件上升至13.88件，城乡居民人均纯收入从1.63万元上升至2.34万元，人均公共绿地面积从6.17平方米上升至7.02平方米。同时，随着经济规模的扩张，废水排放总量和能源消耗量持续上升，分别从287亿吨和15.4亿吨标准煤增长至319亿吨和16.0亿吨标准煤。可见，2011～2015年，长江经济带在经济发展活力和人居社会和谐方面有了显著改善，但经济发展造成的环境压力依然明显，这反映出长江经济带生态共同体建设需要努力实现人类活动与自然环境的有机协调，进而促进长江经济带生态共同体生命力稳步提升。

2011～2015年，长江经济带生态建设响应指数从0.306上升至0.400。

其中，每万人政府环保人员数量有显著增加，从6.6人/万人增加至10.1人，人员数量的增加使政府动员资源、应对环境问题有了更强的人力资源保障。同时，当年单位面积人工造林面积也不断增长，各省份平均单位面积人工造林面积从7.19hm²/km²上升至9.29hm²/km²。同时，长江经济带各省市社会公众共建生态也取得较好效果，各省市平均环保部门依申请公开数量从2011年的24.82件上升至69.36件。然而，环保投资占GDP比重增长幅度十分微弱，仅从1.29%上升至1.30%。

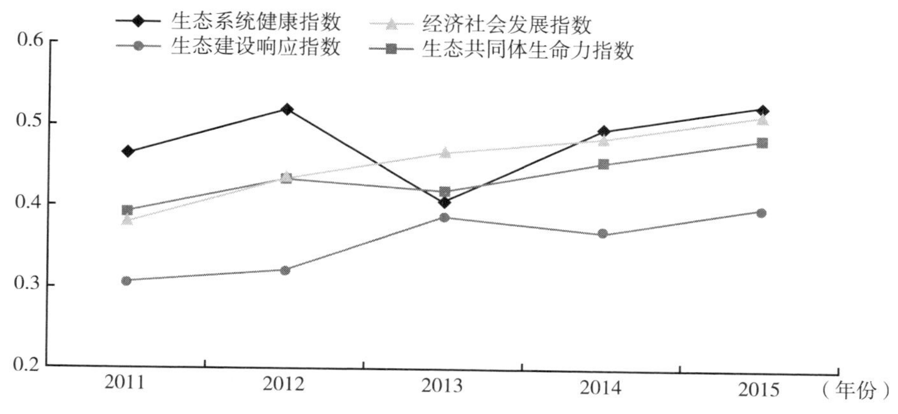

图2　2011～2015年长江经济带生态共同体生命力指数变化

2011～2015年，长江经济带生态共同体生命力指数的贡献度也发生显著变化（见图3）。生态系统健康指数对长江经济带生态共同体生命力指数的贡献度最高，2011年达到40.4%，随后逐渐下降至36.4%。经济社会发展指数贡献总体上升，从2011年的33.0%上升至2015年的35.8%，并与生态系统健康指数共同成为长江经济带生态共同体生命力提升的“双引擎”。对于生态建设响应指数，总体上处于波动趋势，先上升后下降。其中，2013年上升最快，且2013年也是长江经济带上升为国家战略的起始年，环保投资占GDP比重、当年单位面积人工造林面积等多项指标均有较大提升，2013年生态建设响应指数对长江经济带生态共同体生命力指数的贡献达到30.7%；随后生态建设响应指数贡献度有所下滑，这反映出有必要积极响应党的十九大号召，加快生态文明体制改革，增加长江经济带生态共同体建设制度供给，以及相关要素供给。

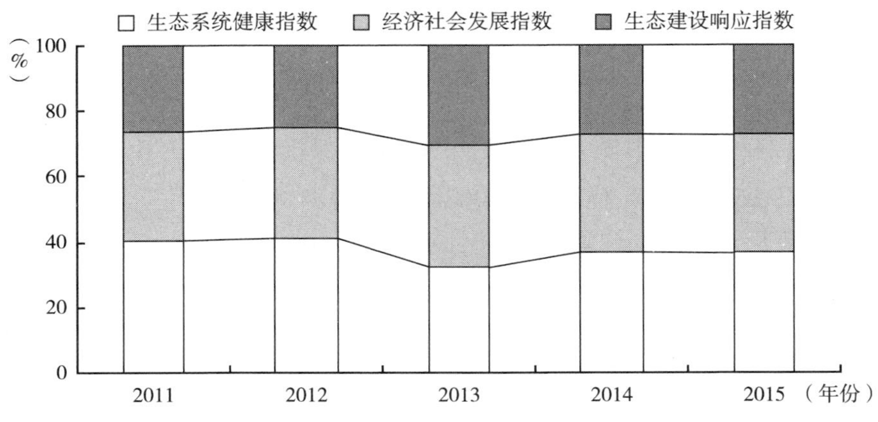

图 3　2011～2015 年长江经济带生态共同体生命力指数贡献度

2. 长江经济带各区域生态共同体生命力指数①

2011～2015 年，长江经济带各区域生态共同体生命力指数总体呈上升趋势，但各区域生态共同体生命力指数存在显著差异。尽管长江下游地区生态系统健康指数相对较差，但经济社会发展指数和生态建设响应指数显著高于长江经济带整体水平，弥补了生态系统健康指数的不足。

对于生态系统健康指数，长江上游的评价结果要优于中下游地区，其原因在于长江上游地区环境空气优良率、森林覆盖率、人均水资源量、人均耕地面积均高于长江经济带平均水平，且人口密度相对较小，土地开发强度较低，生态系统自我修复能力较强，进而保持相对健康的自然生态系统。而下游地区空气、水环境质量均较差，2015 年长江经济带下游两省一市平均环境空气优良率仅为 71.9%，水功能区水质达标率为 54.4%，该两项指标均低于长江经济带平均水平（80.9% 和 72.2%）。同时，人口密度、土地开发

① 本部分长江经济带生态共同体生命力指数与前节有所差异，其原因在于综合评价法为相对结果评价，反映的是当前时间、当前样本的相对结果，生命力指数与前节不具有可比性。

强度也远高于中上游地区，上海、江苏、浙江人口密度分别为3833人/平方千米、777人/平方千米、543人/平方千米，位居前三；土地开发强度分别为49.18%、25.68%和12.80%，分别居于第1、2、4位；同时，两省一市的人均耕地面积、人均水资源量、森林覆盖率也低于长江经济带其他省市水平。

对于经济社会发展指数，2011～2015年长江经济带下游、中游和上游地区经济社会发展指数平均值分别为0.547、0.374和0.387。作为我国经济重心，长江经济带下游地区明显领先于上、中游地区，经济社会发展各类指标总体上均处于领先地位。2015年，长江经济带下游、中游和上游地区人均GDP平均值分别为89812元、41532元和36937元，R&D经费内部支出占GDP比重平均值分别为2.89%、1.58%和1.16%。经济规模的扩展也带来了对生态环境的巨大压力，产生大量的废水、废气，并消耗大量能源资源，2015年下游、中游和上游地区废水排放总量分别为127.9亿吨、113.2亿吨和77.8亿吨，能源消费总量分别为6.8亿吨标准煤、5.0亿吨标准煤、4.1亿吨标准煤。从人居水平来看，上游、中游和上游地区城乡居民人均纯收入分别为38314元、19036元和16563元。可见，下游地区在环境经济压力、经济发展活力、人居社会和谐等方面均处于领先，但其经济发展带来的环境压力也十分明显。

对于生态建设响应指数，长江经济带下游也领先于上游和中游地区，2011～2015年长江经济带下游、中游和上游地区平均生态建设响应指数分别为0.358、0.258、0.297，其中，下游地区在环保人员投入、生态修复投入上表现较好。以2015年为例，下游地区每万人政府环保人员数量、环保部门官方微博当年发布微博数量分别为15.7人、4156条，中游地区和上游地区分别仅为6.7人、856条和9.4人、2073条。然而，长江中上游地区作为长江经济带生态屏障，在人工造林方面成效显著，2015年长江中游地区和上游地区当年单位面积人工造林面积分别为9.78hm^2/km^2和12.92hm^2/km^2，下游地区仅为3.78hm^2/km^2。

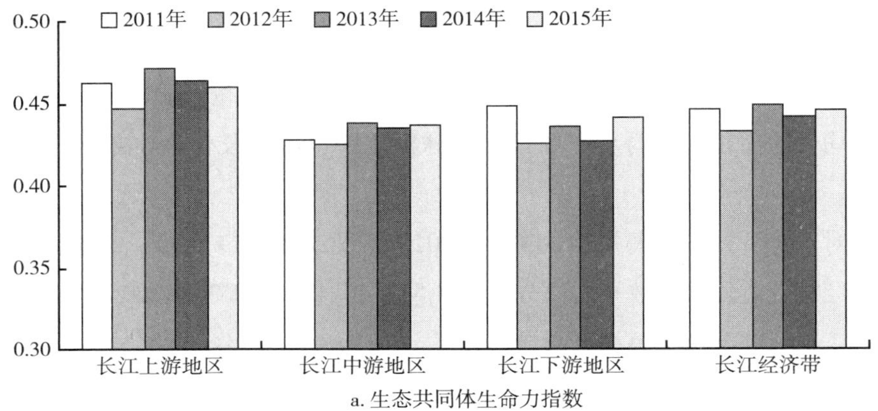

a. 生态共同体生命力指数

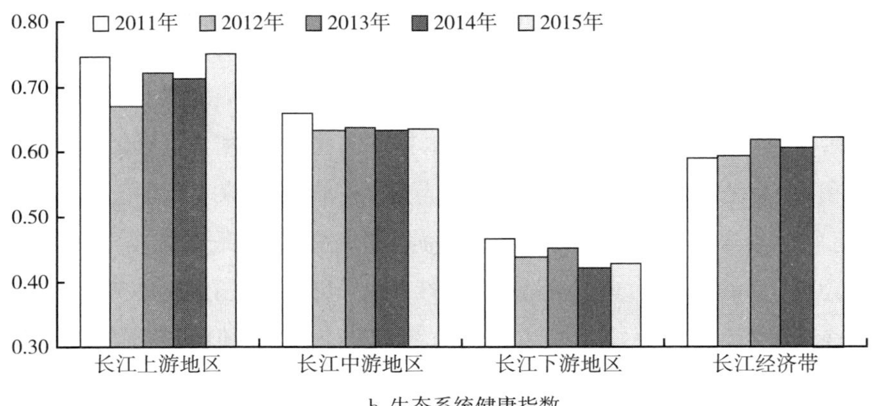

b. 生态系统健康指数

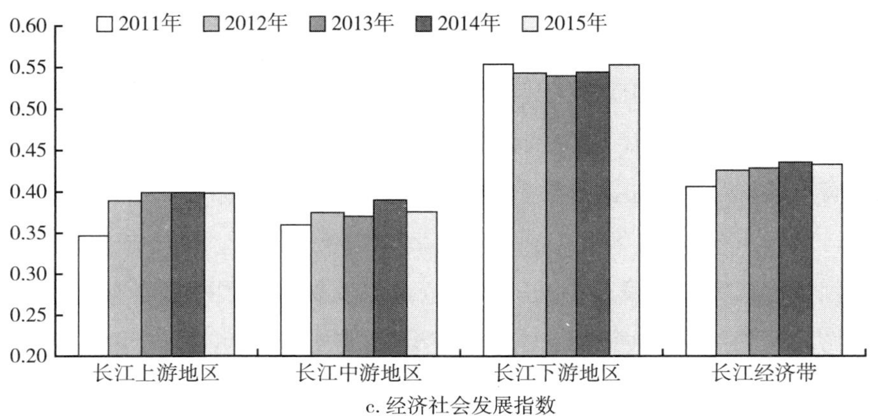

c. 经济社会发展指数

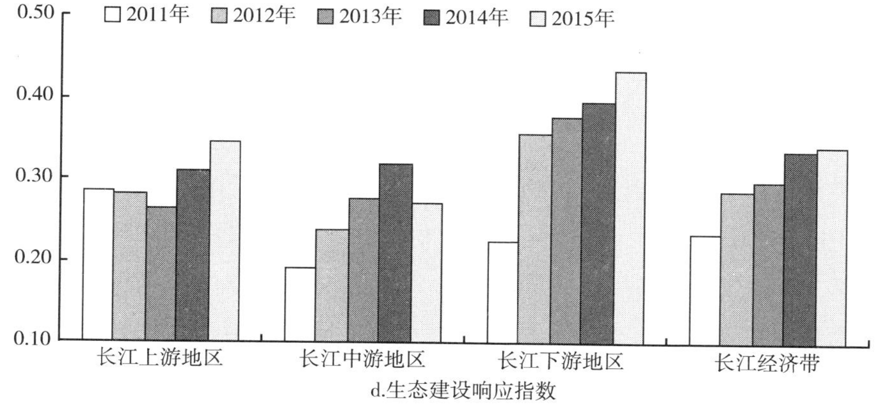

图4　2011～2015年长江经济带生态共同体生命力指数变化

注：由于2011～2015年分别运用27个指标以各省市为评价单元进行评价，故各年份之间的评价值变化不具有时间序列的可比性。

3. 长江经济带各区域生态共同体生命力指数排名变化

受长江经济带各省市生态系统与环境质量本底条件、人类活动强度、经济发展水平与效率、生态建设响应水平等因素变化影响，长江经济带各省市生态共同体生命力指数评价值及其排序也出现较大幅度变化。

其中，上海生态共同体生命力指数排名一直稳定上升。尽管上海在空气、水环境质量方面相对较差，且人类活动强度大，生态产品供给能力较弱；但人均GDP、第三产业比重、R&D经费内部支出占GDP比重、人均教育经费支出等社会经济领域指标，以及环保部门依申请公开数量、环保部门官方微博当年发布微博数量等生态建设响应指标均位居前列，在环境经济效率上也处于长江经济带最低或次低水平。重庆位于三峡库区，水功能区水质达标率高达91.51%（2015年），位居各省市首位，GDP增长率高达11%（2015年），并多年保持领先；当年单位面积人工造林面积高达18.72hm^2/km^2，充分发挥好生态涵养区、长江经济带生态安全屏障的作用，在生态系统健康、经济社会发展、生态建设响应三个领域均保持领先位置。总体上，上海和重庆由于在经济社会发展指数、生态建设响应指数上表现优异，继而形成了第一梯队。

贵州、浙江、湖北等省生态共同体生命力指数总体处于上升态势，分别从2011年的第7、6、10位上升至2015年的第3、4、7位（见图5）。其中，贵州水功能区水质达标率从25.4%上升至70.7%，每万人国内专利申请授权量从0.98件上升至4.00件，单位GDP二氧化硫排放量从193千克/万元下降至81千克/万元，当年单位面积人工造林面积也从2.85hm^2/km^2上升至9.33hm^2/km^2，在生态共同体生命力指数的多个方面均呈现出显著改善；浙江则在森林覆盖率、每万人国内专利申请授权量、人均教育经费支出、城乡居民人均纯收入、R&D经费内部支出占GDP比重等指标上位居前列。湖北水功能区水质达标率从54.7%上升至88.2%，在经济社会发展方面表现也较为优异，以上三个省在生态系统健康、经济社会发展、生态建设响应三个领域均有较大改善。而四川、湖南的生态共同体生命力指数总体上也在不断进步，但进步幅度相对较小。

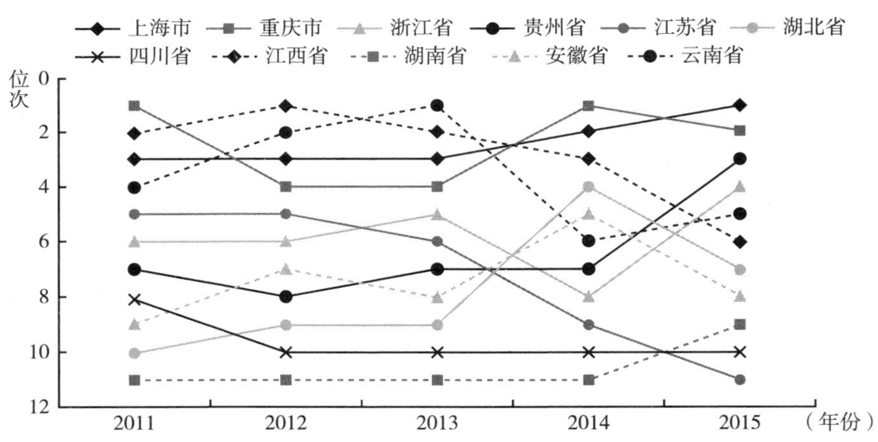

图5　2011～2015年长江经济带各省市生态共同体生命力指数位次变化

综上所述，2011～2015年以来，长江经济带生态共同体生命力指数处于不断上升趋势，尤其是经济社会发展指数和生态建设响应指数的贡献程度不断提升。可见，长江经济带生态共同体建设从目标体系来看，不应只关注

表 5　2011～2015 年长江经济带生态共同体生命力指数评价结果

省市/地区	生态系统健康指数					经济社会发展指数					生态建设响应指数					生态共同体生命力指数				
	2011	2012	2013	2014	2015	2011	2012	2013	2014	2015	2011	2012	2013	2014	2015	2011	2012	2013	2014	2015
上海市	0.274	0.258	0.363	0.264	0.237	0.783	0.728	0.704	0.704	0.704	0.414	0.448	0.462	0.559	0.677	0.498	0.485	0.495	0.485	0.519
江苏省	0.480	0.458	0.486	0.434	0.441	0.424	0.443	0.443	0.444	0.436	0.166	0.429	0.487	0.400	0.361	0.423	0.445	0.474	0.427	0.416
浙江省	0.642	0.605	0.507	0.568	0.607	0.459	0.460	0.475	0.484	0.517	0.097	0.194	0.184	0.233	0.263	0.423	0.438	0.400	0.442	0.477
安徽省	0.644	0.618	0.627	0.617	0.565	0.371	0.366	0.358	0.356	0.342	0.159	0.215	0.376	0.403	0.368	0.417	0.422	0.471	0.474	0.439
江西省	0.824	0.809	0.794	0.736	0.725	0.369	0.368	0.363	0.380	0.360	0.271	0.319	0.238	0.245	0.212	0.521	0.530	0.498	0.482	0.462
湖北省	0.583	0.554	0.581	0.621	0.585	0.367	0.400	0.404	0.440	0.424	0.186	0.222	0.345	0.403	0.290	0.399	0.408	0.457	0.501	0.448
湖南省	0.580	0.539	0.542	0.546	0.657	0.332	0.366	0.358	0.386	0.372	0.147	0.197	0.141	0.223	0.207	0.376	0.385	0.366	0.401	0.437
重庆市	0.705	0.555	0.615	0.652	0.727	0.475	0.541	0.538	0.559	0.573	0.667	0.520	0.407	0.485	0.461	0.525	0.450	0.462	0.503	0.513
四川省	0.793	0.710	0.730	0.680	0.673	0.310	0.368	0.351	0.357	0.355	0.029	0.021	0.026	0.102	0.152	0.419	0.401	0.405	0.410	0.421
贵州省	0.729	0.700	0.706	0.745	0.820	0.274	0.305	0.366	0.376	0.368	0.164	0.134	0.266	0.419	0.520	0.423	0.411	0.472	0.468	0.511
云南省	0.758	0.712	0.830	0.777	0.777	0.326	0.350	0.348	0.304	0.299	0.277	0.453	0.358	0.230	0.249	0.484	0.526	0.544	0.471	0.475
平均值 上游地区	0.746	0.669	0.721	0.714	0.749	0.346	0.391	0.401	0.399	0.399	0.284	0.282	0.264	0.309	0.346	0.463	0.447	0.471	0.463	0.480
平均值 中游地区	0.658	0.630	0.636	0.630	0.633	0.360	0.375	0.371	0.390	0.374	0.191	0.238	0.275	0.318	0.269	0.428	0.436	0.448	0.465	0.446
平均值 下游地区	0.465	0.440	0.452	0.422	0.428	0.555	0.543	0.541	0.544	0.552	0.225	0.357	0.378	0.397	0.434	0.448	0.456	0.456	0.451	0.470
平均值 长江经济带	0.637	0.593	0.617	0.604	0.619	0.408	0.427	0.428	0.435	0.432	0.234	0.287	0.299	0.337	0.342	0.446	0.445	0.459	0.460	0.465

经济发展，还需要关注生态修复、环境保护等自然生态系统健康，坚持生态优先、绿色发展，坚持人与自然和谐共生。从区域协调来看，应发挥长江经济带下游地区的经济、科技、管理优势，尤其是发挥上海在长江经济带生态共同体建设中的龙头作用；中上游地区应坚持不搞大开发、共抓大保护，积极做好生态系统保护与修复，严格保护水环境。下游地区应积极为上游地区生态建设提供资金、技术和政策支持。各区域应依托各地区生态环境特征，充分发挥各地优势，加强生态共建、发展引领和制度合作，共抓大保护，共同建设长江经济带生态共同体。

三　上海资源环境发展评价

上海市大力推进生态文明建设，以改善环境质量为核心，连续实施五轮环保三年行动计划，并积极推进第六轮环保三年行动计划，积极开展大气、水等专项治理计划和区域生态环境综合治理，加快解决与民生密切相关的环境问题，全面完成国家和上海市明确的各项环保目标任务。近年来，上海市主要污染物排放总量持续下降，环境质量得到进一步改善。

（一）环保投入持续增长，环境设施能力提升

面对严峻的水、土、气环境问题，日益频发的强降水、高温、台风、雾霾等极端天气气候事件，以及人民对更优美环境需求的不断增长，近年来，上海市不断加大城市环保资金、技术和人员投入。以资金投入为例，2007年以来，上海环境保护投资从366.1亿元增长至823.6亿元，年均增长率为8.59%，环境保护投资占GDP比重先从2.9%上升至3.1%，后缓慢下降至2.8%，并回升至3.0%（见图6）。从环境设施能力来看，2007~2016年，上海市城市排水管道长度从8120公里增长至21397公里，增长了1.64倍，污水处理厂污水处理能力从556万吨/日提升至815万吨/日，增长了46.6%（见图7）。环境投入的持续增长，环境基础设施能力的不断提升，为上海市环境的质量改善奠定了良好基础。

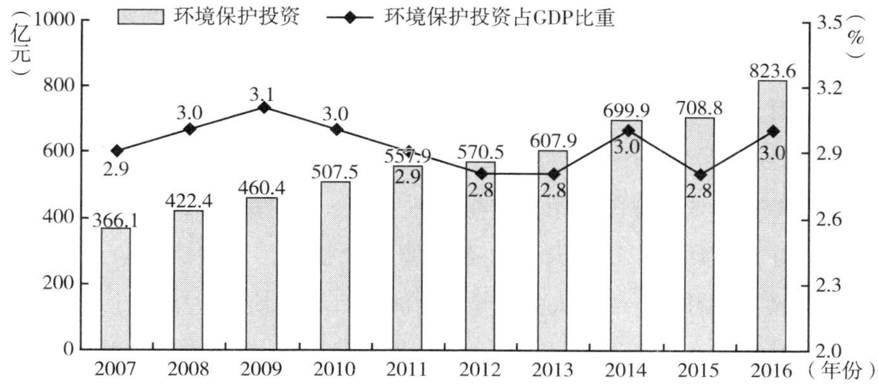

图6　2007～2016年上海市环境保护投资增长情况

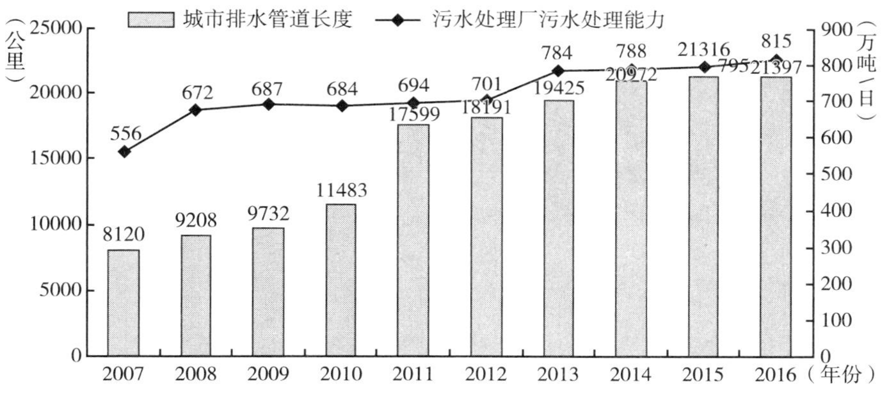

图7　2007～2016年上海市环境基础设施能力提升情况

（二）环境问题依然严重，环境质量有所改善

近年来，上海市城市环境质量在波动中总体趋于改善。在水环境方面，上海市城市水质不稳定，主要河流断面水质波动较大。2007～2016年，Ⅰ～Ⅲ类水占比从12.5%先呈现上升，后逐渐下降，2016年又缓慢回升，而Ⅴ类、劣Ⅴ类水占比先快速降低，后缓慢上升，2016年又降低至50.6%（见图8）。随着近年来上海市政府对水环境治理的高度重视，2016年，全市主要河流断面水质较2015年明显改善，Ⅱ～Ⅲ类、Ⅳ～Ⅴ类断面比例分别上升

1.5 个百分点和 20.9 个百分点，劣Ⅴ类断面比例下降 22.4 个百分点。其中，长江流域河流水质明显优于太湖流域，淀山湖处于轻度富营养化状态。在大气环境方面，环境空气质量总体趋于好转，2013 年环境空气质量优良天数从 241 天上升至 276 天，环境空气优良率从 66% 上升至 75.4%（见图 9）。同时，上海市近年来还对不规范养殖畜禽场进行整治，推广商品有机肥，开展村庄改造，改善城乡环境；积极开展生态环境综合整治，对重点区块进行拆违、整治污染源、关闭无证及淘汰企业等。上海城市环境质量总体处于改善状态，但上海河道水质、黑臭河道等问题明显，以 PM2.5、可吸入颗粒物浓度为代表的复合型空气污染问题突出，重点区块环境问题治理有待加强，有待着眼于“卓越的全球城市”定位，持续推进城市环境综合整治。

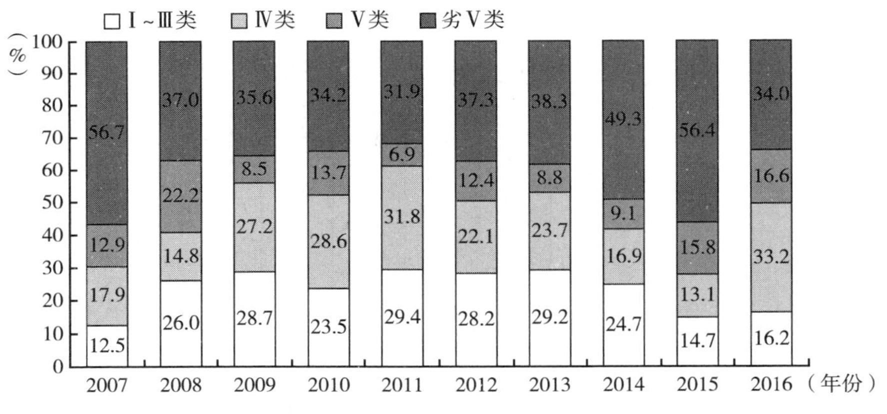

图 8　2007～2016 年上海市主要河流断面水质类别比例

（三）资源利用效率提升，污染排放强度下降

上海市坚决守住生态环境底线，加快产业结构调整，淘汰低效落后产业，发展低能耗低排放产业；积极优化能源结构，坚决减压煤炭消费总量，大力发展绿色低碳能源；发展绿色工业，加快工业节能和绿色制造，加强清洁生产和工业污染防治；发展绿色建筑，推进绿色城镇化，提升建筑领域节能监管水平，规范建设行业污染防控；推进实施减排工程，强化污染治理；进而，

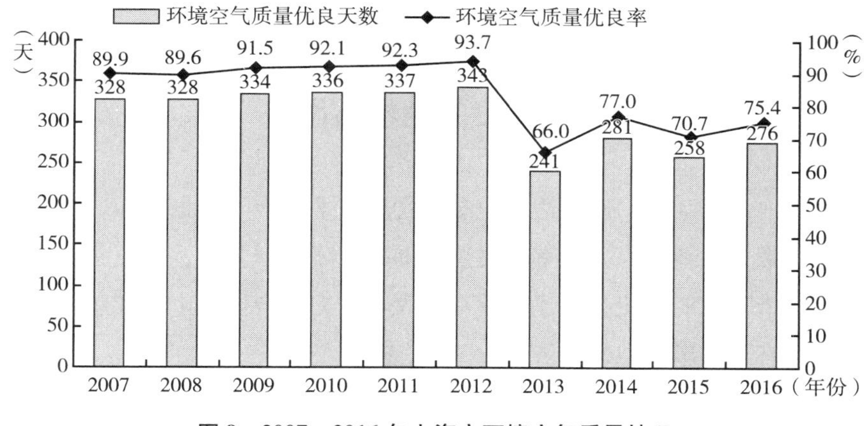

图 9　2007～2016 年上海市环境空气质量情况

注：2013 年以前环境空气质量优良率以 API 评价，2013 年起改为 AQI 评价。

多措并举加大资源节约和生态环境建设力度，深入推进绿色低碳循环发展，扎实推进节能减排降碳。2007 年以来，上海市能源消费总量从 9375 万吨标准煤上升至 2016 年的 11677 万吨标准煤，而能源消费强度从 0.75 吨标准煤/万元下降至 0.43 吨标准煤/万元，能源利用效率不断提升。2007～2016 年，上海城市售水量从 23.9 亿立方米上升至 25.24 亿立方米，仅上升了 5.6%，而同时期 GDP 上升了 119.8%。废水排放量相对保持平稳，从 2007 年的 22.66 亿吨下降至 2015 年的 22.41 亿吨，废水化学需氧量排放从 29.44 万吨下降至 19.88 万吨。

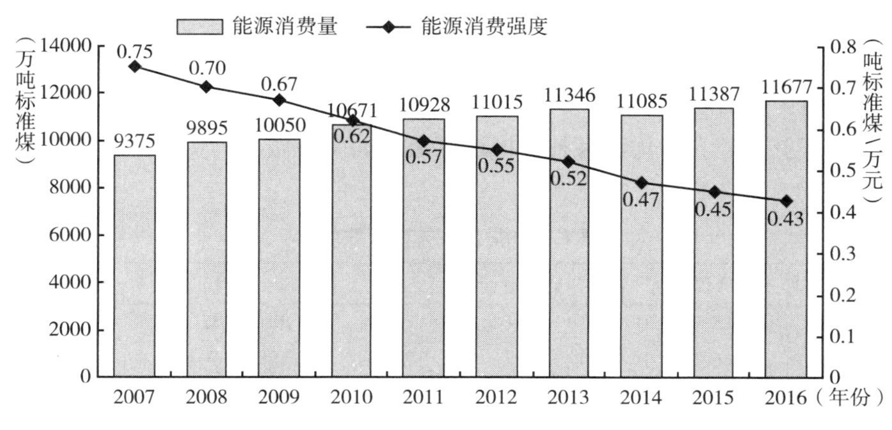

图 10　2007～2016 年上海市能源消费情况

四 上海对接推进长江经济带生态共同体建设的地位与作用

上海地处长江口，通江达海，经济发展水平、国际化程度和影响力位居长江经济带龙头地位。上海有必要响应国家战略部署要求，肩负起对接推进长江经济带建设的新使命，建设具有强大辐射力的全球城市，推动长江经济带成为具有全球影响力的经济带。

（一）上海对接推进长江经济带生态共同体建设的现状与成效

长期以来，上海积极响应中共中央对上海市的发展定位，从探索长江经济带合作机制、推动对口支援和产业转移、加强对上中游创新溢出以提升经济发展水平等方面，致力于对接长江经济带建设，并取得了较为显著的成效。

1. 积极探索长江经济带合作机制

1985 年 12 月，上海、南京、武汉、重庆四市共同发起成立长江沿岸中心城市经济协调会，截至 2016 年底已召开第 17 次联席会议（见表 6）。协调会市长联席会议基本保持在每两年举行一次，会议就长江经济带产业布局、区域合作、要素配置等议题进行了多次商讨。上海作为发起城市之一，目前已牵头召开了第 4、8、12、15 届会议，在推进产业跨界合作、技术扩散与技术转移，发挥对内对外两个扇面开放的枢纽作用等方面具有积极作用。同时，上海还积极主导和参与长三角城市市长联席会的举办，为推动长三角地区资源整合、优势互补，推进区域协同发展做出了积极贡献。

表 6 协调会历届市长联席会

届次	会议时间	会议地点	届次	会议时间	会议地点
第一届	1985 年 12 月	重庆	第五届	1989 年 12 月	重庆
第二届	1986 年 12 月	武汉	第六届	1992 年 4 月	武汉
第三届	1987 年 12 月	南京	第七届	1994 年 5 月	南京
第四届	1988 年 11 月	上海	第八届	1996 年 3 月	上海

续表

届次	会议时间	会议地点	届次	会议时间	会议地点
第九届	1998 年 5 月	重庆	第十四届	2008 年 10 月	武汉
第十届	2000 年 12 月	武汉	第十五届	2012 年 12 月	上海
第十一届	2002 年 12 月	南京	第十六届	2014 年 11 月	合肥
第十二届	2004 年 11 月	上海	第十七届	2016 年 12 月	南京
第十三届	2006 年 11 月	重庆	—	—	—

资料来源：上海市人民政府合作交流办公室，《长江沿岸中心城市经济协调会简介》，http：//xzb. sh. gov. cn/node2/node4/n1021/n1024/n1122/u1ai105797. html，2015 年 6 月 29 日。

2. 积极推动对长江经济带沿岸省市对口支援和产业转移

近年来，上海积极加强产业转移。2008 年底，商务部、上海市商委与中西部 17 个省市等多方共同在上海成立产业转移促进中心，截至 2015 年底，共促成落地项目近 80 个，项目金额合计 800 多亿元，有效促进了上海与长江经济带沿岸省市的产业转移和经济合作①，并带动了沿线地区产业转型升级。2014 年 11 月，上海市出台了关于对口支援专项资金资助企业的实施细则，该文件为上海企业向长江经济带沿岸省市开展项目投资提供了资助。据统计，2013 ~ 2015 年，通过上海市对口支援与合作交流专项资金资助企业总额达 3595. 09 万元，带动固定资产投资约 4. 88 亿元（见表 7）。上海还积极与长江经济带沿岸省市举办产业转移招商对接会，上海依托与云南的对口帮扶合作，积极推进对云南等的产业转移，2016 年实现对云南到位资金 197. 5 亿元。在 2017 年上半年，通过招商引资会等平台，上海实现对浙江吴兴投资 568 亿元。在 2017 年 5 月 21 日举办的“2017 江西抚州（上海）产业转移招商对接会”上，抚州共签订项目总投资 81. 8 亿元②。

① 《从“输出方”到“协作者”上海打造跨区域产业转移协作平台》，新华网，http：//news. xinhuanet. com/2015 - 12/17/c_ 1117487907. htm，2015 - 12 - 17。

② 《江西抚州（上海）产业转移招商对接会举行》，《抚州日报》，http：//jx. ifeng. com/a/20170522/5688659_ 0. shtml，2017 - 05 - 22。

表 7　2013～2015 年上海市对口支援与合作交流专项资金资助企业投资项目情况

单位：万元

年份	项目所在地	上海投资方	符合条件固定资产投资金额	资助金额
2015	云南大理州大理市	上海华宇药业有限公司	1219.67	243.93
	云南昆明市宜良县	上海福正生物科技有限公司	1453.21	290.64
	云南西双版纳勐海县	上海怡源纺织品进出口有限公司	1552.84	300
	云南红河州屏边县	上海常能集团有限公司	1227.58	245.52
	湖北宜昌市夷陵区	上海爱登堡电梯股份有限公司	3470.29	300
2014	湖北省武汉市	上海原材料投资公司、上海对博华康投资公司	11429	300
2013	重庆万州区	上海轩祥物流有限公司	685	137
	四川都江堰市	上海宝山区人张景程	2219	300
	云南景洪市	上海绿亮集团有限公司	1510	300
	云南保山市	上海松江区人张磊彪	1390	278
	安徽金寨县	金安国纪科技股份有限公司	1590	300
	安徽合肥市	上海凯泉泵业集团有限公司	10194	300
	江苏溧阳市	上海浦东新区人颜学海	10878	300

资料来源：课题组整理。

《上海市城市总体规划（2016～2040）》提出逐步疏解上海城市非核心功能，实现“研发在上海、生产在外面”；随后，上海市提出推动电力、化工、钢铁、有色金属、医药、机械等 15 个高耗能、高耗水的一般制造业，贸易中区域性批发市场，航空运输、港口物流以及部分区域性仓储物流基地等非核心功能及核心功能中非核心环节向外疏解①。

3. 依靠科技创新资源优势推动长江经济带发展水平提升

上海致力于建设具有全球影响力的科创中心，并具有较强的科技创新资源集聚优势（见表 8）。首先，上海以科技合作项目②为抓手，积极开展国内科技合作与科技对口帮扶。截至 2016 年，长三角联合攻关项目累计立项

① 上海市人民政府：《上海市城市总体规划（2017～2035）》，2018 年 1 月。

② 包括“长三角科技联合攻关项目”和“科技合作成果示范应用及产业化项目”等。

已达百余项，立项项目中包含大量区域水土综合治理等环境保护领域的共性关键技术联合攻关研究项目，以及区域协同创新公共服务体系等社会经济发展与协同管理创新领域的研究项目。其次，上海市科委与长江经济带沿岸省市科技部门每年开展科技示范和成果转化合作项目，其中，2013 年实施科技合作项目 159 个。再次，上海市还积极开展对长江经济带沿岸省市的人才培训，截至 2016 年，上海市依托上海科技管理干部学院等机构，开展了约 300 期的面向西部地区科技管理干部的培训班，实现对西部地区近 20000 人次的培训。上海科技创新资源为长江经济带环境协同治理与区域协同发展提供了有力的技术支撑和智力支持。

表 8　2015 年长江经济带科技创新资源分布情况

省份	R&D 经费内部支出（万元）	R&D 机构数（个）	R&D 从业人员（人）	R&D 人员全时当量（人年）
上海	2647025	137	48056	29432
江苏	1303174	142	57002	23652
浙江	302803	101	15775	7133
安徽	480534	102	21373	10059
江西	122029	118	13094	5361
湖北	644219	134	32032	15326
湖南	196044	132	14010	7914
重庆	179589	27	11422	4283
四川	2116421	171	77723	31863
贵州	78854	81	6417	2987
云南	225672	110	11112	7210

资料来源：《2016 中国科技统计年鉴》。

4. 充分发挥改革开放排头兵作用组织长江沿岸省市共商保护大计

作为长江经济带龙头城市，上海市政府相关部门和科研院所、智库等组织了多次长江经济带战略相关内容的研讨会（见表 9），就上海以及长江经济带各省市如何共同服务绿色发展目标进行深入探讨，促进了长江经济带沿岸省市智慧的碰撞，有效地推动了各省市在长江经济带建设中明确发展方向、把握功能定位、推进跨界合作、实现制度创新等。

表 9　上海主办关于长江经济带绿色发展领域的研讨会（部分）

时间	地点	会议名称
2017 年 10 月 20 日	上海	法国驻华大使馆和华东师范大学联合主办 2017"中法环境月"
2017 年 8 月 17 日	上海	第二届长江发展论坛
2017 年 4 月 19 日	南通	第三届长江经济带发展论坛
2017 年 4 月 7 日	上海	"长江经济带重大战略问题"研讨会
2017 年 3 月 9 日	上海	长江沿岸城市环境绩效评估报告发布会
2016 年 8 月 4 日	上海	长江经济带科技资源共享论坛
2016 年 6 月 14 日	上海	上海政协十二届会议各方协力促进长江经济带建设
2016 年 6 月 6 日	上海	2016 长江保护与发展论坛
2015 年 10 月 13 日	上海	长江流域园区与产业合作对接会开幕式暨长江发展论坛

注：长江经济带发展论坛为上海社会科学院等单位联合主办。

资料来源：笔者整理。

（二）上海对接推进长江经济带生态共同体建设的潜力与条件

上海不仅具有良好的自然环境基底、较强的区位优势，还在科创中心、自贸区等建设上取得了显著成绩，这为对接推进长江经济带生态共同体建设提供了重要支撑。

1. 江海交汇的自然基底

上海位于东海之滨、长江之口，地处我国海岸线终端与长江口的交汇处，是我国东部沿海与长江"T"字形战略发展的汇聚点。上海除了作为中国最大的工商业城市，经济、金融、贸易、航运中心以外，还具有良好的生态环境基底。其中，崇明岛位于长江口、东海之滨，是世界上最大的河口冲积岛，滩涂湿地辽阔，底栖动物和植物资源丰富，是国际候鸟迁徙的重要驿站，也是国家级生态示范区。上海生态环境对于维持长江经济带生态平衡和生态共同体建设具有重要作用。

2. 追求卓越的全球城市

随着我国在全球经济和全球治理中发挥日益重要的作用，这需要上海等城市代表我国参与全球竞争，提升中国参与全球竞争的层次和能级。上海作为我国发展水平、对外开放程度最高和综合实力最强的城市，有条件也有义务顺应全球城市网络发展趋势，建设与我国综合实力和国际地位相匹配的全球城市。2016 年 8 月，上海市人民政府对外发布《上海城市总体规划（2016 ~2040）》，并提出建设卓越的全球城市，上海也将成为全球城市体系中的重要节点，强化对全球高端资源和战略要素的配置能力，积极辐射影响长江经济带，在长江经济带内形成对经济活动配置、管理、服务具有重大影响和辐射的城市。

3. 有全球影响力的科创中心

改革开放以来，上海市历届政府始终高度重视科技创新的推动作用，加快建设创新型城市。“十二五”期间，上海更是明确提出要大力实施“创新驱动发展、经济转型升级”发展战略。上海创新要素集聚程度较高、科技和产业创新能力较强、创新开放合作十分广泛、制度创新全国领先，具备建设全球科创中心的良好基础优势；目前，上海正致力于建设具有全球影响力的科技创新中心。未来的上海，将成为全球新知识与新思想的交汇核、全球新技术转化与商业模式的试验场、全球跨界技术扩散与信息贸易的加速器、全球知识型生产链关键环节的集结地①。

4. 先行先试的制度创新

上海在生态环境制度建设方面，不断加强制度创新。（1）水资源管理方面，2017 年 7 月 25 日审议通过《上海市水资源管理若干规定（草案）》，形成了最严格的水资源考核制度以及河湖健康评估制度。（2）水源地管理方面，2017 年 8 月 23 日通过了《上海市饮用水水源水库安全运行管理办法》，对青草沙、陈行、东风西沙、金泽等饮用水水源水库的安全运行及其

① 肖林、周国平：《卓越的全球城市：不确定未来中的战略与治理》，格致出版社/上海人民出版社，2017。

相关管理活动进行了规定。(3) 环境综合整治方面，2015 年上海市将 11 地块土壤和中小河道列入年度生态环境综合治理的重要对象，2016 年启动了第二轮环境综合整治；2017 年 3 月，上海推进第三轮占地共约 105 平方公里的 22 个市级重点区块生态环境综合治理工作。2014 年 4 月 8 日，提出全面实施"104 区块"结构调整和能级提升，推动"195 区块"有机更新和转型，以及"198 区块"[①] 低效建设用地减量化。(4) 河道综合整治方面，2016 年 12 月上海市制定《关于加快本市城乡中小河道综合整治的工作方案》，提出到 2020 年全市基本消除丧失使用功能水体。

（三）上海对接推进长江经济带生态共同体建设的战略定位

全面贯彻党的十八大、十八届五中全会和党的十九大会议精神，积极响应中共中央国务院对长江经济带的战略部署，结合上海江海交汇、全球科创中心、全球城市等综合优势，将上海定位为长江经济带生态共同体建设的"共抓生态保护的示范者、创新驱动发展的先行者、协调区域发展的领头羊、对内对外开放的动力源、引领制度创新的排头兵"，使上海成为长江经济带生态共同体建设中区域协同的协调者、要素协同的扩散源、目标协同的引领者。

上海对接推进长江经济带生态共同体建设的战略愿景为：让长江经济带各省市绿色发展更具生命力，让长江经济带成为共生共利共荣的生态共同体，让长江经济带成为中国乃至世界经济转型绿色发展的样板区域。

1. 共抓生态保护的示范者

上海应以建设"令人向往的生态之城"为目标愿景，以改善生态环境质量为核心，严格城市生态空间格局管控，形成有利于自然生态健康、产业生态高端、人居生态和谐的生态空间格局，为市民提供更多优良的生态产品。应围绕饮用水安全保障、环境基础设施、面源污染治理、黑臭水体综合

---

① 104 区块是全市现有的约 104 个规划工业区块，195 区块是规划工业区块外、集中建设区内的现状工业用地，面积约 195 平方公里；198 区块是指规划产业区外、规划集中建设区以外的现状工业用地，约 198 平方公里。

治理等重点领域，切实加强水环境综合整治，持续推进河湖水生态保护，加强近海岸污染防治，加快推进海绵城市建设，持续推进崇明世界级生态岛建设，为长江经济带沿岸省市共抓大保护、共建生态共同体做良好示范，并带动长江经济带成为中国乃至世界环境改善最佳的经济带和经济转型绿色发展的样板区域。

2. 创新驱动发展的先行者

上海应深入推进建设具有全球影响力的科技创新中心，推进科技与产业向“智能、泛在、互联、绿色、健康”方向融合发展，加快实现科技振兴经济，依靠科技培育新的经济增长点；加快提升上海科技创新地位，通过建设国际化创新功能平台和实施“走出去”战略增强科技创新辐射力；加快实现科技价值，避免科技创新中的低效创新和无效创新①；明确重点发展技术领域，包含符合科技进步大方向、产业变革大趋势、关系国家利益大战略、上海发展大远景、具有优势基础的大产业的技术领域。

3. 协调区域发展的领头羊

上海应依托其长江经济带龙头城市地位，推动构建长江经济带区域协调体系；通过引领长江经济带产业转型和沿岸省市产业合理分工和优化布局，推动创新型要素配置向内地转移，创新发起者引领示范，促进江海联运等途径，带动长江经济带中上游地区经济发展水平提升，缩小与东部地区发展差距，带动长江经济带整体共享绿色发展利益，实现区域间共生共利共荣。

4. 对内对外开放的动力源

上海应推动与长江经济带沿岸省市金融合作与联动发展，充分发挥江海联运的独特优势，强化其国际航运中心地位，不断完善对外交通网络，降低货物运输成本，促进上海与沿岸省市内外贸发展对接。充分发挥长江经济带门户城市的区位优势，以及“四个中心”、自贸区等条件，积极参与和融入“一带一路”，提升上海在全球资源配置体系中的地位与作用，并为长江经济

---

① 林兰：《上海城市创新建设的理论与实践》，经济科学出版社，2016。

带沿岸省市提供具有国际水平和标准的金融、贸易、航运服务，带动长江经济带参与国际竞争，充分发挥上海在对内对外双扇面开放格局中的枢纽作用。

5. 引领制度创新的排头兵

贯彻落实“改革开放排头兵”的战略定位，积极探索生态文明体制改革与创新，结合现有制度创新领域，进一步强化和创新最严格水资源管理制度考核、河湖健康评估制度，推进饮用水源地管理机制、环境综合整治与河道综合整治模式创新等；鼓励支持污染第三方治理；完善生态补偿制度；积极推进环境共治共享，完善有奖举报制度等；加快构建创新性的长江经济带环境协同治理体制机制，探索各省市环境协同治理的利益协调机制和合作协商制度，进而将上海建成长江经济带生态环境体制机制创新的策源地、排头兵和推动者。

五　上海对接推进长江经济带生态共同体建设的策略

长江经济带生态共同体需要各区域、各部门的共同努力与合作，上海作为长江经济带江海交汇的门户城市、经济中心城市等，其生态共同体生命力指数长期居于首位，尤其是在经济社会发展指数、生态建设响应指数上具有显著优势，上海有必要发挥自身区位、经济、科技、制度等优势，对接推进长江经济带生态共同体建设。

（一）加强城市生态环境建设，形成长江经济带绿色生态廊道的重要节点

上海要以生态文明建设为指引，加快建设生态宜居的现代化国际大都市，努力实现“天蓝地绿水清”，努力成为长江经济带共抓大保护的典范。

一是加强自然生态系统保护，厚植自然生态基底。加强具有全球生态保护意义的沿海沿江滩涂湿地（长江口九段沙、崇明东滩等）生态系统保护，修复恢复和保育受损湿地，加强沿海生态系统修复，确保滩涂生态系统自然发育充分和演替过程完整，提升上海生态建设全球责任感。加强森林绿地、农田等自然生态系统保护，厚植上海生态优势。持续推进水生态保护与修

复，恢复河湖水系生物多样性。强化生态红线区域保护与管理，拓展生物多样性保护基础空间。大力推进绿地林地建设，最大限度利用并拓展绿色空间，增加居民健康福祉。

二是严格生态管控，保护生态空间载体。强化上海生态保护红线，明确城乡生态保育总量底线，确保生态用地只增不减，逐步提升城市生态容量；建设环城绿化带，控制城市无序蔓延。结合城市自然禀赋、功能特点、生态承载力和未来发展需求，划定城市“五线谱”[①]，形成自然资源、经济社会相协调的空间发展格局，城市发展尊重河湖、湿地、森林、田园等自然边界的存在。加强城市生态环廊体系建设，推进生态间隔带建设，沿海、沿湖、沿江、沿路、环岛建设纵横交错、生态保育、农林生产、休闲游憩、动物栖息、生态引导的生态走廊。逐步推进复合生态空间格局优化，形成以森林、河流为骨架的生态网络；加快实施生态廊道和城市绿道建设，构建生态健康、功能复合、互联互通、可达性强的绿色休闲空间体系。

三是加强水源地保护与水环境综合整治。加强长江口河口海岸生态保护，推进滨海及骨干河道岸线整治修复，增强城市河网水系连通性，构建基于河网水系的蓝绿网络，修复生态岸线，优化驳岸设计。强化饮用水源地安全保障，加强水源地环境监管，加快水源保护区排污口截污纳管，减少流动源和企业对水源地的风险。加快完善水环境基础设施，提升城镇污水处理能力和水平，加快建设污水收集管网，实现污水、污泥全收集处理和资源化利用。加大城市和农业面源污染治理力度，着重解决市政管网雨污管网混接问题。推进重污染河道和中小河道整治，推进黑臭河道综合整治，推进镇村级河道疏浚，打通断头河，增加水动力，到 2020 年全面消除黑臭河道。

四是持续推进崇明世界级生态岛建设。围绕世界级生态岛定位，厚植生态优势，推进水、土、林、气环境综合整治，将崇明生态岛建成长江经济带绿色生态廊道上的一颗明珠。按照国际生态建设最新理念开展生态岛

---

① 即城市的“红线”“绿线”“紫线”“蓝线”“黄线”。

建设，运用“中国智慧”促进生态优势与发展优势协调发展，积极形成完善的绿色发展政策和体制机制体系；加快制定和完善绿色发展技术规范标准体系，加快形成绿色化的产业结构体系；打造长江经济带生态大保护与生态共同体建设的标杆和典范，积极推进崇明生态岛形成上海实践基于生态文明的区域发展模式的重要策源地，积极将生态文明发展模式向长江流域其他省市推广。

（二）发挥全球城市优势，打造要素配置与服务系统重要枢纽

一是打造亚太生产组织中枢。对接全球主要城市在国际金融与专业服务高集中度、跨国公司的全球命令与控制中心、灵活的专业化和多样化工业区、创新文化与创意阶层高度集中地等四方面的优势，围绕“五个中心”引进和培育全球性航运、金融、商务、研发、会展、文化创意等专业性服务业机构在上海集聚、集中、集约发展，集聚全球大型跨国公司在沪布局，将上海打造成亚太经济的生产组织中枢。

二是建设高端产业向内地转移平台。依托上海在国家对外开放中的门户和中国内地连接全球的窗口地位，立足面向国际、服务国内“两个扇面”的开放格局，提升上海相关园区承接新一轮国际高端产业转移的能力，并有序推进上海产业向长江经济带其他城市转移，提升内地省市经济发展水平。

三是引领长江经济带港口联动发展。依托国际航运中心建设，为长江经济带提供更为顺畅的外贸通道，通过大通关与多式联动体系建设，推动江海联运，建立长江沿岸港口与上海港之间更为高效、便捷和安全的集疏运通道，降低沿岸港口存储集散成本，降低港口对长江水环境的影响和能源消耗。

四是建设长江经济带要素配置中心。依托国际航运中心、全球金融中心，打造国际化航运金融服务业中心，提升对沿岸港口、货物的信息管理服务；依托上海证券交易所等，建设长江经济带大宗商品交易中心；依托科技、人才优势，推进科技人才向内地辐射，建立人才交流与培训中心。

（三）建设全球科创中心，依靠创新合作带动长江经济带产业绿色转型发展

一是加强科技服务对接与科技资源共享。加强前沿技术和基础领域研发投入，推进高新技术产业化发展，发挥自身综合创新功能，加强科技服务对接，将上海打造成长江经济带科技创新的龙头，以及成果转化对接服务平台；建立与国际接轨的知识产权保护体系，为长江经济带各省市技术合作构建制度保障；加强创新资源共享，建立长江经济带集大型科研、检测设备仪器、中试基地为一体的服务网络平台，推进长江经济带各省市基础研究机构、应用研发机构与企业的优势互补融合。加强人才培训援助，积极打造应用技术人才培训基地，尤其是环保科技、环境管理、环境监测等领域的人才，为服务长江经济带产业转型升级提供应用型技术人才，摆脱长江中上游城市技术人才短缺的困境。

二是支持长江经济带产业绿色化转型。鼓励上海大型用能单位利用自身技术与管理经验，开展对长江经济带企业产业绿色化的技术与管理支持，提升长江经济带各省市节能水平，构建更加低碳、绿色的生产方式。充分发挥上海产业结构、产业技术等方面的优势，加强与长江经济带各省市技术交流与合作，深入推进长江经济带构建更加绿色的产业体系。

三是积极支持产业空间优化布局。首先，依托上海产业优势，推动城市产业创新合作，在上海、武汉、成都、长沙、重庆等形成具有国际影响力和核心竞争力的产业集群，形成分工有序、布局合理的长江经济带优势产业空间格局。其次，依靠产业创新合作，支持沿岸省市发展先进制造业和新兴产业，积极推进制造业服务化；引导产业向重要园区和重点城市布局。最后，严格重化工业项目审批，建议国家停止对长江经济带上游地区重化工业园区新增项目，下游地区不再新增重化工业项目。

四是有效提升上游地区造血能力。首先，应加强交通设施投入力度，打通上游地区生态产品出口和外部资金、技术等生产要素进入的通道，拓宽和提升生态产品与消费市场的联系渠道和流通能力。其次，鼓励上海涉农企业到上游地区投资设厂，发展生态农业，并在发展中维护生物资源多样性。再

次，依靠产业转移和劳务输出双向渠道，帮助中上游地区培养人才，杜绝贫困代代相传，实现彻底拔出“穷根”。最后，将上海富余的技术、资金和产能向长江上游转移，推进长江上下游产业合作；鼓励上海与上游省市共建产业园区，将产业布局、园区建设、生态扶贫与环境整治紧密结合起来。

（四）引领长江经济带环境治理体制机制创新

一是倡导建立长江流域排污权交易机制。首先，国家环保局牵头对长江经济带全流域的环境承载力进行核算，并就长江经济带主要污染物排放总量进行严格限定，从总量控制上遏制长江经济带重化工业快速扩张的趋势。其次，按照主体功能区要求划分长江经济带水功能区，根据水功能区要求实行分类管制，在禁止开发区和保护区域内严禁任何破坏水体的行为，包括不规范排污等，进而有针对性地引导上游地区的化工企业逐步退出。最后，由国家牵头制定、上海积极响应，建立长江流域排污权交易机制，进而对上游地区化工企业形成倒逼机制，促使其逐步退出。

二是尽快建立长江经济带生态补偿机制。首先，针对当前生态补偿意识形成但缺乏可操作的实施细则的情况，建议国家发改委牵头构建长江经济带上中下游生态补偿机制，生态补偿协调机构挂靠在国家发改委。其次，建立生态补偿资金分配标准，并适度向中上游地区倾斜；加大对长江上游地区转移支付力度。其次，设立长江经济带水环境保护专项资金，积极引导社会资本以 PPP 等多种社会力量，参与长江经济带水环境治理，上游和下游地区政府分别按照污染排放量占比出资。最后，拓宽生态补偿的通道，建立以资金补偿、技术援助、人才培训、产业扶持、共建园区、生态发展基金等多种形式的补偿通道。

三是建立长江经济带区域协作机制。上海市委市政府牵头，国家相关部门领导领衔，长江流域各省市领导参与，各市级政府领导组成联席会，建立长江经济带区域协作机制，切实发挥上海作为长江经济带龙头城市的辐射作用，改变长江经济带各城市过去“单打独斗”参与区域合作的低效模式，逐步形成以长三角、长江中游、成渝三个国家级城市群和黔中、滇中两个区域性城市群为主体参与全流域产业分工合作、环境协同治理、科技创新合作、要素流动与资源整合等。积极将长三角城市群在规划协调、要素流动、区域治理等方面的经验模式向中西部推广。

参考文献

Lovelock J. Gaia, *A New Look at Life on Earth* (Oxford: Oxford University Press), 1979.

Yu K J, Zhang D, et al. "The planning for the life science park in Zhong guan cun, Beijing", *City Planning Review* 2001, 25.

《上海发布城市非核心功能疏解研究报告（附清单）》，凤凰财经，http：//finance.ifeng.com/a/20170420/15310207_ 0.shtml，2017 年 4 月 20 日。

《江西抚州（上海）产业转移招商对接会举行》，《抚州日报》，http：//jx.ifeng.com/a/20170522/5688659_ 0.shtml，2017 年 5 月 22 日。

林兰：《上海城市创新建设的理论与实践》，经济科学出版社，2016。

上海市人民政府：《上海市城市总体规划（2017 ~ 2035）》，2018 年 1 月。

苏美蓉、杨志峰、陈彬：《基于生命力指数与集对分析的城市生态系统健康评价》，《中国人口·资源与环境》2010 年第 2 期。

苏美蓉、杨志峰、陈彬等：《城市生态系统现状评价的生命力指数》，《生态学报》2008 年第 10 期。

王金南、王东、姚瑞华：《把长江经济带建成生态文明先行示范带》，中华人民共和国环保部网站，http：//www.zhb.gov.cn/home/ztbd/rdzl/swrfzjh/mtbd/201701/t20170111_394613.shtm。

王玉明：《城市群环境共同体：概念、特征及形成逻辑》，《北京行政学院学报》2015 年第 5 期。

《从"输出方"到"协作者"上海打造跨区域产业转移协作平台》，新华网，http：//news.xinhuanet.com/2015 - 12/17/c_ 1117487907.htm，2015 年 12 月 17 日。

肖林、周国平：《卓越的全球城市：不确定未来中的战略与治理》，格致出版社/上海人民出版社，2017。

杨思涛：《践行绿色发展新理念——学习习近平总书记关于绿色发展重要论述的体会》，《光明日报》2017 年 7 月 10 日，第 1 版。

余谋昌：《人类文明：从反自然到尊重自然》，《南京林业大学学报》（人文社会科学版）2008 年第 3 期。

郑慧子：《在自然共同体中人对自然有伦理关系吗?》，《自然辩证法研究》2001 年第 17 期。

生态共建篇

Part of Ecological Co-building

B.2
上海对接推进长江经济带绿色生态廊道建设

刘新宇*

摘　要： 长江经济带是我国国家经济横轴，能否形成健康且功能良好的长江经济带绿色生态廊道，从而对本区域经济发展发挥较好支撑作用，对于我国国家安全至关重要。长江经济带绿色生态廊道建设面临的首要问题仍是发展与保护的矛盾，水电开发无序也是其表现形式之一，行政区域的分割性也与长江经济带绿色生态廊道建设的连续性、整体性要求不相容。要进一步促进长江经济带绿色生态廊道建设，需要借改革创新变绿水青山为金山银山，走绿色发展道路；通过完善城市群

* 刘新宇，上海社会科学院生态与可持续发展研究所副研究员，经济学博士，主要研究方向为低碳经济、新能源和环境绩效管理等。

功能，促进人口和经济活动集聚，腾出更多绿色空间加以保护；对水电等开发权实施总量控制；以跨省重大生态建设项目为载体，整合流域各省份的生态建设行动。在这一过程中，上海可以利用自身的金融体系、科技创新、产业发展、城市功能等优势，参与流域内其他省份生态资产的开发和经营，助力当地将生态环境优势转化为生态经济优势；调动国际科技资源为其他省份的生态建设与保护服务；完善长三角区域的城市群体系，促进人口和经济活动向该网络的节点集聚，腾出更多绿色空间来开展生态建设。

关键词： 长江绿色生态廊道　上海　优势　对接策略

长江经济带绿色生态廊道（以下简称为“长江生态廊道”）是指沿长江及其重要支流分布的、连接成带状的自然生态系统，包括森林、湿地等，它在保持水土、涵养水源、抵御洪灾、净化水体等方面发挥着重要的生态服务功能。然而，由于沿岸产业发展、城镇基础设施建设、水电无序开发等带来的冲击或干扰，长江生态廊道处于破碎状态，生态服务功能被严重削弱。而且，沿江行政区域分割与长江生态廊道建设的整体性要求形成矛盾；各省份虽然都推出了诸多森林、湿地等建设举措，但处于各自为政状态，建成的自然生态系统中有许多并不连通，未能发挥应有的生态服务功能。在此情况下，本报告致力于对长江生态廊道的建设现状展开分析，就沿岸省份合作开展长江生态廊道建设提出对策建议。上海作为国际大都市（并且在向建成卓越全球城市的道路上迈进），其对上游地区的辐射功能不应仅限于经济领域，而应借助其在经济领域的影响力（某些要素市场的中心或资源配置中心）在推动长江生态廊道建设合作方面发挥更大作用。本报告还将致力于寻求上海促进长江生态廊道建设合作的着力点及具体措施。

一 建设长江生态廊道的重要意义

长江生态廊道建设是落实习近平新时代中国特色社会主义思想的一项重要举措，是建设富强民主文明和谐美丽的社会主义现代化强国征程中的一项重要任务，将对长江经济带绿色发展起到提纲挈领的作用，也是中国对全球生态文明建设的一项重要贡献。长江经济带是国家经济横轴，区域内九省二市人口占全国的42.75%，GDP占全国的44.52%。[①] 沿江生态系统是否处于健康状态、能否较好地支持经济社会发展，对于中国国家安全至关重要；因此，《长江经济带发展规划纲要》将改善生态环境置于该区域发展战略的首位。[②]

长江生态廊道建设是落实习近平新时代中国特色社会主义思想的一项重要举措。这一重要思想将在未来相当长的一段时间内指导和统领全党全国各项工作，而以“绿水青山就是金山银山”、长江经济带“共抓大保护、不搞大开发”等重要论述为代表的习近平生态文明建设思想是其中的重要组成部分。长江生态廊道建设正是要将这些生态文明建设的新思想、新理念、新战略落到实处。

建设长江生态廊道是为了实现建成富强民主文明和谐美丽的社会主义现代化强国的目标。既然要建成“美丽中国”，就必须走绿色发展道路，将更多绿水青山保护好，而长江生态廊道建设将对本区域绿色发展起到提纲挈领的作用：其一，借绿色生态廊道建设契机，在各地区倒逼经济发展方式转型；其二，借助体制机制改革创新，激活生态资产，将绿水青山变成金山银山；其三，绿色生态廊道在生态联系上的贯通，能够促进东中西三大板块在经济联系上的贯通。

此外，长江经济带人口、经济集聚，在全国总量中占很大比重，长江生

① 国家统计局：《中国统计年鉴》，2016。

② 四川省社会科学院课题组：《长江经济带绿色生态廊道战略研究总报告》，2017。

态廊道建设将产生巨大的节能减排效应，这将是中国对全球生态文明建设做出的重大贡献，有利于展现负责任的大国形象。

长江经济带是一个生态共同体，对森林、湿地等自然生态系统能否形成一个上下游接续的绿色生态廊道，对于沿江生态系统能否在整体上较好地发挥功能具有重要意义。本报告没有采用生态学中狭义的生态廊道概念，而是将生态廊道的内涵理解为：因其具有较好的连续性而能保证某些生态服务功能实现的生态系统带，它将分布在各个“点”上的生态系统（如生态斑块、源、汇）串联起来，因而能维系水土保持、洪水调蓄、污染自净、生物多样性保护等生态服务功能。① 本报告讨论生态系统的“连续性”，也并非从狭义角度理解为不得有任何间断，而是理解为两块有相似或相互协同生态服务功能的生态系统之间的间隔不要超过一定距离；例如，两块沿江湿地或一片沿岸防护林、一块沿江湿地，虽然不完全相连，但只要相互距离在一定限度内，仍然可以相互协同发挥防汛抗洪的功能。从更广的地域尺度（如长江流域）来考察这种“连续性”，长江沿岸每一段生态系统都要发挥其应有的生态服务功能，上下游接续起来，保障整个长江流域生态系统健康、支持沿江经济社会发展；如长江上游生态系统要承担起生态屏障作用，还要处理好水利工程与生态环境保护的关系，而长江中下游生态系统要发挥好防洪功能（包括洞庭湖—鄱阳湖及其沿湖湿地要发挥好洪水调蓄功能），长三角尤其是上海要建设好河口－海岸生态。

长江上游生态屏障（主要发挥水土保持和生物多样性保护功能）、中下游沿岸湿地和防护林（主要发挥洪水调蓄功能）等都因人口和经济发展压力而出现不同程度的中断或破碎现象，尤其是上游过多的水电开发严重切割河道、中断鱼类洄游、破坏生物多样性。在建设此类生态系统的过程中，流域治理的整体性又与行政区域的分割性相矛盾，在某些地域各省份未能较好地配合或衔接。此类问题使长江生态廊道中断或破碎，未能较好发挥其应有

① Jessleena Suri, et al., 2017; Jian Peng, et al., 2017; Kongjian Yu, 2006; Lawrence A. Baschak, 1995.

功能，亟待筹谋对策；本报告试图就这些问题展开深入分析，并提出有用的对策建议。

上海位于长江最下游，长江中上游以及安徽与江苏段的生态系统是否健康，对上海的生态安全有重要影响。上海作为全球城市、中国经济中心、长江经济带中心城市，从自身需要以及所承载的使命来看，都有必要利用在经济发展水平、市场发育程度、科学技术创新等方面的优势，在长江生态廊道建设方面发挥“软性”（区别于行政化的“硬性”）但实实在在的影响力，促进其迈向更高水平。本报告将致力于判明上海在促进长江生态廊道建设中的优势和着力点，据此提出相应对策建议。

二　长江生态廊道建设现状

本部分分析了沿江重要生态系统的连续性以及各省份为维护上游生态屏障、中下游防洪功能、长三角河口 – 海岸生态所采取的生态建设行动。上游得益于“天保工程”，森林生态系统的保护得到加强，各省份也注意将生态建设与扶贫较好地结合；在中下游部分地区，高强度经济活动使湿地等生态系统碎片化、防洪功能弱化。

（一）沿江重要生态系统的连续性分析

本部分从国家级重点生态功能区、国家级和省级自然保护区的布局管窥沿长江重要生态系统的连续性。如前文所述，本报告不从狭义角度将“连续性”理解为不得有任何间断，而是理解为两块有相似或相互协同功能的生态系统之间的间隔不要超过一定距离，从而能使某些生态服务功能（如调蓄或抵御洪水）的整体效果达到所需程度。对于这种“连续性”目前难以做定量分析，本报告只做定性分析。

1. 国家重点生态功能区：中下游有较多不连续

从国家层面主体功能区规划中对重点生态功能区的布局来看（见表1），在上游基本覆盖了长江干流—金沙江一线，到中游和下游则出现较多“不连续”现象。在中游，虽然荆州等地（枝江—城陵矶之间的荆江段）的生态系统保护与建设在防洪抗洪、水土保持方面具有重要意义，但是没有相应的县级区域或生态系统被纳入国家级重点生态功能区。中游的洞庭湖畔，虽然横跨常德、益阳、岳阳的广大地区，却只有益阳安化县被纳入国家级重点功能区。在下游的长江安徽段（皖江段），就南岸而言，只有靠近西端的池州青阳县和靠近东端的宣城泾县、旌德县被纳入国家级重点功能区，这两者之间处于“空白”状态；就北岸而言，只有西端的大别山区被纳入国家级重点功能区，在此以东处于“空白状态”，尽管巢湖附近江岸的生态治理、污染吸纳对长江水环境质量具有重要意义。

在国家重点生态功能区之外，沿江各省份的主体功能区规划基本上没有在以上“不连续”之处设置省级重点生态功能区。

表 1　长江干流及金沙江沿线国家级重点生态功能区

序号	所在地域	纳入年份	功能
1	川滇森林	2010	生物多样性保护
2	大小凉山	2016	水土保持、生物多样性保护
3	赤水河流域诸县	2016	水土保持、生物多样性保护
4	秦岭—大巴山	2010	生物多样性保护
5	三峡库区	2010	水土保持
6	武陵山区	2010	生物多样性保护、水土保持
7	洞庭湖畔安化县	2016	水土保持、生物多样性保护
8	鄂东幕阜山区两县	2016	水土保持
9	鄱阳湖周边诸县	2016	水土保持
10	大别山	2010	水土保持
11	安徽池州青阳县	2016	水土保持、生物多样性保护
12	安徽宣城泾县、旌德县	2016	水土保持、生物多样性保护

资料来源：《全国主体功能区规划》，2010；《国务院关于同意新增部分县（市、区、旗）纳入国家重点生态功能区的批复》，2016。

2. 省级以上自然保护区：武汉、合肥、江苏北岸较少

本报告从国家和省级自然保护区分布管窥沿长江干流及金沙江的重要生态系统分布。如表 2 所示，就数量而言，重庆、湖北恩施州—宜昌、湖北黄

石—咸宁、湖南洞庭湖沿岸、江西鄱阳湖沿岸国家和省级保护区较密集。不过，川滇金沙江沿线等处虽然国家和省级保护区的数量并不密集，但特大面积的保护区较多。例如，在四川金沙江迪庆上游段，虽只有 13 个国家和省级保护区，但长沙贡玛保护区有 66.98 万公顷，海子山保护区有 45.92 万公顷，洛须、火龙沟、亚丁、察青松多白唇鹿等保护区都有 15 万公顷左右；相比之下，在重庆的 22 个国家和省级保护区中，只有城口县大巴山保护区有 11.58 万公顷，4 万公顷左右的保护区只有 1 个，3 万公顷左右的保护区只有 2 个，2 万公顷左右的有 7 个，1 万公顷左右的有 4 个，其余都在 1 万公顷以下。

表 2　长江干流及金沙江沿线国家级和省级自然保护区分布

所处长江河段	保护区数量	涉及县级区域	功能
四川（金沙江迪庆上游段）	13	甘孜石渠—德格—白玉—巴塘—理塘—得荣—稻城，凉山木里，攀枝花盐边—米易—西区	生物多样性保护、湿地保护、河流生态系统保护
云南（金沙江丽江及以上段）	7	迪庆香格里拉—德钦—维西，丽江玉龙—宁蒗	湿地保护、生物多样性保护
四川（金沙江迪庆下游段）	6	凉山金阳—冕宁—越西—甘洛—美姑—雷波	湿地保护、生物多样性保护
云南（金沙江丽江以下段）	11	楚雄州楚雄市—南华—双柏—禄丰，昆明东川—禄劝—寻甸，曲靖会泽，昭通巧家—昭阳—永善—大关—彝良	水源涵养、生物多样性保护、湿地保护
贵州	11	毕节威宁—纳雍—大方—黔西，遵义绥阳—道真—湄潭—习水—赤水—务川，铜仁沿河—石阡—江口—印江	湿地保护、生物多样性保护
四川	7	乐山沐川—峨边—马边，宜宾长宁—屏山，泸州叙永—古蔺	生物多样性保护、水源涵养
重庆	22	西部江津—綦江，中部北碚—渝北—沙坪坝—巴南—南川，东部涪陵—武隆—丰都—万州—开州—城口—云阳—巫溪—巫山，东南部秀山—酉阳—黔江—彭水—石柱	湿地保护、生物多样性保护

续表

所处长江河段	保护区数量	涉及县级区域	功能
湖北（洞庭湖口上游）	17	恩施州咸丰—利川—恩施市—巴东—宣恩—鹤峰，宜昌点军—夷陵—兴山—长阳—五峰，荆州监利—石首—洪湖，部分保护区跨咸宁赤壁—嘉鱼	生物多样性保护、湿地保护
湖南	11	常德鼎城—汉寿—桃源—石门，益阳沿洞庭湖各县，岳阳沿洞庭湖各县	湿地保护、生物多样性保护
湖北（洞庭湖口下游）	11	武汉蔡甸—江夏—阳新，鄂州梁子湖—京山，黄冈大别山区及团风—黄梅—麻城，咸宁通城—通山	湿地保护、生物多样性保护
江西	22	九江庐山及武宁—修水—永修—星子—新建—都昌—彭泽—瑞昌，南昌市南昌县—余干—新建—进贤—安义，景德镇浮梁，上饶市上饶县—鄱阳—广丰—玉山—铅山—婺源	生物多样性保护、湿地保护
安徽	20	安徽六安霍邱—舒城—金寨—霍山，安庆宜秀—桐城—潜山—岳西，池州贵池—东至—青阳，铜陵市，马鞍山当涂，滁州南谯—明光，宣城宣州—郎溪—广德—绩溪—歙县—宁国	水源涵养、湿地保护、生物多样性保护
江苏	5	镇江丹徒—句容，无锡宜兴，苏州吴中，南通启东	湿地保护、生物多样性保护
上海	1	崇明	生物多样性保护

注：基本按从上游往下游排列；不包括保护地质遗迹或古生物遗迹的自然保护区；由于长江上游珍稀特有鱼类保护区在长度上覆盖云、贵、川三省长江干流及金沙江，与其他保护区不具有可比性，未纳入本表统计与比较。

资料来源：国家林业局，《2015 年全国自然保护区名录》，2016。

从生态廊道的“连续性”来看，长江湖北武汉段、安徽合肥段（位于长江北岸、大致位于原地级市巢湖）、江苏南京段、江苏段北岸的国家和省级保护区较少；这在很大程度上由于这些地区经济发展对生态系统带来的压力过大造成的生态系统破碎化。云贵川渝沿江生态系统连续性相对较好，这在很大程度上得益于实施多年的长江上游天然林保护工程。湖北在恩施州和宜昌的生态保护和建设力度较大，较好地与上游重庆的生态保护与建设工作衔接，与重庆共同承担保护与建设三峡库区生态系统的任务。湖北在黄冈和咸宁的生态保护和建设力度同样较大，与安徽六安、安庆的生态系统相衔接，湖北、安徽两省较好地共同保护和建设大别山及其附近的长江生态系统。洞庭湖与鄱阳湖周边的国家和省级自然保护区较密集，从鄱阳湖面积是洞庭湖的1.5倍来看，鄱阳湖周边的国家和省级自然保护区比后者更加密集；确保两湖有足够容积、湖岸有足够缓冲带（主要指湿地），对于调蓄长江洪水具有重要意义。

（二）沿线各段重要生态系统建设现状

长江上游生态屏障存在水土流失、土地石漠化和沙化、森林多但质量不高等问题，中下游主要面临湿地萎缩、防洪功能弱化等问题，沿江各省份在林地建设和湿地修复等方面采取大量生态建设举措，包括上游各省份继续推进“天保工程”二期。而且，不少省份已开始注意将生态建设与扶贫结合起来。

1. 上游干流—金沙江生态屏障建设

在长江经济带中，长江上游干流—金沙江生态屏障涉及川、渝、滇、黔四省份。在这一地区的生态系统中，存在水土流失、土地石漠化和沙化、自然湿地退化萎缩、森林质量不高等问题。其一，水土流失问题，该区域水土流失较严重的原因主要有山高坡陡、河谷深切，如四川省有超过15万平方公里的水土流失面积。[①] 其二，土地石漠化问题。人为干扰或水土流失会造成土地石漠化，但受地壳运动、地层和岩性条件、地形地貌、暖湿气候等影响，西南山区岩溶现象较多，石漠化程度加剧。如贵州石漠化面积3300万亩，石漠化面积、程度、危害均为全国各省之最。[②] 其三，土地沙化问题。该问题在川西北地区较严重，主要原因是过度放牧。其四，自然湿地退化萎

① 四川省林业厅：《四川省林业发展“十三五”规划》，2016。

② 贵州省林业厅：《贵州省“十三五”生态建设规划》，2016；袁春、周常萍、童立强：《贵州土地石漠化的形成原因及其治理对策》，《现代地质》2003年第2期。

缩问题。除了农业等经济活动侵占湿地外，垃圾排放及污水导致的水体富营养化，也会使水生植物难以生存，进而造成湿地萎缩。其五，森林面积虽广，但质量不高。如四川的森林生态功能指数只有0.5。①

为建设长江生态廊道，川渝滇黔四省份主要采取了以下行动。

第一，将沿江重要生态系统列为生态建设重点区域。如四川省在西部的高原地带和高山峡谷地带致力于保护原始森林和高原湿地，遏制土地沙化；在西南山区则将防治石漠化作为重点工作之一。云南省重视长江水系的哀牢山—无量山生态屏障建设。贵州省在乌江上游和下游重点做好退耕还林和坡耕地治理工作，防治水土流失和土地石漠化；在乌江中游城镇较多的区域，重点加强工业和城镇生活污染治理；在赤水河流域，继续加强赤水河水质和天然林资源保护，并依托良好的生态环境发展壮大红色旅游。重庆长江段全线都有保护长江生态廊道的重要生态项目。

第二，继续推进天然林保护工程建设。天然林保护工程第一期为2000～2010年，目前正处于第二期推进中。除了成都主城区和黔西南州，天保工程覆盖川渝黔全域，还覆盖云南61%的土地以及湖北和西藏部分区域。天保工程目前已卓有成效，如三峡库区泥沙量以较快速度递减，表明上游水土流失得到较好控制。②

第三，在长江干流、重要支流沿岸和重要支流源头兴建防护林。如四川省沿着长江干流，七大主要支流，七大主要支流的一、二级支流，向家坝、溪洛渡等重要湖库，兴建基干防护林带。贵州在长江重要支流的源头着力优化防护林内部结构，以提高森林质量。

第四，采用退牧还湿、生态补水等措施保护和恢复湿地，如川西北高原的长沙贡玛、海子山等湿地。③

第五，更重要的是，将生态建设与扶贫良好结合。一是在退耕还林等过

① 四川省林业厅：《四川省林业发展“十三五”规划》，2016。

② 储兴华、周相吉、周文冲：《青山为证——长江上游天然林保护发展纪实》，新华网，2017年8月30日。

③ 四川省林业厅：《四川省湿地保护“十三五”实施规划（2016～2020年）》，2017。

程中做好生态补偿工作。二是在贫困地区布局重要生态建设工程项目，为当地群众创造就业机会，助其提高收入，这是一种新时代下新形式的“以工代赈”。三是将绿水青山变成金山银山。改革和创新体制机制，激活、发展和壮大各种生态产业，将生态资产转化为财富、转化为农民收入。如重庆就将渝东南地区打造成生态经济走廊，在生态建设同时打赢脱贫攻坚战。①

2. 中下游生态系统防洪功能维护

长江中下游防洪主要涉及湘鄂皖赣四省，就生态系统的防洪功能而言，主要涉及三方面，一是依靠沿江湿地蓄滞洪水，二是利用沿江防护林抵御洪水冲击，三是加强沿江林地建设，以减少水土流失。

目前，长江中下游生态系统的防洪功能弱化主要体现在湿地萎缩。如表3所示，在大约65年时间里，长江中游湿地萎缩了70%；进入21世纪后，这种萎缩还在继续，2000～2010年，洞庭湖和鄱阳湖面积分别减小了12%和13%。② 而且，长江经济带湿地保护率显著低于中国平均水平，不足35%。③ 湿地退化萎缩严重损害了荆江段和鄂东平原的蓄滞洪水能力，④ 洪灾时更多洪水势必冲向农田，造成巨大经济损失。

表3　长江中游湿地退化情况

湿地范围或类型	目前相对于1950年左右减小比例（%）
长江中游湿地	70
长江中游湖泊面积	59
洞庭湖面积	40
鄱阳湖面积	35
江汉湖群	73

资料来源：薛蕾、徐承红：《长江流域湿地现状及其保护》，《生态经济》2015年第12期。

① 重庆市政府办公厅：《渝东南生态保护发展区生态经济走廊建设规划》，2016。

② 陈凤先、王占朝、任景明等：《长江中下游湿地保护现状及变化趋势分析》，《环境影响评价》2016年第5期。

③ 薛蕾、徐承红：《长江流域湿地现状及其保护》，《生态经济》2015年第12期。

④ 陈彧、李江风、徐佳：《生态服务价值视角下湖北省长江流域防洪能力研究》，《长江流域资源与环境》2015年第1期。

此外，长江中下游某些重要生态功能区的林地减少大大弱化了水土保持功能，如长江鄂东段北岸黄冈等处的水土保持功能就大为降低，[①] 导致更多泥沙进入河道、抬高河床与洪水水位。

长江中下游湘鄂皖赣四省已经在沿江生态系统建设方面采取了以下行动。其一，沿长江干流和主要支流加强防护林建设。其二，在鄂西北秦巴山区、鄂东北—皖西大别山区、鄂东南—湘东北—赣西北幕阜山等处加强林地建设，防治水土流失和土地石漠化。其三，恢复和保护长江中游湿地群，包括环洞庭湖和环鄱阳湖湿地群，在恢复和保护的同时让江河、湖泊、湿地贯通。湖北等省份还出台了湿地保护修复制度，实施严格的湿地用途管制：禁止侵占有水源涵养等重要功能的湿地，已侵占者须限期恢复；禁止擅自变更湿地用途；严控湿地征收、占用、利用强度，确需征收占用的要经过严格的环评程序，利用强度不可超过其承载力。[②]

3. 长三角河口 – 海岸生态维护

长三角河口海岸生态系统应当承担的生态服务功能主要包括以足够规模的森林、湿地等保证鱼类洄游路径和候鸟迁徙路径等生境不中断，以及抵御来自上游的洪水等灾害以及来自海洋的风暴潮、咸潮等灾害。

该地区生态系统最主要的问题在于湿地退化萎缩，弱化其抵御洪水、风暴潮等功能，其原因主要在于盲目围垦和改造、高强度经济活动干扰和富营养化污染加剧淤积等。[③] 而且，在上海，绝大部分湿地为近海与海岸湿地，沿江湿地极少；根据上海市第二次湿地资源调查结果，全市自然湿地 31.91 万公顷，近海与海岸湿地占 93%，河流湿地仅有 0.73 万公顷，河流湿地中沿长江湿地数量更少。[④]

为维护和建设长江最下游及河口 – 海岸生态系统，上海、江苏等主要采

① 陈彧、李江风、徐佳：《生态服务价值视角下湖北省长江流域防洪能力研究》，《长江流域资源与环境》2015 年第 24 卷第 1 期。

② 湖北省政府办公厅：《湖北省湿地保护修复制度实施方案》，2017。

③ 江苏省林业厅：《江苏省湿地保护规划（2015～2030 年）》，2015。

④ 华东师范大学河口海岸科学研究院等：《上海市第二次湿地资源调查报告》，2015。

取了以下举措。

其一，在长江及本区域主要支流沿线，以创建和建设湿地保护小区、湿地公园、自然保护区等为载体，建设多形式、多层级湿地保护网络，采取退田还江、还湖、还湿等手段，修复自然湿地及其周边自然河道，贯通江河、湖泊、湿地等。如上海一方面致力于保证自然湿地不减少，一方面大力建设人工湿地，目前人工湿地规模比 1997 年增长了 20 多倍。①

其二，努力增加森林面积。一是在长江及本区域主要支流的沿线，着力建设防护林，保护岸线、减少水土流失。二是加大农田林网建设力度，尽可能多地发挥农村生态服务功能。三是大力建设城市森林或郊野公园，形成大型生态斑块，并通过建设沿河、沿路生态廊道等使之连通。如上海森林覆盖率在逐年上升，2009 年为 13%，2016 年约 15.5%，2020 年将上升到 18%。②

其三，以重大生态文明建设项目为载体，统筹推进重点区域生态建设。如上海以建设崇明世界级生态岛为契机，以试点推进自然资源资产负债表编制、领导干部自然资源资产离任审计为强有力手段，严惩对自然生态系统保护不力的行为，并统筹岛上东沙、西沙等湿地以及东平公园等森林的保护与建设。

其四，严控流入长江、本区域主要支流、重要湖泊的污染，尤其是生活污染，减少富营养化造成的湿地淤积。如上海市就将青西三镇污染防治作为重点工作之一。

三　长江生态廊道面临的问题与解决思路

长江生态廊道建设面临的首要问题还是发展与保护的矛盾，既有上游贫困集中区脱贫与保护之间的矛盾，也有中下游发达地区高强度经济活动造成的生态系统破碎化。水电开发等过多、无序也是造成长江生态廊道断裂、破碎的主要原因之一。而且，长江生态廊道的连续性、整体性要求与行政区域

① 华东师范大学河口海岸科学研究院等：《上海市第二次湿地资源调查报告》，2015。

② 陶健：《上海森林覆盖率十年翻了近两番》，《解放日报》2011 年 1 月 23 日；《2020 年上海森林覆盖率有望达到 18%》，东方网，2016 年 6 月 6 日。

的分割性之间存在矛盾，尤其在中下游，由于缺乏“天保工程”这样的重大项目做载体，更难以将各省份的生态建设努力整合起来。要解决这样的问题，一是要借助改革创新，激活生态资产，将绿水青山变成金山银山；二是要通过完善城市群功能，促进集聚发展，腾出更多绿色空间加以保护；三是要在长江流域对水电等开发权实施总量控制；四是要借助“组织载体 + 项目载体”，整合沿江各省份的生态建设行动。

（一）长江生态廊道面临的问题

本部分对长江生态廊道建设中发展与保护的矛盾、流域治理整体性与行政区域分割性之间的矛盾做了分析，包括水电开发过多、无序其实也是发展与保护矛盾的一种表现形式。

1. 发展与保护的矛盾仍然存在

发展与保护的矛盾仍是长江经济带各省份绿色发展之路上需要破解的难题。这一难题在上游生态屏障中的资源主导型地区和贫困集中区尤为突出,[①] 在中下游经济较发达地区，高强度经济活动也给生态系统带来很大干扰，甚至使湿地等生态系统破碎化。就经济活动给湿地带来的压力而言，在长江中下游，经济发展与生态环境保护协调度最低的区域是武汉及荆州部分地区，其次为鄱阳湖东北、洞庭湖东南和芜湖、马鞍山一带。[②] 在上海等中心城市，扩大林地、湿地等生态系统面临土地资源紧缺的瓶颈。

2. 水电开发无序使生境破碎化

目前，长江上游及其主要支流水电开发过多过滥，给上游生态廊道带来极大负面影响。除长江上游干流有三峡等特大型水电站，支流上也密布水电站，如金沙江上有溪洛渡和向家坝等水电站，还有白鹤滩和乌东德水电站在建，雅砻江上有二滩、锦屏等水电站，乌江上有洪家渡、乌江渡、构皮滩等

① 邓玲：《关于建设长江上游生态屏障的若干意见》，《绿色天府》2016 年第 4 期；陈国阶：《长江上游生态屏障建设若干理论与战略思考》，《决策咨询》2016 年第 3 期。

② 崔胜玉、俞 淞、王红瑞等：《长江中下游湿地区生态 - 经济现状评价及耦合发展分析》，《北京师范大学学报》（自然科学版）2015 年第 3 期。

水电站，而且还有先前地方政府盲目招商、疏于监管而建成的许多不合规的小型引水式电站。过于密集的水电开发从三个方面破坏了当地水生态：其一，直接造成河流中断，阻断鱼类洄游；其二，水电站建设会使水温降低，造成鱼类无法正常产卵；其三，水电站建设使大片土地淹没于深水之下，使原先从低到高、从河谷到两岸到两侧山陵多样化的生境变成单一生境（深水），生境多样性的损失会进而破坏生物多样性；① 更重要的是，过多水电站切割河道，使长江难以成为“廊道”。

3. 流域治理整体性与行政区域分割性存在矛盾

从长江生态廊道的连续性要求出发，流域生态治理应当具有较好的整体性、协同性，但行政区域的分割性使各省份湿地、森林等生态建设举措未能较好衔接。而且，由于缺乏相关重大项目作为载体，长江中下游各省份生态建设之间的协同性相对更弱。长江上游天然林保护工程较好地协调了川渝滇黔四省份护林造林行动，却没有“长江中下游湿地保护工程”之类的重大项目，来协调该区域各省份生态建设的步调。

（二）促进长江生态廊道建设的思路

要克服长江生态廊道建设面临的上述问题，需要从以下几方面入手：一是借助改革创新，变绿水青山为金山银山，以绿色发展破解发展与保护的矛盾；二是完善城市群功能，让居住、工业活动“向点上集聚”，腾出更多绿色空间“在面上保护”；三是对水电等开发权实施总量控制；四是在促进各省份协调行动中，不仅要有组织载体，更应有项目载体。

1. 借改革创新变绿水青山为金山银山

发展与保护的矛盾不解决，保护也是不可持续的；大保护不等于不发展，而是要经济、环境更加协调的绿色发展。承担森林、湿地等生态系统保护与建设的地区往往是贫困或经济相对落后地区，要让这些地区在不损害环境的情况下脱贫致富，生态补偿或通过布局生态建设项目来创造就业都只是

① 《引水式水电站致长江多条支流断流 珍稀鱼类灭绝》，中国新闻网，2016 年 4 月 12 日。

“授人以鱼”；将那里的生态资产激活、发展成替代产业，变绿水青山为金山银山，才是“授人以渔”。[①]

要激活那里的生态资产就要靠改革创新。如长三角一些地区靠农村土地入市改革，将美丽乡村中沉睡的生态资产唤醒，吸引社会资本参与这些生态资产的经营，最终实现各方共赢、农民致富；在激发当地群众保护生态积极性的同时，还缩小了城乡差距。这样的经验可以推广到长江流域其他地区。

2. 借城市群集聚发展腾出更多绿色空间

在长江中下游的上海、武汉、合肥等附近的城市群，为了让高强度经济活动在空间上收缩，腾出更多土地来建设林地、湿地等生态系统，恢复并连接破碎的湿地等生态系统，就需要让居住、工业活动等“向点上集聚”。而只有完善“中心城市（城区）—中小城市或郊区新城—工业园或中心镇”多层次城市群体系，才能吸引居民、企业等向中小城市、郊区新城、工业园、中心镇等节点集聚。完善这样的城市群体系需要多重举措，而大力兴建涵盖“高铁—普铁—郊铁”的快速交通体系，使人员通勤更便利，是其中的关键手段之一。

3. 对水电等开发权实施全流域总量控制

为治理水电等开发活动过多、无序带来的重要生境破碎、生态廊道断裂，需要在长江全流域对某些重要开发权进行总量控制，如水电开发权、沿江一公里范围内的岸线开发权。而且，在核准总量时，为防止各省份、各城市政府从本地区经济发展利益出发多报指标，形成总量分配过多（over-allocation）、对生态保护的效应适得其反的局面，相关总量最好由中央有关部门在科学调研的基础上制定。

为促进上游林地、中下游湿地等重要生态系统的建设或恢复，还可以规定相关开发权的取得必须以参与投资本区域相关生态建设项目为前提条件。当然，为促进这些开发权的优化配置，在总量核定后，自然可以在一定法规规范下进行交易。

① 杜受祜：《推动四川长江上游生态屏障建设的建议》，《决策咨询》2016 年第 3 期。

4. 协调行动需要组织和项目双重载体

协调长江流域各省份的生态建设行动，当然需要一定组织载体；但无论这样的组织载体由中央有关部门牵头还是由各省份自发形成，如果缺乏相应的项目载体，各种协调机制更多的是一个议事平台，而难以让有关各方产生行动的动力。建议中央有关部门出台规划并提供投资或补贴，在长江流域实施更多如“天保工程”那样能调动与整合多省份行动的重大生态建设项目。其中一类是直接的生态建设项目，如“长江中下游湿地保护工程”；另一类是各种支持性的硬件或软件基础设施，如长江流域生态建设与保护数据库建设，如 IPCC 报告那样的长江流域生态建设与保护定期报告的编制。

四　上海发挥更大作用的机遇和策略

当前，从中央到长江流域各省份都高度重视生态文明建设、绿色发展，区域之间关系从重竞争转向重合作，长江流域其他省份表现出对接上海的较强意愿，这为上海在合作建设长江生态廊道中发挥更大作用提供了机遇。上海的优势在于金融体系、科技创新、产业发展、城市功能等方面，利用这些优势将会在对接推进长江生态廊道建设中有更大作为。

（一）其他省份更重绿色发展与区域合作是上海的机遇

从中央到长江流域各省份都高度重视生态文明、绿色发展，流域内其他省份更加重视合作、重视与上海对接，是上海与这些省份合作建设长江生态廊道的机遇所在。

其一，生态文明、绿色发展已成为全国上下包括长江流域内各省份的共识。中央层面，习总书记提出长江经济带“共抓大保护、不搞大开发”；地方层面，长江流域各省份都有积极举措。如重庆提出严守“五个决不能”底线，保住绿水青山、保护好未来长远发展的生态环境基础，安徽提出要打造生态文明的安徽样板。

其二，区域间关系逐渐从重竞争走向重合作。如 2016 年，湘鄂赣三省建立长江中游省际协商机制，湖北、重庆正在长江生态保护、生态旅游发展等方面深化合作。

其三，流域内其他省份表现出较强的对接上海意愿。如湖南省借助高层访问、会商、办展等机会，在改革创新、制造强省建设、工业园区共建等方面加强与上海对接；贵州多个市州与上海开展科技合作，邀请上海大型国企到当地合作建设工业园区；重庆、武汉等将抓住沿江高铁建设契机，密切与上海的经济合作。

（二）上海借以做出更大贡献的优势所在

在长江生态廊道建设过程中，上海能够为流域内其他省份做什么，取决于它具备哪些优势。上海的优势主要在于金融体系、科技创新、产业发展、城市功能等方面。

就金融体系而言，上海是中国大陆金融中心，在长江流域内其金融中心地位更是无可比肩；2017 年 9 月，第 22 期“全球金融中心指数”发布，上海位列全球第六，高于北京和深圳。就绿色金融或环境金融来说，上海在环境类产权交易中已经积累较丰富的经验，例如，到 2017 年 11 月，碳排放权交易已经在上海环境能源交易所运行了 4 年。金融体系的发达决定上海企业有较强的能力调动资本和其他各种资源，去激活、开发其他省份的生态资产，在市场中实现其价值，促进当地绿色发展。

就科技创新而言，上海是高水平科技工作者和科技创新成果集聚的城市。如 2016 年，中国 1/3 的顶级科研成果来自上海，上海单位人口研发人员数是我国平均水平的 3 倍，对研发活动的税收优惠力度居全国首位。[①] 而且，上海更大的科技创新优势还在于“通江达海”——上海作为全球城市，能够汇集和配置来自全球的科技资源，内地或长江流域各省份的技术需求与之对接，可加快向绿色发展转型。

① 浦江创新论坛：《2017 上海科技创新中心指数报告》，2017。

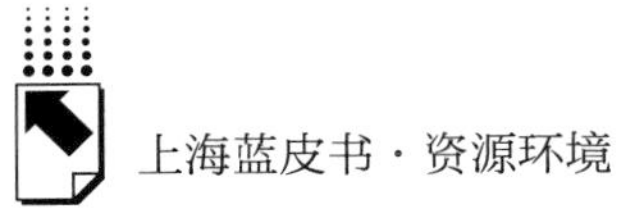

就产业发展而言，上海集聚众多特大型企业，且总部经济发达。这决定了上海企业有能力在长江流域布局并优化产业链，包括各种生态产业的产业链，并借助产业链管理引导和助力项目落户地共走绿色发展道路。

就城市功能而言，上海无疑是长三角城市群的首位城市。为利用好上海的首位城市功能，该城市群其他城市有主动对接上海的较强动力；若上海倡议借助快速交通系统连通等手段，密切城市间的经济联系，从而提高绿色发展、集聚发展的水平，较易得到其他城市的响应与配合。

（三）上海对接推进长江生态廊道建设的策略

从上海的前述几大优势出发，上海能够在以下几方面对长江生态廊道建设做出更大贡献。

其一，与其他省份会商，加快农地入市等改革进程，从而有利于生态资产（尤其是贫困地区的生态资产）到市场上实现其价值；上海利用其金融中心优势，引导巨量社会资本、外商资本参与这些生态资产的开发与经营，让各方共赢，也让当地群众在生态保护中获益，产生并增强主动保护和建设长江生态廊道的动力。也就是说，在这一过程中，绿水青山变成金山银山，当地群众就会自觉保护绿水青山。

其二，为流域内其他省份的生态保护与建设提供更多科技资源。这种科技资源贡献有较低层次和较高层次的，较低层次的科技贡献主要包括：若中央有关部门牵头长江流域生态建设与保护数据库建设、长江流域生态建设与保护定期报告编制等重大工程，上海有关部门、科研机构和专家要做出更大贡献；鼓励上海相关科研机构和企业以市场化方式向其他省份输出生态建设与环境保护技术，助力其建设与保护沿江生态系统。较高层次的科技贡献主要指上海利用“通江达海”优势，发挥先进科技成果的国际交汇中心作用，对接其他省份对生态建设与保护技术的需求和国际上相关先进适用技术的提供者（供应商），助力其他省份利用国际资源提升生态建设与保护水平。

其三，鼓励生态农业、生态工业、生态旅游类的本地龙头企业和跨国企业地区总部或分支机构，向流域内其他省份的此类项目投资，在长江流域布局生态产业链，将项目所在地的生态环境优势转化为生态经济优势；使生态环境对经济发展从约束关系转向促进关系，促使当地人民将长江生态廊道中的生态系统当作未来经济发展的基础保护起来。

其四，在长三角城市群中，由上海倡议并获得其他城市支持，以完善"高铁—普铁—郊铁"快速交通体系为基础，建立经济联系紧密的"中心城市（城区）—中小城市或郊区新城—工业园或中心镇"城市群体系。由于此举会使各方共同获益，上海提出倡议后，获得其他城市积极响应的可能性很大。建成这样的城市群，有利于居住、工业活动等向中小城市、郊区新城、工业园、中心镇等节点集聚，腾出更多绿色空间用于湿地等生态建设。

其五，在湿地、林地等建设过程中，主动与苏州、南通、嘉兴等相邻城市衔接，以求形成更好的整体效应。

参考文献

Jessleena Suri, et al., "More Than Just a Corridor: A Suburban River Catchment Enhances Bird Functional Diversity", *Landscape and Urban Planning* 157 (2017).

Jian Peng, et al., "Urban Ecological Corridors Construction: A Review", *Acta Ecologica Sinica* 37 (2017).

Kongjian Yu, "The Evolution of Greenways in China", *Landscape and Urban Planning* 76 (2006).

Lawrence A. Baschak, "An Ecological Framework for the Planning, Design and Management of Urban River Greenways", *Landscape and Urban Planning* 33 (1995).

陈凤先、王占朝、任景明等：《长江中下游湿地保护现状及变化趋势分析》，《环境影响评价》2016 年第 5 期。

陈彧、李江风、徐佳：《生态服务价值视角下湖北省长江流域防洪能力研究》，《长江流域资源与环境》2015 年第 1 期。

陈国阶：《长江上游生态屏障建设若干理论与战略思考》，《决策咨询》2016 年第 3 期。

崔胜玉、俞淞、王红瑞等：《长江中下游湿地区生态 – 经济现状评价及耦合发展分析》，《北京师范大学学报》（自然科学版）2015 年第 3 期。

邓玲：《关于建设长江上游生态屏障的若干意见》，《绿色天府》2016 年第 4 期。

杜受祜：《推动四川长江上游生态屏障建设的建议》，《决策咨询》2016 年第 3 期。

华东师范大学河口海岸科学研究院等：《上海市第二次湿地资源调查报告》，2015。

四川省社会科学院课题组：《长江经济带绿色生态廊道战略研究总报告》，2017。

薛蕾、徐承红：《长江流域湿地现状及其保护》，《生态经济》2015 年第 12 期。

B.3 上海生态空间管控机制及推进长江一体化大保护研究

王 敏　王 卿　东 阳　阮俊杰　谭 娟*

摘　要： 上海地处长江入海口，地理区位独特，是我国滩涂湿地分布最为集中的区域之一，对河口生态系统、长江流域水生动物以及国际候鸟的保护都具有重要意义，是保障流域生态安全、维护全球生物多样性的关键区域。本文在识别城市生态系统特征及主要问题的基础上，基于InVEST模型开展了生态系统服务功能重要性评价并确定了全市的生态保护空间及其分类分级管控体系。最后，从长江流域保护的系统性和整体性出发，辨识了流域生态保护的关键问题并提出了包括生态风险监控预警、生态保护红线考核评估和生态补偿等在内的流域一体化协同推进机制。研究成果对于改善长江流域生态环境、维护国家生态安全具有重要意义。

关键词： 生态保护空间　管控机制　长江流域

* 王敏，博士，教授级高工，主要从事城市生态过程与风险调控、区域生态系统保护与修复等方面的研究；王卿，上海市环境科学研究院高级工程师；东阳、阮俊杰、谭娟，上海市环境科学研究院工程师。

一　上海市生态系统主要特征

（一）生态系统结构简单，空间格局快速演变

1. 地形低平坦荡，地貌类型简单，生态系统结构简单

上海市地处长江三角洲东缘，长江和钱塘江入海汇合处，其地理位置在北纬30°40′~31°53′。北亚热带季风气候，冬冷夏热，四季分明，光照充足，雨热同季，降水充沛。大部分地区为长江泥沙堆积而成的典型低平冲积平原和河口沙洲，地形低平坦荡，地貌类型简单，天然河流密布，平均海拔高度在4米左右，仅在西南部有10余座低山；在北部的长江入海处，有崇明、长兴、横沙3个岛屿，海域上有大金山、小金山、乌龟山、佘山等岩岛。

地形地貌单一造成区域生态系统结构简单。区域内生态系统类型可分为城镇生态系统、农田生态系统、湿地生态系统、森林生态系统。2015年，城镇生态系统面积2943.8平方公里，占全市面积的41.35%，主要分布在中心城区，郊区分布较少，大陆地区分布集中，崇明三岛分布很少；农田生态系统面积2374.01平方公里，占比为33.35%，除中心城区外，各区均有较大面积的分布；湿地生态系统面积787.16平方公里，占比为11.93%，主要分布在上海西部青浦和松江区，以及大陆沿岸、长江口岛屿周缘和江心沙洲；上海保持自然或半自然状态的森林面积小，仅在金山三岛、佘山等地零星分布有面积不大的天然或次生的常绿阔叶林；森林生态系统面积达951.98平方公里，占比达13.37%。

表1　上海市2015年各类生态系统面积

类型	面积（平方公里）	比重（%）	类型	面积（平方公里）	比重（%）
城镇生态系统	2943.8	41.35	湿地生态系统	787.16	11.93
农田生态系统	2374.01	33.35	森林生态系统	951.98	13.37

2. 生态空间格局快速演变，生态系统人工化趋势显著

进入21世纪以来，在人类活动的强烈干扰下，上海市生态系统组成结构与空间格局快速变化：城镇面积大幅增加，面积和比例显著提高，由中心向四周不断扩张；农田面积持续萎缩，破碎化趋势显著；沿江沿海滩涂，在高强度圈围的作用下面积逐渐减少；城市绿地增长迅速，河流、湖泊、园地和阔叶林的分布面积则相对稳定。上海土地城市化水平高，且城镇建设用地扩张趋势明显，导致陆地生态空间面积极度萎缩，农田面积快速减少。2000年以来，城镇建设用地面积大幅增加了约70%，农田面积减少约1321平方公里。

同时，随着城市的持续发展，城市绿地面积也快速增加（见图1）。到2015年，城市绿地面积在2000年的基础上增加739.65平方公里，增幅达348.3%。城市绿地为城市居民提供了净化空气、缓解热岛和休闲娱乐等功能，但同时也导致大量自然/半自然生态系统面积萎缩，生态系统人工化趋势明显。

（二）湿地生态系统独具特色，退化趋势显著

湿地占上海总面积的25%以上，是上海重要的生态屏障。近十年来，在人类活动作用下，上海市湿地呈现出明显萎缩的态势（见图2）。

1. 滩涂湿地面积大，功能萎缩态势明显

上海市地理位置特殊，处于太平洋东海岸中部与长江入海口交界处，咸

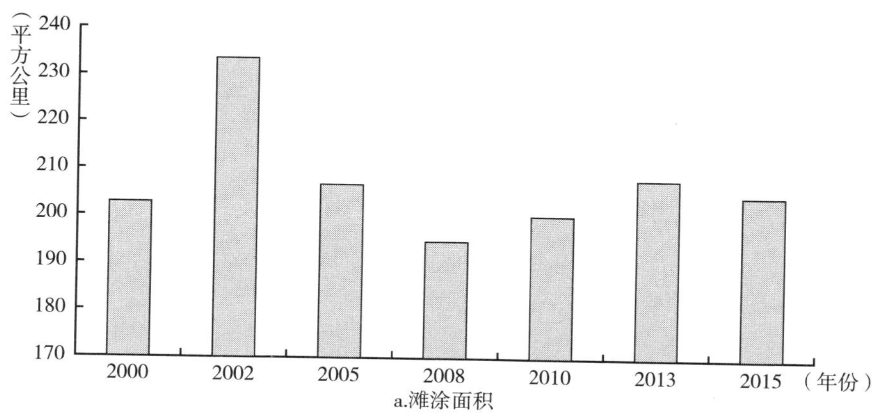

a.滩涂面积

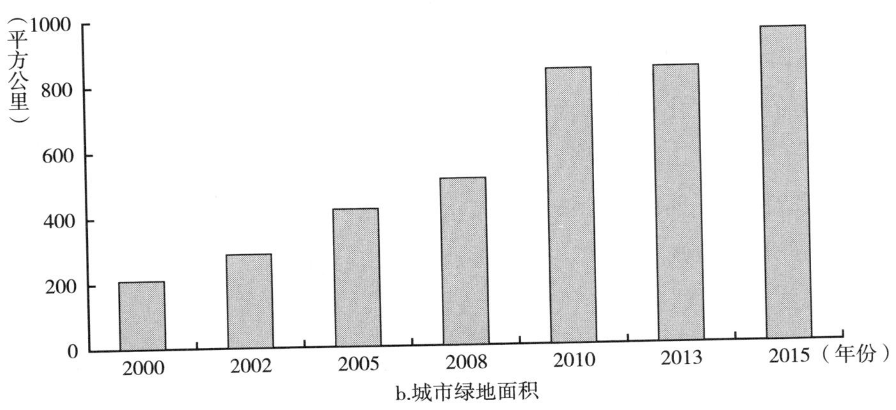

图1 上海市主要生态空间面积变化（2000～2015年）

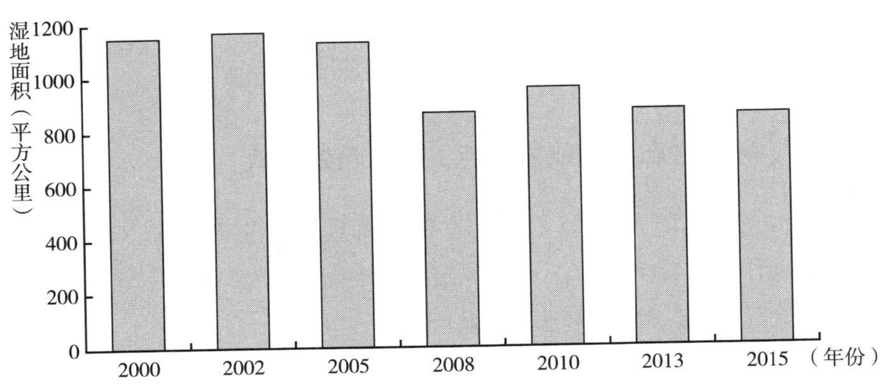

图2 上海市湿地生态系统面积变化（2000～2015年）

淡水交汇，形成了独特的河口湿地生态系统。整个长江口地区已经被列为全球十大“生态热区”。

然而，河口湿地往往被视作是土地资源，在快速发展的进程中遭到过度围垦。遥感分析表明近30年滩涂湿地圈围达700平方公里，以崇明三岛周缘圈围面积最大，其次是南汇边滩。

2. 河网水系结构破坏，功能衰退

总体而言，近年来上海市河网水系保持较好，面积和水面率基本稳定，

但结构遭到破坏，河道裁弯取直导致末端支流减少，且河网水系相互不能沟通、水动力条件差，水体功能日渐衰退。

（三）多重因子叠加，生态系统服务功能受损

1. 人类活动强度大，人地矛盾日益突出

由于长江带来的泥沙沉积、滩涂淤涨，上海市国土面积不断增加。尽管如此，由于人口总量巨大，上海市土地资源仍然十分紧张。2000 年以来，人口密度增幅达 62.01%，而人均土地资源则不断下降（见图 3）。

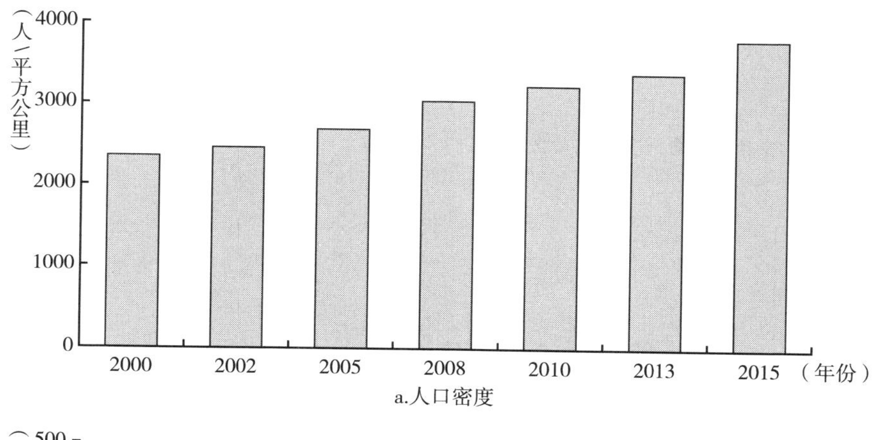

a.人口密度

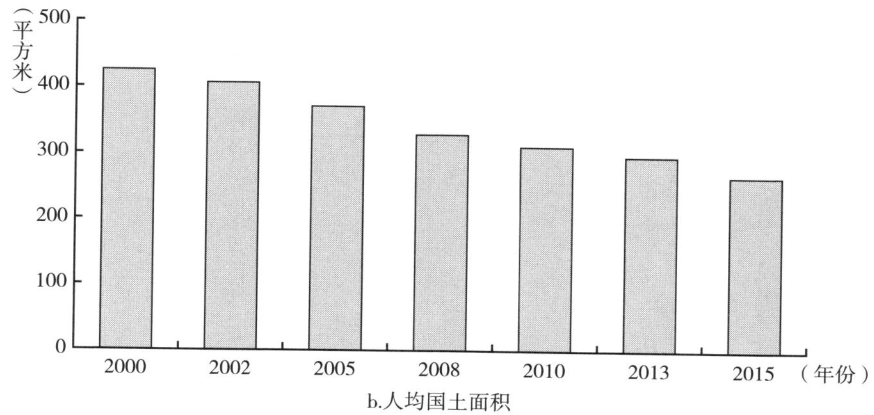

b.人均国土面积

图 3　上海市人口密度与人均土地资源变化（2000～2015 年）

2. 生境质量下降，生物多样性丧失

在数十年来快速城市化的作用下，人类活动干扰强度持续上升，外来生物入侵和土地利用的快速变化，已导致全市野生动植物生境受到不同程度的破坏，并最终导致生物多样性降低。此外，外来生物入侵危害严重。上海市的生物区系中，约65%的植物、29%的动物为外来物种；外来物种的大面积生长繁殖严重危害本地生物多样性。

3. 河口海洋工程数量多，生态环境影响显著

最近数十年来，上海市及其邻近海域众多海洋工程的实施，已导致长江河口及近岸海域的水质恶化、湿地破坏、生物多样性丧失，生态系统逐渐退化的趋势尚未得到遏制（见图4）。

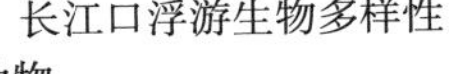

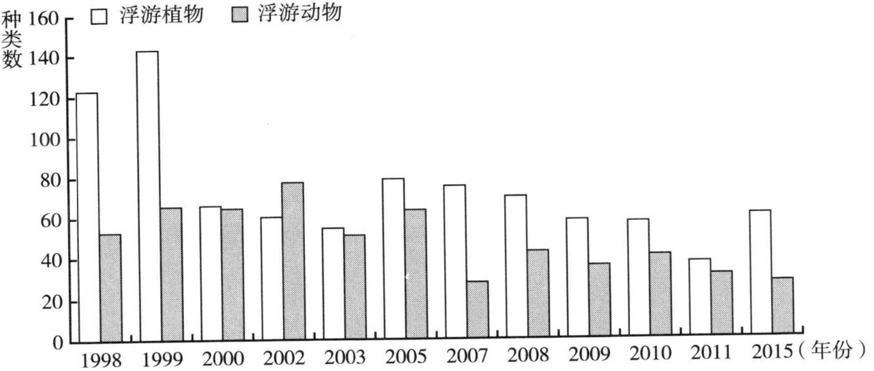

长江口重要渔业资源

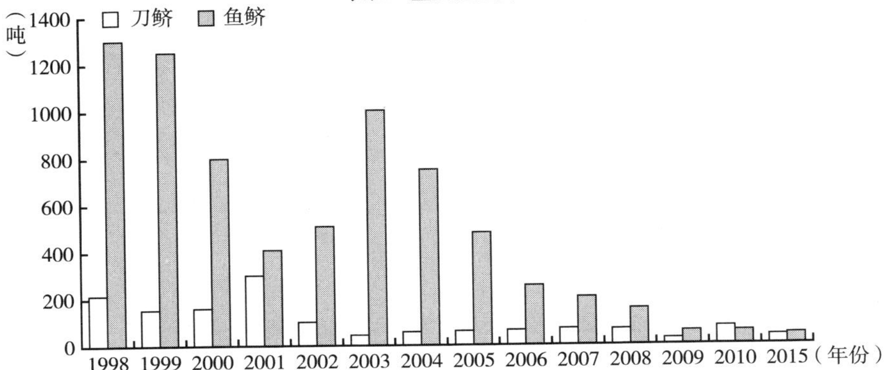

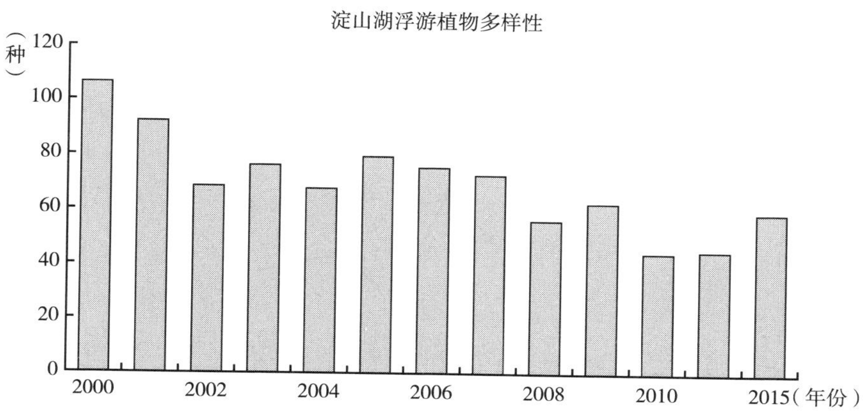

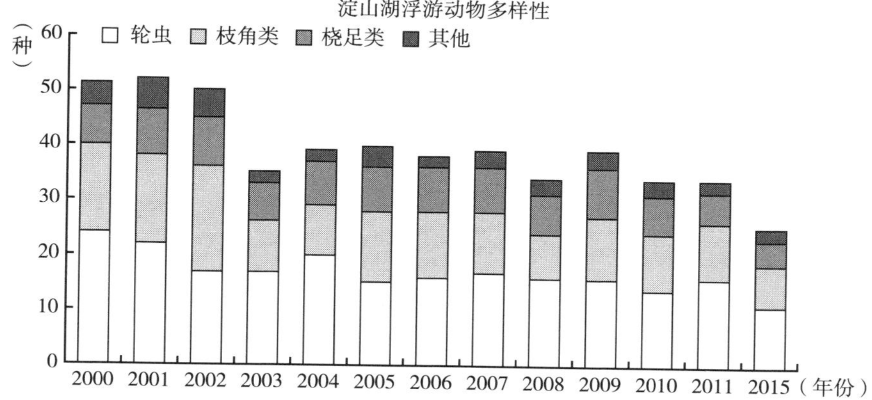

图4　上海市水生生物多样性变化趋势

此外，长江流域上游水电开发规模过大，导致长江上游来水量减少，河口盐度升高，咸潮入侵风险加大，生物群落发生改变；还导致长江输沙量锐减（见图5），长江口门地区滩涂涨速明显减缓，局部已发生侵蚀。

4. 海岸带人类干扰强度大，区域生态安全受到威胁

全球变暖引起的海平面上升、滩涂淤涨减缓，咸潮和生物入侵加剧，同时，不透水地面比例增加、水体污染严重、海岸带地区的土地与岸线利用方式的改变，使得海岸带生态系统健康受损，区域生态安全受到严重威胁。

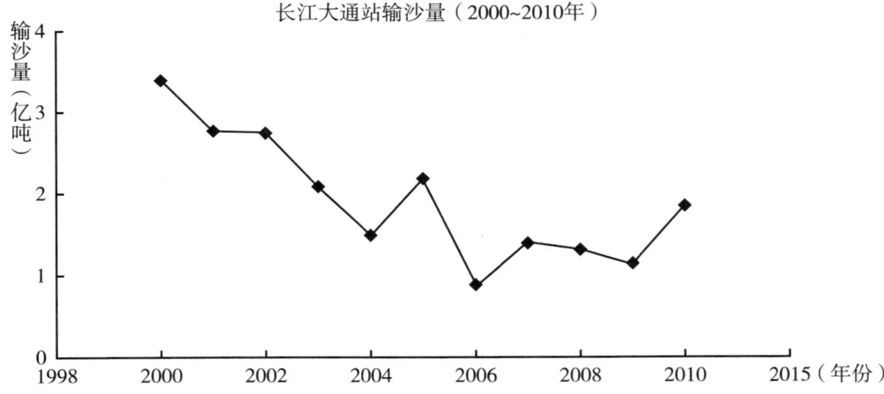

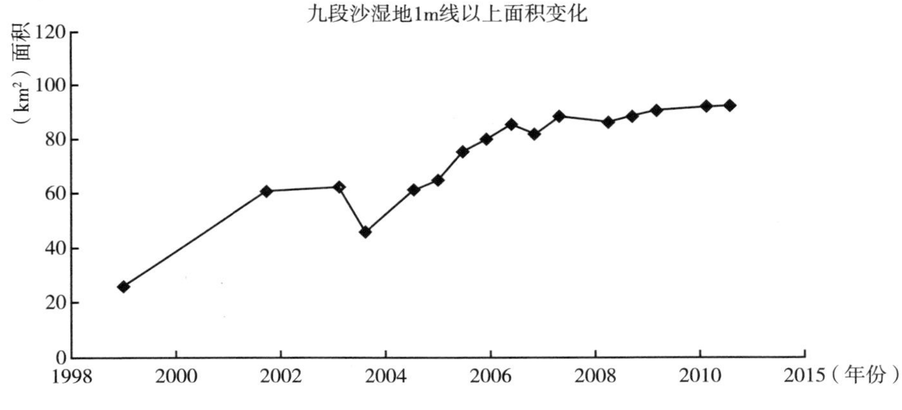

图 5　长江大通站输沙量及九段沙湿地面积变化趋势

二　上海城市生态保护空间管控研究

（一）重要生态空间评价

基于生态服务功能评价模型——InVEST 模型，重点从生态服务保障重要性、人居生态保障重要性、生物多样性保护重要性 3 个二级指标，开展上海市生态系统重要性评价。其中，生态服务保障重要性，重点评价生态系统的生态调节、产品提供；人居生态保障重要性，重点评价饮用水安全保障与文化服务功能等；生物多样性保护重要性，重点评价生态系统对珍稀濒危生物、渔业资源、特殊生境等重要生物多样性资源存续的作用。

基于综合评价结果，将上海市生态系统服务功能分为极重要区、高度重要区、较重要区、中等重要区和一般重要区5个等级（见表2），并将生态功能极重要区与高度重要区确定为生态保护空间。其中，一般重要等级面积最大，为2857.26平方公里，占全市总面积的39.97%；极重要和高度重要面积分别为742.64平方公里和726.58平方公里，占全市总面积的10.39%和10.17%。

表2　上海市生态系统综合评价

单位：平方公里，%

类型	一般重要	较重要	中等重要	高度重要	极重要
面积	2857.26	2289.21	531.95	726.64	742.58
比例	39.97	32.03	7.44	10.17	10.39

（二）生态保护空间类型

基于上海市生态系统综合评价，上海市现有生态系统类型所提供的主导生态功能包括水源涵养、水分循环、污染净化、生物多样性保护、农产品提供、景观美学、休闲游憩等。提供这些服务功能的区域类型包括河流、湖泊以及滩涂、海洋、林地、耕地等。生态保护空间总面积1469.22平方公里，占比为20.56%。

这些区域部分已被纳入现有的生态保护体系，部分尚未纳入，在生态保护空间体系中应加强统筹，将这些区域纳入统一的管理体制下。其中，自然保护区、风景名胜区、森林公园、地质公园、饮用水水源保护区、历史文化遗迹等已被纳入生态保护体系（见表3），其余需要进一步纳入生态保护体系的类型包括重要湿地、重要林地（公园及大型公共绿地等）、重要水体

（湖泊及河道）、特殊生境（残丘、海岛）、特殊物种分布区、重要渔业水域以及耕地。

表3　生态保护空间类型

编号	类型	说明	功能
1	自然保护区	国家级、市级自然保护区	生物多样性保护
2	森林公园	国家级、市级森林公园	生物多样性保护
3	地质公园	国家级地质公园	景观保护
4	风景名胜区	国家级、市级风景名胜区	景观保护
5	水源保护区	一级区和二级区	水源涵养
6	历史文化遗产	历史文化遗址等	景观保护
7	重要湿地	国际、国家重要湿地及其他具有重要功能的湿地	水分调蓄、生物多样性保护
8	重要林地	城市公园、大型绿地、生态林地	水源涵养、气候调节、净化
9	重要水体	湖泊及市级、区级河道	水分调节、生物多样性保护
10	特殊生境	大陆残丘、海洋岛礁等	栖息地保护
11	特殊物种分布区	珍稀濒危物种的分布区及潜在分布区	生物多样性保护
12	重要渔业水域	鱼类洄游通道、种质资源分布区及成片渔业水域	生物多样性保护
13	永久基本农田	种植农产品的土地	农产品提供

（三）生态保护空间管理

为加强生态保护空间的管控，对生态保护空间的具体类型进行进一步细分，并确定其主导生态功能，落实具体管理部门。

根据管控要求的不同，将生态保护空间进行分类分级管控，每种类型分为一级区和二级区（见表4）。一级管控区作为禁建区，实行最严格的管控措施，禁止与生态保护无关的开发建设活动。二级管控区作为限建区，禁止开展对主导生态功能产生影响的开发建设活动，鼓励生态修复与恢复项目优先实施。

表 4　生态保护空间分级分类管控方案

编号	类型	说明	主导生态功能	等级	管理部门
1	自然保护区	国家级、市级自然保护区	生物多样性保护	一级	绿化、环保、海洋、农业
2	森林公园	国家级、市级森林公园	生物多样性保护	一级	绿化
3	地质公园	国家级地质公园	景观保护	核心区为一级，其他为二级	规土
4	风景名胜区	国家级、市级风景名胜区	景观保护	二级	绿化
5	水源保护区	一级区和二级区	水源涵养	一级保护区为一级，其他为二级	环保
6	历史文化遗产	历史文化遗址等	景观保护	二级	规土
7	重要湿地	国际、国家重要湿地及其他具有重要功能的湿地	水分调蓄、生物多样性保护	二级	绿化、环保、海洋、农业
8	重要林地	城市公园、大型绿地、生态林地	水源涵养、气候调节、净化	二级	绿化
9	重要水体	湖泊及市级、区级河道	水分调节、生物多样性保护	二级	水务
10	特殊生境	大陆残丘、海洋岛礁等	栖息地保护	海洋岛礁为一级，其他为二级	绿化
11	特殊物种分布区	珍稀濒危物种的分布区及潜在分布区	生物多样性保护	一级	绿化
12	重要渔业水域	鱼类洄游通道、种质资源分布区及成片渔业水域	生物多样性保护	二级	农业、海洋
13	永久基本农田	种植农产品的土地	农产品提供	二级	农业

三　长江经济带生态大保护协同推进机制研究

（一）长江经济带生态大保护关键问题辨识

长江是中国水量最丰富的河流，是我国无以替代的战略性饮用水水源地，水资源总量约占全国的35%，哺育了沿江4亿人民，南水北调惠泽华北广大地区，是名副其实的中华民族的生命河。长江流域是我国重要的生物基因宝库、生态安全屏障和关系全局的敏感性生态功能区，森林覆盖率达77.3%，河湖湿地面积约占全国的20%，山水林田湖草浑然一体，具有强大的涵养水源、繁育生物、释氧固碳、净化环境功能，生态地位突出。改革开放以来，长江经济带发展迅速，其综合实力已处于我国领先水平，在国家发展中的战略支撑作用逐渐凸显。长江经济带集沿海、沿江、沿边和内陆开放于一体，是我国最富活力、最具国际竞争力的地区之一，发展潜力巨大。长江经济带的保护与开发，将会对我国社会经济可持续发展、全面建设小康社会进程，乃至中华民族的伟大复兴产生重大影响。

当前，长江生态环境问题突出。其中，水土流失严重导致上游地质灾害频发，而面积锐减、结构破坏导致中下游湖泊、湿地生态功能退化。水利水电工程严重扰动全流域生态安全。长江水生生物多样性指数持续下降，多种珍稀物种濒临灭绝。沿江工业发展“各自为政”，沿岸重化工业高密度布局，生态风险突出，一些大城市人口增长过快，资源环境超载问题突出。相距“长江生态环境只能优化、不能恶化”的要求甚远，“共抓大保护”势在必行。

1. 长江中上游水土流失严重，地质灾害频发

长江上游和中游地区地形起伏大，暴雨频发，加上森林一度遭到严重破坏，尚未得到充分恢复；因此，流域中上游水土流失严重，地质灾害频发。长江经济带的土壤侵蚀主要为水力侵蚀。长江流域大部属于季风气候，降水量集中，雨季降水量常达年降水量的60%～80%，且多暴雨。地面坡度起伏较大，红壤性质松软易蚀，暴雨集中且强度较大，易于发生水土流失的地质地貌条件和气候条件是造成这一区域发生水土流失的主要原因。

除地形地貌特征等引起的土壤侵蚀外，中低山地峡谷区及丘陵区的坡耕地农垦、矿产开发、道路建设、城镇建设等基本工程建设活动是长江流域水土流失面积增长的主要原因。坡耕地分布面积大是低山丘陵区水土流失的重要原因之一。部分区域无节制的开垦坡地，顺坡种植，加剧了水土流失。

此外，流域中游地区低山丘陵区中、幼龄林分布普遍，特别是马尾松分布面积大，导致林下水土流失严重。总的来看，低山丘陵地区受人类活动影响较大，该区域主要分布着马尾松幼龄林，导致土壤侵蚀强度较大，侵蚀面高出正常林 13.55%，侵蚀模数约为同龄同立地条件正常林的 11 倍。

2. 长江中下游湖泊群湿地萎缩，湖泊洪水调蓄能力下降

湿地是长江中下游地区具有重要生态服务功能的生态系统类型，主要分布在长江沿江区域，包括江汉湖群、安庆湖群以及洞庭湖、鄱阳湖、巢湖等重要湖泊。

长江中下游湖泊湿地退化问题严重，近年退化趋势有所遏制（见图 6）。自 1950 年以来，长江中下游地区湿地面积前 30 年锐减、后 20 年基本稳定、近 10 年来略有增加。湖泊面积由 20 世纪 50 年代初的 1.72 万平方公里减少到现在的不足 6600 平方公里，面积减少约 2/3；鄱阳湖由 1949 年的 5072 平方公里减少至 2015 年的 3207 平方公里，面积萎缩幅度达 36.77%；洞庭湖由 1949 年的 4465 平方公里减少至 2015 年的 2614 平方公里，面积萎缩幅度达 41.5%。近年随着“退田还湖”政策的实施，长江中下游湖库型湿地面积略有增加，较 1998 年增加 6% 左右，但仍然接近 60 年来的历史低点，湖泊面积萎缩的问题仍然严重。

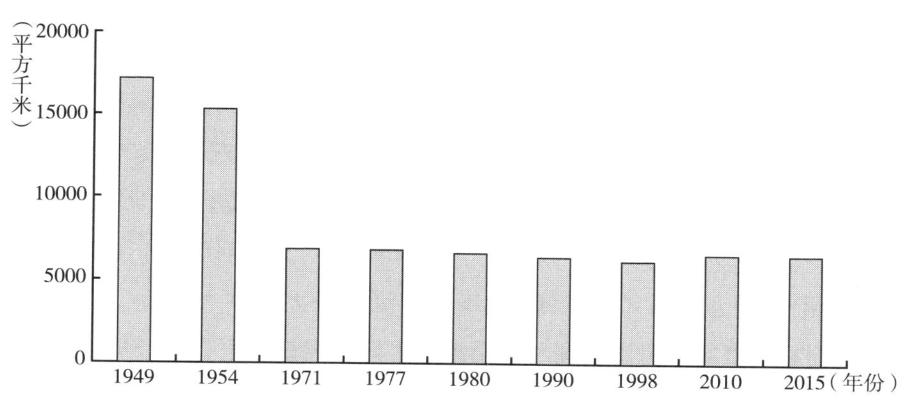

图 6　长江中下游（大通以上）湖泊面积的历史演变

资料来源：《中国水利统计年鉴》。

围湖造地是导致湖泊湿地萎缩的重要原因。1949 年以来，江汉平原有 1/3 以上的湖泊面积被围垦，围垦总面积达 1.3 万平方公里，因围垦而消亡的湖泊达 1000 多个。鄱阳湖与洞庭湖水域面积自三峡水库截流以来显著减少（见图 7）。遥感监测结果表明，2000～2003 年，洞庭湖枯水期平均水域面积为 533.1 平方公里，2004～2010 年洞庭湖枯水期平均面积为 469.7 平方公里，截流前后平均水域面积下降了 63.4 平方公里，降幅为 11.9%。鄱阳湖的水域面积减少更明显，2000～2003 年枯水期平均水域面积为 1351.1 平方公里，2004～2010 年鄱阳湖枯水期平均面积为 1174.8 平方公里，下降了 176.3 平方公里，降幅为 13.4%。

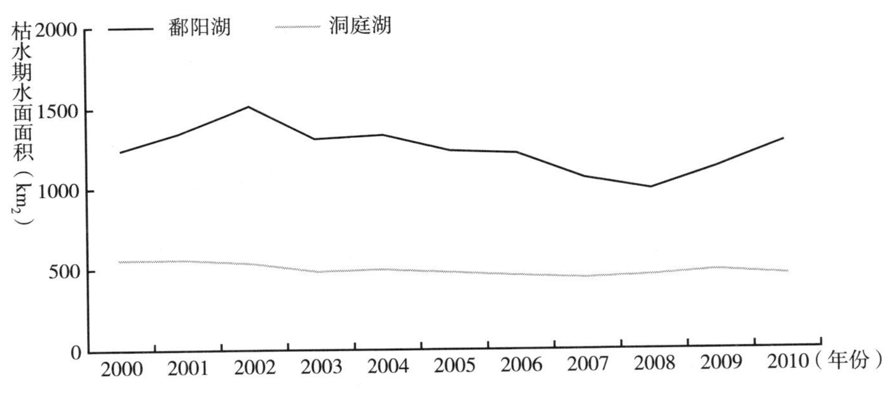

图 7　2000～2010 年鄱阳湖、洞庭湖枯水期水域面积变化曲线

资料来源：《中国水利统计年鉴》。

湖泊调蓄容积的减少，直接导致湖泊洪水调蓄功能下降，其直接后果是长江汛期洪水风险增加，江湖洪水位不断升高。如鄱阳湖平均最高洪水位，20 世纪 50 年代为 18.51 米，70 年代为 18.93 米，90 年代跃升至 20.1 米，2010 年最高水位达 20.23 米。1998 年长江流域特大型洪水以后，湖泊洪水调蓄能力有所恢复，但洞庭湖和鄱阳湖蓄水容量仅恢复至 20 世纪 70 年代末水平，湖泊洪水调蓄功能恢复任重道远（见图 8）。

3. 多重胁迫导致水生生物多样性锐减

近年来，长江中下游地区渔业资源与特有水生物种种群数量呈不断下降

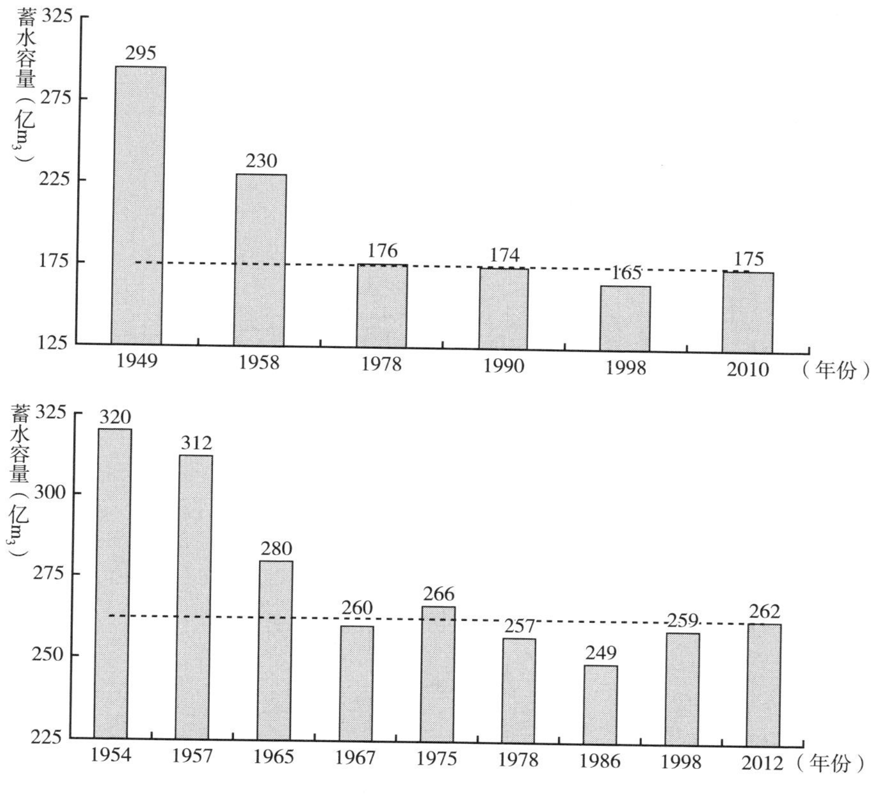

图 8　近 65 年洞庭湖（上）与鄱阳湖（下）蓄水容量变化

资料来源：《中国水利统计年鉴》。

趋势，水生生物多样性资源萎缩的态势十分严峻。2003 年三峡工程第二期蓄水后，长江中游“四大家鱼”鱼苗径流量直线下降（见图 9），2009 年监利断面监测到鱼苗径流量为 0.42 亿尾，仅为蓄水前（1997 ~ 2002 年）平均值的 1.2% 。白鳍豚被宣告功能性灭绝，长江白鲟已多年未见报道。中科院水生所与中国水产科学研究院长江水产研究所的调查显示，20 世纪 90 年代以来，江豚种群数量下降速率约为每年 6.3% ，其中 2006 ~ 2012 年长江干流江豚种群数量平均每年下降 13.7% （见图 10）。中华鲟野生种群数量以每 10 年一个数量级的速度快速减少，2013 年中华鲟野生种群数量从 20 世纪 80 年代的数千头下降至不足 100 头，且全年未观测到幼鱼与自然繁殖活动发生。

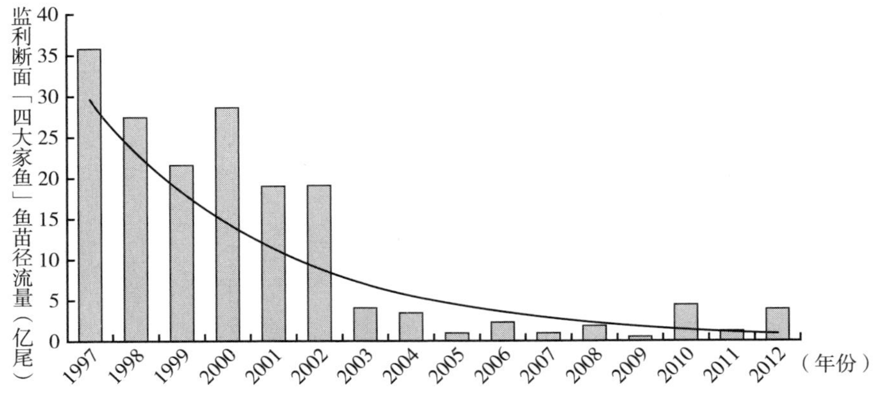

图 9　1997～2012 年长江中游四大家鱼鱼苗数量的变化

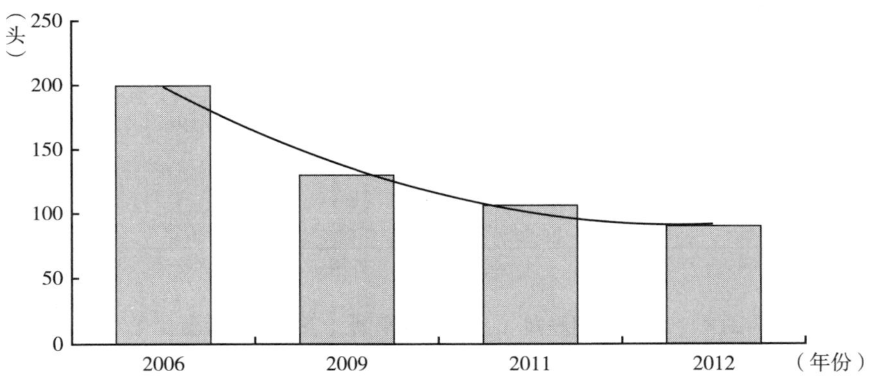

图 10　2006～2012 年洞庭湖江豚种群数量变化曲线

资料来源：《2012 长江淡水豚考察报告》。

江湖阻断、过度捕捞以及船舶活动频繁是导致长江生物多样性极度萎缩的主要原因。水利水电工程严重扰动全流域生态安全，长江流域建坝数量居全球第一，建有水库 51626 座、总库容超过 4000 亿立方米，水电站 19426 座，装机容量超过 1.9 亿千瓦。江湖阻隔，江湖关系改变，导致生物洄游通道阻隔，流域生物多样性受到显著影响。目前，长江沿江湖泊中仅有洞庭湖、鄱阳湖和石臼湖为通江湖泊，许多江湖（海）洄游性水生动物如白鲟、鲥鱼、中华鲟、暗色东方鲀、大银鱼等从原有分布的湖区消失。长江岸线开发、河道整治、河道挖沙等经济行为造成鱼类“三场一道”（产卵场、育肥场、索饵场和洄游通道）丧失；十年间长江干流荆州至马鞍山段年货运吞吐量增长1.92倍，江河船舶活动频繁，江豚、白鳍豚等水生哺乳动物的生存环境受到严重干扰。

过度捕捞已经导致渔业资源明显萎缩。水产统计资料显示，自20世纪50年代以来，江西、安徽、湖南、湖北四省渔业捕捞强度呈现爆发式增长，但捕捞量在2005年以后逐年萎缩，渔业资源衰退迹象明显（见图11）。

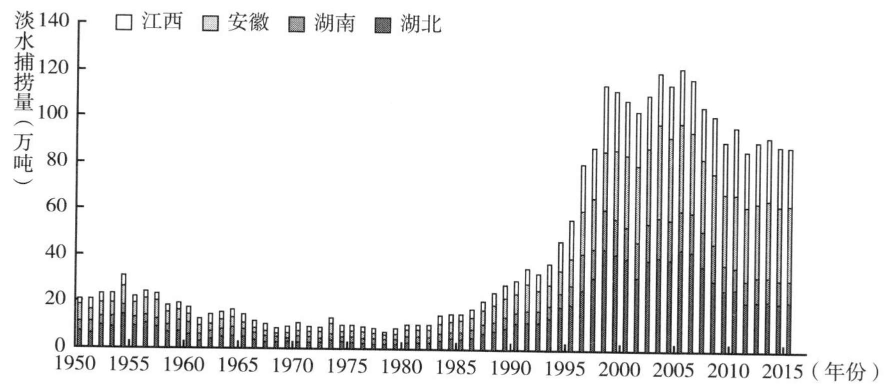

图11　长江中下游四省淡水渔业捕捞量变化

资料来源：《渔业统计年鉴》。

水环境污染导致生物多样性进一步降低。沿江工业发展“各自为政”，沿岸重化工业高密度布局，长江流域每年废污水排放量高达200多亿吨，接纳废水量约占全国的三分之一，水环境污染严重。部分支流水质较差，湖库富营养化未得到有效控制，部分地区重金属污染较重（见图12）。各类化学危险品、重污染工业在长江流域各大水源地均有分布，且普遍存在航道贯穿水源保护区现象，饮用水水源污染风险加大。同时，伴随着城镇扩张，农业发展步伐加快，农药、化肥的大量使用，而污水处理设施建设未能匹配，进而导致面源污染加剧；湖泊流域中，规模养殖、过度投肥，造成内源污染。这些因素都使长江中下游地区湿地水质急剧恶化。富营养化趋势加重，有爆发较大规模“水华”的风险。由于水体污染，鄱阳湖、洞庭湖等大型湖泊的生态安全水平下降，湖区湿地生态系统退化，生物多样性受到严重威胁。

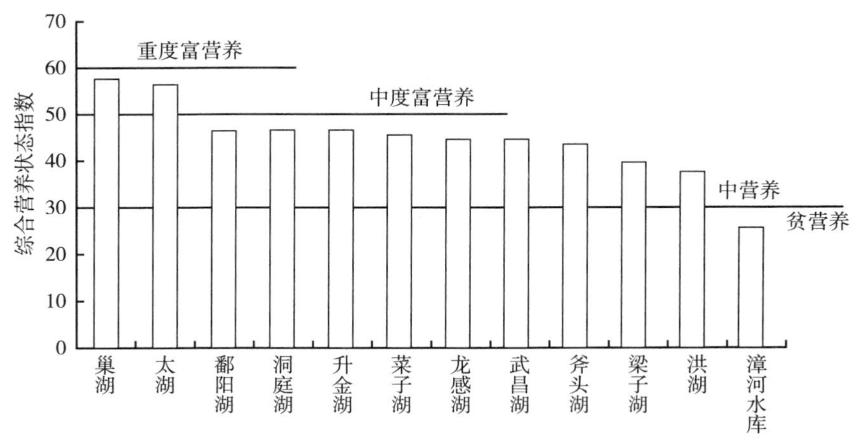

图 12　长江中下游主要湖泊水质

（二）长江流域一体化大保护协同推进机制研究

针对长江经济带严峻的生态环境态势，国家环保部提出“共抓大保护，不搞大开发”。这一方针是基于长江经济带对支撑中国崛起的特殊重要的战略地位、综合实力和发展潜力，对发展与保护关系提出的新的更高要求和更严标准，是新时期推动长江经济带可持续发展的总战略。以改善区域环境质量、提升流域整体生态功能为核心，协调当前与长远、发展与底线、局部与整体、差异与共性的关系，构建确保生态安全、保障人居安全、促进绿色转型的环境保护新格局，是推进长江经济带建成生态文明建设的先行示范带、引领全国转型发展的创新驱动带、具有全球影响力的内河经济带、东中西互动合作的协调发展带的重大举措。

长江经济带生态环境保护一体化机制，应重点开展以下工作。

1. 流域生态风险监控预警机制

基于长江经济带中长期发展的需求，按照全面监控长江经济带发展过程中生态环境演变状况的总体目标，全面涵盖水环境、土壤环境、湿地生态系统以及土地利用等生态要素，建立以遥感观测与地面核查相结合、人工监测与自动监测相结合、物理监测与生态监测相结合的全要素、全覆盖的大功能分区的生态环境全立体监测体系，实现长江经济带生态环境的实时监控与早期预警。

（1）土地利用与土地覆盖动态监控

实施范围：城市群地区为重点区域，长江经济带其他地区为一般区域。

监控手段：结合人工地面核查，利用高分卫星遥感影像，开展土地利用变化监测。

监控频次：重点区域的调查周期为三年一次，一般区域为五年一次。

（2）生态环境全要素质量监控

水环境质量监控：在现有基础上进一步完善，重点关注农村饮用水源质量、富营养化、水体重金属污染等问题。确定跨省界考核断面、入湖考核断面，为责任考核机制的建立提供数据。

土壤环境质量监控：建立土壤环境质量监控网络，制定土壤环境质量评估办法。重点关注粮食主产区等主要农产品生产区的农田土壤环境质量，进一步加强区域特征重金属污染的监测。

湿地生物多样性监测：针对长江干流及其他主要河流、主要淡水湖泊的特有生态系统，开展有针对性的生物多样性监测。调查内容主要包括四大家鱼、江豚、中华鲟、水鸟等重要渔业资源、珍稀濒危生物种群的数量与特征。调查周期一般为三年一次，自然保护区一年一次。

森林生物多样性监测：针对主要山地的森林生态系统，开展有针对性的森林生物多样性监测。调查内容主要包括森林面积、天然林面积、群落结构、群落特征、生物量以及主要陆生动物种群动态等。调查周期一般为五年一次，自然保护区一年一次。

产业开发集聚区的生态环境监控：针对不同类型、不同级别的产业开发区，结合“共抓大保护”要求，制订生态环境监测的具体方案。

2. 流域生态保护红线考核评估机制

针对生态保护红线区的管理要求——“性质不改变、面积不减少、功能不下降”，制定生态保护红线区的考核评估办法，这是保证生态保护红线发挥实效的重要手段，同时也是生态补偿等激励制度的重要依据。制度重点为考核生态保护红线区的落地情况和保护效果，重点需要明确以下内容：

（1）考核工作的实施主体和考核对象，明确各级政府在生态保护红线管理工作上的职责分工；

（2）规定考核的工作原则、具体考核指标、考核周期、考核形式和考核内容；

（3）明确考核结果的应用方式，指出将考核结果作为安排生态补偿资金的重要依据。同时，对保护成效显著者提出奖励办法，对违反管理要求的提出罚则。

3. 流域生态补偿机制

以改善长江经济带流域总体水环境质量、减少跨省界水体污染纠纷为工作目标，通过设计长江流域水体生态补偿机制的总体制度框架、提出近期试点实施方案和相关配套制度，为协调、处理长江经济带流域跨界水体污染和纠纷问题提供环境经济政策辅助手段，从而最终为实现长江经济带流域生态环境优化和区域协调可持续发展起到积极推动的作用。

流域生态补偿制度重点应从以下几方面设计。

（1）受益补偿、污染付费：按照“谁开发、谁保护，谁破坏、谁恢复，谁受益、谁补偿，谁污染、谁付费”的原则，一方面，环境和自然资源的开发利用者要承担资源环境成本，履行生态环境恢复责任，当造成超出阈值的环境污染时，应赔偿相关损失，支付占用环境容量的费用；另一方面，生态保护的受益者有责任向生态保护者支付适当的补偿费用。

（2）国家指导、地方为主：充分发挥国家层面在长江经济带流域生态补偿机制建立过程中的引导作用，在生态补偿机制的政策制定、体系建设等方面为地方政府提供具体指导，同时在一些跨省界的污染纠纷、补偿纠纷等问题上发挥协调和仲裁的作用。地方政府作为生态补偿机制的实施者，应在国家指导下，完善工作机制，并建立相应的资金投入和运作渠道，积极开展各项具体工作，使生态补偿机制不断完善并发挥应有效应。

（3）共建共享、多赢发展：长江经济带流域生态环境保护的各利益相关者应加强在流域生态保护和环境治理方面的互动配合，通过建立合作平台和工作机制，落实任务分工，实现长江中下游流域生态补偿机制的共建共享。同时，长江中下游地区流域生态补偿机制要充分考虑各地区之间的利益协调和均衡，对流域上游和下游实现合理的约束和管理，从而促进区域可持续发展，最终实现多方共赢的发展格局。

（4）因地制宜、易于操作：长江经济带流域生态补偿机制的建立，既要积极总结借鉴国内外经验，科学论证、积极创新，探索建立多样化生态补偿方式，为加快推进建立生态环境补偿机制提供新方法、新经验；也要充分结合长江经济带的地理、政治、环境、文化等方面的特点，形成易于操作、科学合理的实施途径和措施。

（5）试点先行、分步实施：长江经济带流域生态补偿机制要在重点领域和地区，率先开展生态补偿机制试点，通过试点总结经验，以点带面实现全方位跟进。同时，长江经济带流域生态补偿机制要循序渐进，分步实施。在形成对流域上下游双向考核与补偿机制之前，应有一定的协商共识期和准备期。

长江经济带流域生态补偿机制建议采用基于互相协商的政府之间“一对一”横向双向补偿模式，即以跨省界断面水质目标双向考核制度为基础，通过确定上下游的污染付费或者受益补偿责任，按照一定的补偿标准，核算补偿金额；并通过一定的资金运作渠道实现上下游政府间的双向补偿，其补偿资金运作则是政府主导下的财政横向转移支付模式。

参考文献

王敏：《上海生态环境容量、发展趋势与生态城市建设》，《科学发展》2017 年第 2 期，第 104～112 页。

肖林：《未来30年上海迈向全球城市的生态和能源战略》，《科学发展》2015年第10期，第5～11页。

何圣嘉、谢锦升、杨智杰等：《南方红壤丘陵区马尾松林下水土流失现状、成因及防治》，《中国水土保持科学》2011年第6期，第65～70页。

阮俊杰：《基于RS的上海市滩涂湿地动态变化及其生态系统服务价值的研究》，东华大学，2011。

肖金成、刘通：《长江经济带：实现生态优先绿色发展的战略对策》，《西部论坛》2017年第1期，第39～42页。

李保林：《明珠已蒙尘湖泊在流泪》，《湖北日报》2012年3月27日，第3版。

长流规系列报道组：《科学制订长江流域治理开发与保护的总体部署》，《人民长江报》2013年3月30日，第5版。

朱俊：《生态文明视角下新型城镇化路径的多重规划方法探讨》，中国风景园林学会：《中国风景园林学会2013年会论文集（下册）》，中国风景园林学会，2013，第7页。

曾刚、王丰龙：《“长江经济带城市协同发展能力指数”发布》，《环境经济》2016年第Z6期，第60～64页。

毛强：《区域协调发展的重大谋篇布局》，《学习时报》2017年8月4日，第2版。

李后强：《让母亲河永葆生机活力》，《人民日报》2016年7月24日，第5版。

《长江中上游水利水电工程的影响及对策》，《民主与科学》2015年第4期，第8页。

姚瑞华、赵越、王东等：《长江中下游流域水环境现状及污染防治对策》，《人民长江》2014年第45（S1）期，第45～47页。

杨桂山、马荣华、张路等：《中国湖泊现状及面临的重大问题与保护策略》，《湖泊科学》2010年第22（06）期，第799～810页。

周妍：《不断开创流域管理工作新局面努力谱写治江事业发展新篇章》，《中国水利报》2012年10月23日，第1版。

颜超华：《指导未来20年长江治理、开发和保护》，《中国水利报》2013年3月28日，第8版。

赵晨：《共舞“巨龙”》，《中国海事》2016年第9期，第1页。

黄宇驰、王敏、沙晨燕等：《中部地区战略发展生态安全制约及对策》，《环境影响评价》2015年第37（06）期，第6～11，26页。

史利江：《基于遥感和GIS的上海土地利用变化与土壤碳库研究》，华东师范大学，2009。

刘绍平、陈大庆、段辛斌等：《长江中上游四大家鱼资源监测与渔业管理》，《长江流域资源与环境》2004年第13（2）期，第183～186页。

B.4

上海对接推进长江经济带水环境污染治理研究

张希栋*

摘　要：　上海对接推进长江经济带水环境污染治理对建设长江绿色生态廊道具有重要意义，是上海立足长三角，服务长江经济带的具体体现。长江经济带水环境质量状况不容乐观，依然面临污染物排放总量大、农业面源污染问题突出、沿江污染产业集聚、用水安全受到威胁、水生态急须保护与修复、流域环境管理有待加强等问题。在分析了长江经济带其余省市对上海在治理长江水环境污染方面的诉求后，认为上海应该加强流域产业合作，促进产业绿色发展；加强流域环境合作，促进流域协同治理；输出环境管理模式，引领环境管理体制改革；加强平台搭建，推动要素资源共享；加强人才队伍建设，提供高端智力支撑。

关键词：　长江经济带　水污染　流域治理

一　上海对接推进长江经济带水生态环境治理的背景

当前，中国国内经济结构正在深化调整；国际政治局势变幻莫测（英

---

* 张希栋，上海社会科学院生态与可持续发展研究所，博士，助理研究员，主要研究方向为资源环境经济学。

国脱欧、中东战乱、美俄对抗)，国际政治力量正在不断重塑和调整。在国内外复杂的政治经济形势下，中国为谋求和平稳定发展，以习近平同志为核心的党中央立足国内、放眼世界，提出“一带一路”倡议、京津冀协同发展以及长江经济带国家发展战略。其中，长江经济带横跨九省二市，将我国东、中、西三大区域联系起来，对缩小区域差异、推动东中西部经济协调发展具有重大意义。长江经济带的发展要体现我国生态文明的战略思想，贯彻落实习近平主席提出的“共抓大保护、不搞大开发”的发展理念。因此，长江经济带的发展需要探索出一条生态经济化、经济生态化的绿色发展之路，实现经济增长与环境保护的双赢。

（一）水生态环境保护是长江经济带建立绿色生态走廊的基本要求

国务院在宏观层面加强了对长江经济带总体发展的指导，出台了《国务院关于依托黄金水道推动长江经济带发展的指导意见》（以下简称《意见》)，《意见》指出长江经济带要建设绿色生态廊道，而水生态环境保护则是长江经济带建设绿色生态廊道的重要内容之一。国家对长江经济带水生态环境保护提出了以下几点要求。第一，对水环境进行科学管理。科学计算及制定水域纳污总量、水功能区限制纳污红线，控制污染物总量排放。第二，降低污染物排放。降低化学需氧量、氨氮、总磷以及总氮等污染物的排放。第三，对污染物排放来源进行整治。对沿江污染比较大的行业如化工、造纸、印染以及有色等进行环境综合整治，对沿江城镇生活污水进行收集并集中处置，对农村养殖产生的污染物进行控制并加强农村污水治理，对水上移动污染源进行强化监督管理。第四，提高对突发事件的救援及处置能力。第五，建立环境风险或威胁较大的产业园区退出或转型机制。第六，加强重点水域水体的水质监测以及综合治理，实现流域水质的逐步改善。

（二）良好的水生态环境是长江经济带可持续发展的基础

从发展战略来看，长江经济带的发展不仅要注重经济增长，更要将生态环境保护问题考虑进来，因而需要树立“生态共同体”这一发展理念。长江经济带覆盖范围广泛，既包括东部经济发达的长三角地区，也包括欠发达的中西部地区。作为国际范围内有重大影响的内河流域经济带，长江经济带各省市是以水为纽带发展联系起来的。

从自然地理来看，长江是中国第一大河，不仅拥有全国1/3左右的淡水资源，还拥有全国3/5左右的水能资源储量以及丰富的水生生物资源①。长江直接提供4亿多人的饮水，并且国家还建设南水北调工程，将长江水资源调往缺水的北方地区，缓解了北方地区的用水压力。长江流域水资源丰富，降雨量充沛，适宜人类生存发展：第一，长江流域河流密布，水运资源丰富，水上运输体系具有明显的经济效益，对连接东中西三大区域、促进区域经济联系具有重要作用；第二，长江流域水量丰富，水质优良，对用水需求较大的工业以及农业发展提供了有利条件。

因此，良好的水生态环境对长江经济带可持续发展具有重要意义，是长江经济带可持续发展的基础。

（三）中央对上海服务长江经济带建设提出新要求

上海在中国的社会经济发展中具有非常重要的地位，中央要求上海“当好全国改革开放排头兵和科学发展先行者”。近年来，根据《意见》的指导精神，中央对上海在长江经济带的建设过程中，充分发挥上海所具有的各个维度（经济、技术、制度）的优势，在长江经济带的社会经济发展过程中起到引领示范的作用，为长江经济带的可持续发展提供全方面服务。这要求上海一方面在发展过程中加速与沿江省市的对接融合，另一方面在发展过程中积极创新、树立标杆起到引领性作用。建成绿色生态廊道是长江经济带发展的重要目标，而良好的水生态环境则是绿色生态廊道建设的重要内容。因此，上海应充分发挥自身优势，对接推进长江经济带水环境污染治理。

① 吴舜泽、王东、姚瑞华：《统筹推进长江水资源水环境水生态保护治理》，《环境保护》2016年第15期。

二　长江经济带水环境污染现状及面临的主要问题

长江经济带上升为国家战略后，国家更加注重长江经济带的可持续发展，提出了建设绿色生态廊道的发展目标，加大了对长江经济带自然生态环境的保护力度，加强了流域污染物排放监管，也实施了系统的流域生态系统修复工程。在党中央的生态文明发展战略思想指导下，长江经济带的水质情况有了明显提升。但同时也应该看到，长江经济带人口众多，经济相对发达，导致环境污染物排放总量较大①，面临的水环境污染问题依然突出。

（一）现状

随着国家对长江经济带水生态环境治理工作的逐步重视，长江流域特别是干流水质有所好转，但是部分支流仍然污染严重；化学需氧量以及氨氮等污染物在得到有效控制的同时，总磷污染成为长江流域水环境的重要威胁；长江流域湖泊水质堪忧，富营养化问题突出。

1. 水质状况不容乐观

2011～2016年，对长江流域60000千米左右的河长进行水质评价的结果显示，长江整体水质尽管呈现好转（Ⅰ～Ⅲ类水质标准河长占比上涨，Ⅲ类水质标准以下河长占比下降），但是Ⅲ类水质以下河长仍占总河长的17%以上②。2016年，长江水资源二级区符合或优于Ⅲ类水河长大部分表现良好，但是湖口以下干流不到60%，太湖水系仅为28.2%。长江部分支流污染形势不容乐观，2017年8月，长江参与评价的146个省界断面中，水质为Ⅰ～Ⅲ类的占87%，Ⅲ类水质以下的占13%，且均为支流③。从2016年的数据来看，长江上游部分支流如威远河、金牛河、中河、球溪河、毛

---

① 杨桂山、徐昔保、李平星：《长江经济带绿色生态廊道建设研究》，《地理科学进展》2015年第11期。

② 资料来源：2016年长江流域及西南诸河水资源公报，中国环境统计年鉴（2012～2016）。

③ 资料来源：长江水利网，http：//www.cjw.gov.cn/。

河、茫溪河、思蒙河、毗河、九曲河、体泉河以及江安河等受到重度污染①；长江中游如四湖总干渠荆州至潜江段、通顺河、神定河、泗河、竹皮河、天门河水质受到严重污染；长江下游平原地区受长江上游水电开发影响，水流速度趋缓，水体自净能力减弱，环境容量降低，客观上增加了污染概率，给水质改善造成不利影响。

2. 总磷指标污染问题突出

长江流域化学需氧量（COD）、氨氮已经不再是首要污染物，总磷成为主要污染物②。从部分支流的水质监测结果来看，岷江水系Ⅲ类水质及以上断面占61.5%，主要受总磷污染；沱江水系总体轻度污染，无Ⅲ类及以上水质断面，主要受总磷污染；沅水水系水体水质综合较好，Ⅲ类及以上水质断面占比93.3%，同样主要受总磷污染③。2017年1～5月，渠江舵石盘断面、沱江八角断面、沱江球溪河口断面、涪江象山断面、涪江跑马滩断面总磷污染问题突出④。2016年武汉市湖泊总磷平均浓度为0.148毫克/升，较上年上升了11.3个百分点⑤，同年南京市玄武湖、石臼湖主要污染物为总磷⑥。

3. 部分湖泊富营养化问题突出

长江流域湖泊水质情况总体较差，2016年对长江流域61个主要湖泊的评价结果显示，Ⅰ～Ⅲ类水质标准的湖泊有10个，占16.4%；就评价水面面积的角度而言，水质符合Ⅰ～Ⅲ类水质标准的面积占比为16.3%⑦。从营养化程度来看，中营养湖泊、轻度富营养湖泊以及中度富营养湖泊占比分别为16.4%、47.5%以及36.1%。从重点湖泊来看，“三湖”（滇池、巢湖、

---

① 资料来源：2016年四川省环境状况公报。

② 资料来源：中国环境，http：//www.cenews.com.cn/ztbdnew/2017/a/f/201703/t20170321_825220.html。

③ 资料来源：2016年四川省环境状况公报、2016年贵州省环境统计公报。

④ 资料来源：四川省环保厅，http：//www.schj.gov.cn/。

⑤ 资料来源：2016年武汉市环境质量状况公报。

⑥ 资料来源：2016年南京市环境状况公报。

⑦ 资料来源：2016年长江流域及西南诸河水资源公报。

太湖）水质状况仍然较差：滇池水质为Ⅳ～劣Ⅴ类（中度富营养）；巢湖东半湖水质为Ⅳ类（轻度富营养），西半湖水质为Ⅳ～劣Ⅴ类（中度富营养）；太湖水质尽管相对较好，但是Ⅲ类水域仅占11.5%，绝大多数水域（71.8%）属于Ⅳ类水域，Ⅴ类和劣Ⅴ类水域占比16.7%。与2015年相比，“三湖”水质、富营养化状态均未见明显好转。2017年8月，对部分重点湖库水质的调查结果显示，巢湖营养化程度为中度富营养，滇池营养化程度处于轻度到中度富营养①。从地市角度来看，2016年，武汉市对165个湖泊的水质监测结果表明：Ⅲ类水质（含）以上仅有9个，与上年相比，Ⅲ类水质（含）以上增加2个，但是劣Ⅴ类湖泊增加15个，按综合营养状态指数评价来看，中营养、轻度富营养、中度富营养以及重度富营养湖泊分别占9.1%、46.7%、35.8%以及8.5%。南京市对9个湖泊的水质监测结果表明，中营养以及轻度富营养湖泊分别占33.3%、66.7%。

（二）主要问题

随着长江经济带经济的迅速发展，产业规模不断扩大，流域内人口增加，长江经济带水生态环境面临挑战，主要表现为：污染物排放总量大，农业面源污染问题突出，沿江产业废水排放量大，用水安全受到威胁，水生态保护与修复面临压力，流域环境管理有待加强。

1. 污染物排放总量较大

2011～2016年，长江经济带废水排放总量呈现逐年增长的趋势（见图1），占全国废水排放总量的43%左右，长江经济带废水排放总量始终处于高位。

分省份来看，长江经济带废水排放总量较高的省份主要是四川、湖南、湖北、江苏、浙江（见表1），该五省的废水排放总量占长江经济带废水排放总量的64%左右，要将其作为长江流域水污染防治的重点关注对象。

分水资源二级区来看，废污水排放总量较大的二级区主要集中于太湖水

① 资料来源：长江水利网，http://www.cjw.gov.cn/。

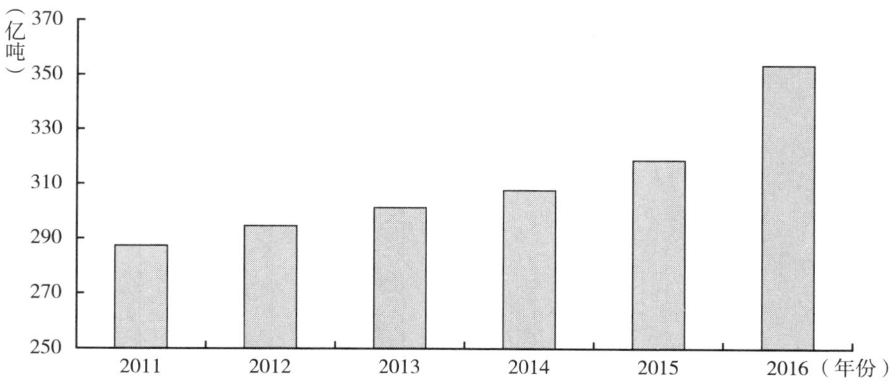

图1　2011～2016年长江经济带废水排放总量

资料来源：《中国环境统计年鉴（2011～2016）》、长江流域及西南诸河水资源公报2016。

系、洞庭湖水系、湖口以下干流、鄱阳湖水系、宜昌至湖口、岷沱江以及汉江（见图2），占长江流域废水排放总量的80%以上，是未来长江流域减排的重点。

表1　2011～2015年长江经济带各省市废水排放情况

单位：亿吨

省份	2011年	2012年	2013年	2014年	2015年
上海	21.4	21.9	22.3	22.1	22.4
江苏	59.3	59.8	59.4	60.1	62.1
浙江	42.0	42.1	41.9	41.8	43.4
安徽	24.3	25.4	26.6	27.2	28.1
江西	19.4	20.1	20.7	20.8	22.3
湖北	29.3	29.0	29.4	30.2	31.4
湖南	27.9	30.4	30.7	31.0	31.4
重庆	13.1	13.2	14.3	14.6	15.0
云南	14.8	15.4	15.7	15.8	17.3
贵州	7.8	9.1	9.3	11.1	11.3
四川	28.0	28.4	30.8	33.1	34.2

资料来源：《中国环境统计年鉴》（2012～2016）。

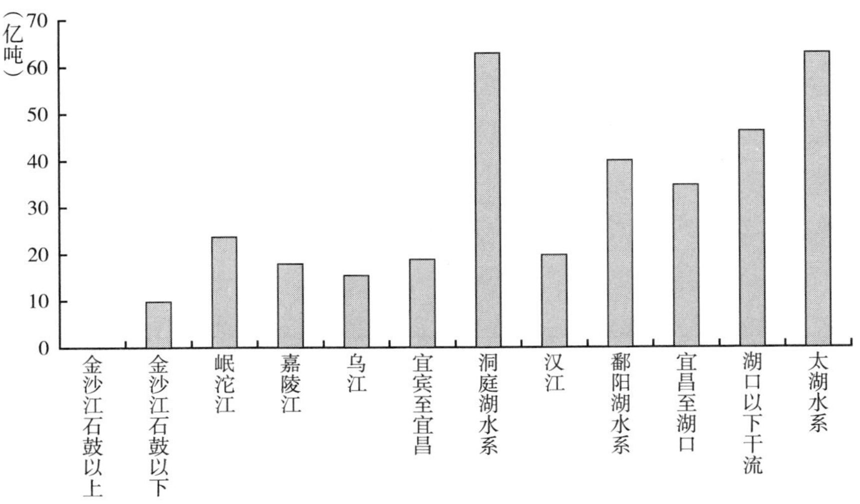

图 2　2016 年长江流域各水资源二级区废污水排放量

资料来源：长江流域及西南诸河水资源公报 2016。

2. 农业面源污染问题严重

对长江经济带而言，总磷已经上升为主要污染物，并且约 70% 的总磷来自农业面源污染①。长江经济带农业发达，在农业产量不断提高的背景下，化肥农药的使用使农业面源污染问题不断加剧。

通过整理 2011 ~ 2015 年长江经济带各省市化肥使用量数据（见图 3），对长江经济带不同省市的农业化肥用量特征进行分析。结果表明：长江经济带总体化肥使用量在 2014 年达到顶点，2015 年有所降低，但相比于 2011 年，化肥使用总量仍有所增加，五年来年均增长 1.5%。从地区的角度来看：江苏、安徽、湖北三省的化肥使用量最高，占长江经济带化肥使用量的 46% 左右；云南、四川和湖南相对处于中间水平，占长江经济带化肥使用量的 33% 左右；贵州、重庆、江西、浙江以及上海化肥使用量较低，占长江经济带化肥使用量的 21% 左右。分区域来看，长江上游三省一市，就使用

① 资料来源：中国环境，http://www.cenews.com.cn/ztbdnew/2017/a/f/201703/t20170321_825220.html。

量而言，云南省以及四川省的化肥使用量较高。从增长速度来看，云南省化肥使用量增速较快，年均增长3.7%，滇池流域和洱海流域水质恶化，农业面源污染是主要原因；长江中游四省，其中湖北省五年来化肥使用量呈现下降的趋势，但是化肥使用总量依然较高，2015年湖北省与湖南省化肥使用量基本持平，两省化肥使用量处于高位，这与江汉平原、洞庭湖平原是重要的粮食生产基地是分不开的；长江下游两省一市，江苏省化肥使用量最高，但是化肥使用量均呈现下降的趋势。相比于工业以及城镇生活污水，农业面源污染难以集中收集，产生的流域污染更为广泛，造成的污染后果更加严重。

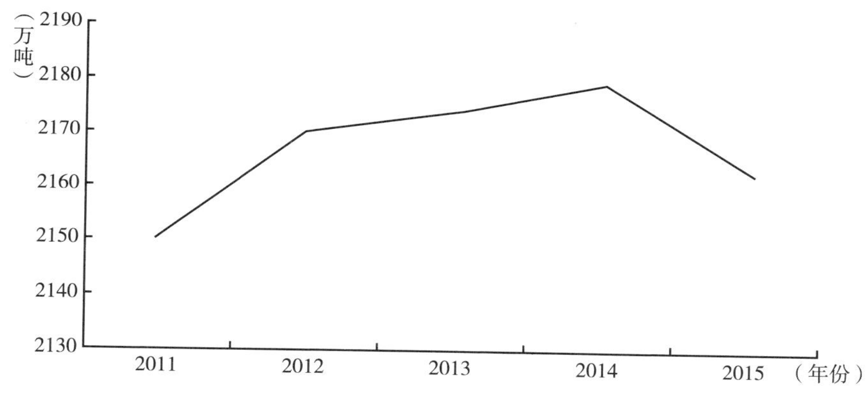

图3　2011～2015年长江经济带化肥使用情况

资料来源：《中国统计年鉴》（2012～2016）。

表2　2011～2015年长江经济带不同省市化肥使用情况

单位：万吨

省份	2011年	2012年	2013年	2014年	2015年
上海	12	11	10.8	10.2	9.9
江苏	337.2	331	326.8	323.6	320
浙江	92.1	92.2	92.4	89.6	87.5
安徽	329.7	333.5	338.4	341.4	338.7
江西	140.8	141.3	141.6	142.9	143.6
湖北	354.9	354.9	351.9	348.3	333.9
湖南	242.5	249.1	248.2	247.8	246.5

续表

省份	2011 年	2012 年	2013 年	2014 年	2015 年
重庆	95.6	96	96.6	97.3	97.7
云南	200.5	210.2	219	226.9	231.9
贵州	94.1	98.2	97.4	101.3	103.7
四川	251.2	253	251.1	250.2	249.8

资料来源：《中国统计年鉴》（2012～2016）。

3. 沿江产业污染严重

长江经济带工业废水排放是造成长江水污染的一个重要原因。从排放量来看，长江上游地区，四川省的排放量相对较高；长江中游地区，湖北省以及湖南省工业废水排放量相对较高；长江下游地区，尽管江苏省以及浙江省的废水排放量呈现逐年下降的趋势，但是绝对量仍然较高，其工业废水排放总量是长江经济带最高的两个省份（见表3）。2016 年，长江工业废水排放占废水总排放量的 55.1%。农副食品加工、造纸、化工、纺织以及饮料等行业排放的污染物较多，占工业总排放量的 60% 以上，而化工行业中的氮肥制造业是流域内氨氮排放的重点行业，排放量占工业排放的 23.5%。对

表 3　长江经济带工业废水排放情况

单位：亿吨

省份	2011 年	2012 年	2013 年	2014 年	2015 年
上海	4.5	4.6	4.5	4.4	4.7
江苏	24.6	23.6	22.1	20.5	20.6
浙江	18.2	17.5	16.4	14.9	14.7
安徽	7.1	6.7	7.1	7.0	7.1
江西	7.1	6.8	6.8	6.5	7.6
湖北	10.4	9.2	8.5	8.2	8.1
湖南	9.7	9.7	9.2	8.2	7.7
重庆	3.4	3.1	3.3	3.5	3.6
云南	4.7	4.3	4.2	4.0	4.6
贵州	2.1	2.3	2.3	3.3	2.9
四川	8.0	7.0	6.5	6.8	7.2

资料来源：《中国环境统计年鉴》（2012～2016）。

2015 年长江经济带农用氮、磷、钾化肥的产量分析表明，湖北省化肥产量最高，占长江经济带化肥产量的 32% 左右（见图 4）。此外，化肥产量较高的省份主要集中在长江中上游地区的贵州、四川以及云南等省份。

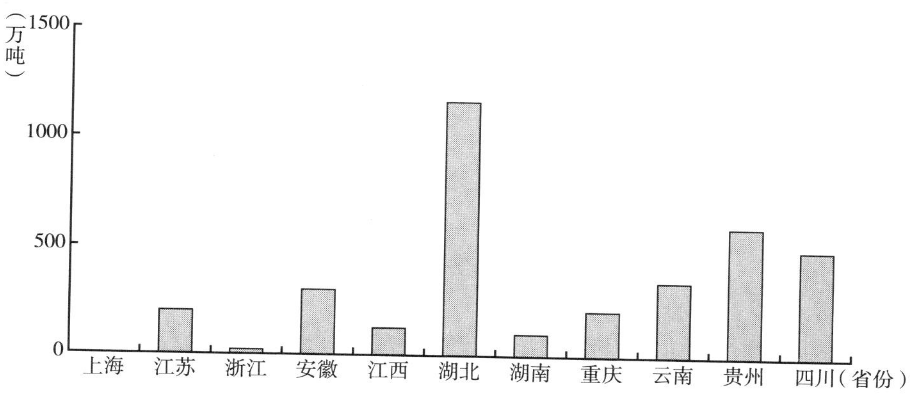

图 4　2015 年长江经济带农用氮磷钾化肥产量情况

资料来源：《中国统计年鉴》（2016）。

从产业结构来看，三次产业中，长江经济带第二产业占比较高，仅上海第二产业比重明显低于全国平均水平，云南以及贵州第二产业比重与全国平均水平基本持平，其余省市第二产业占比均超过全国平均水平，较高的第二产业占比使污染物的排放强度难以降低（见图 5）。此外，再考虑第二产业中化工企业沿江聚集，部分企业工业废水存在偷排现象，无疑会加剧长江流域的水污染问题。

4. 用水安全受到威胁

长江沿线分布着大量的企业、化工园区[①]，排污口与取水口交叉分布，上游地区的排污口往往位于下游地区取水口的上游，并且备用水源往往也在长江内，一旦出现严重的水污染事件，备用水源也难以幸免，城市供水安全面临挑战。此外，长江是我国重要的水上运输通道，有“黄金水道”的美誉。近年来，长江港口吞吐能力发展迅速：2010～2016 年，长江干线货物

① 陈琴：《加强长江水资源保护保障流域水安全》，《人民长江》2016 年第 9 期。

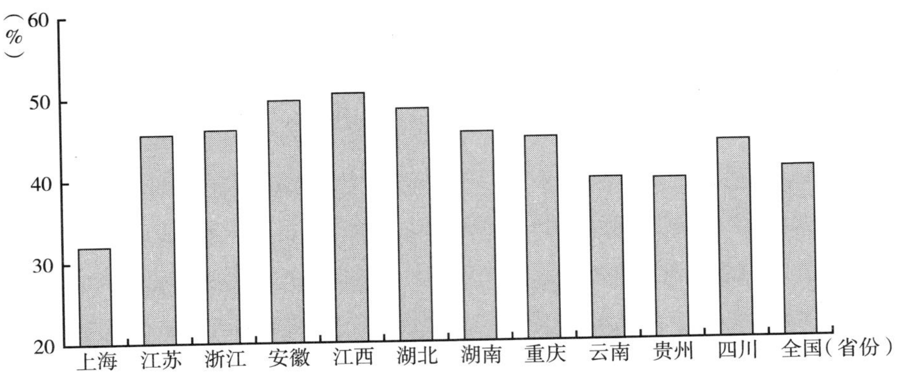

图5　2015年长江经济带第二产业占比情况

资料来源：《中国统计年鉴》（2016）。

吞吐量由15.02亿吨增长到23.1亿吨，增长53.8%；集装箱吞吐量由907.9万TEU增长到1520万TEU，增长67.4%[①]。一方面，水上过往船只产生的油污等废弃物对水质会有直接影响；另一方面，危化品的运输对下游取水口的用水安全也存在潜在威胁。

5. 水生态急须保护与修复

长期以来，对长江流域的开发缺乏合理性，间接加剧了长江水环境污染程度。流域开发不合理对水环境污染的影响主要表现在：第一，江湖连通性下降，部分地区工程建设改变了原本的江湖关系，不仅使原本的水生生物生境发生变化，而且使湖泊缺少外来水源的持续更新，造成湖泊自净能力下降，污染风险加剧；第二，引水式电站和跨流域调水造成原本的河流流量降低，导致下游河流的环境容量下降，污染强度增加；第三，岸线资源开发不合理，岸线是一种特殊的资源，在长江流域中，它是长江水域与陆域的结合处，而非法码头是岸线资源利用不合理的重要方面，由于利益驱动且缺少正规的审批手续，这些码头的环保标准较低，在运营时难免会对水质产生较大污染。

① 新华网：http：//www.hb.xinhuanet.com/；唐冠军：《以五大发展理念为指导加快推进长江港口现代化》，《水运管理》2016年第3期。

6. 流域环境管理有待加强

长江经济带水环境污染治理需要流域内不同的地方政府协同合作，而目前的情况是，长江流域上中下游地方政府不仅缺乏水生态环境的协同治理，甚至难以确保本地区水生态环境的治理工作（如长江上游部分地区环境管理人员匮乏，政府环保积极性不高）。长江流域水环境管理不足主要表现在以下四方面。第一，缺乏流域水生态环境治理区域协调机制。流域水生态环境是一个系统性问题，长江经济带也正在推进区域之间的流域管理合作，但是目前的区域合作模式缺乏利益协调机制，难以有实质性进展。第二，缺乏统一的流域管理部门，存在部门交叉现象。如长江水利委员会与环保部的相关机构，在水环境监测、数据统计、协调省际水污染纠纷以及重大水污染事件调查等方面均存在不同程度的交叉，导致环境管理的低效率。第三，流域管理的执行力不足，难以对污染企业进行实质性处罚，如长江水利委员会机构建设不完善，对流域水污染更多地停留在监测层面，执法力度较低。第四，依赖于市场机制的环境政策实施存在困难：以排污权以及生态补偿为例排污权存在定价标准不统一，同一污染物的排污权价格差距较大，排污权市场不完善等问题；生态补偿标准量化困难，补偿资金以纵向补偿为主，缺乏受益者对治理者的转移支付等。

三　上海对接推进长江经济带水生态环境治理的路径与策略

（一）指导思想

认真贯彻落实党中央、国务院的决策部署，深入学习党的十九大治国理政新思想。始终坚持生态优先、绿色发展的经济发展模式；始终坚持生态环境保护优先，人与自然和谐相处的发展理念；始终坚持在保护中开发，在开发中保护的指导思想；始终坚持经济生态化，生态经济化的融合发展。保障长江经济带上海段的水生态环境质量，使上海能够有效对接长江经济带水生态环境的治理。

根据国家五大发展理念、建立长江经济带绿色生态廊道的国家战略，结合上海“四个中心”建设、自贸区建设、全球科创中心建设和转型发展的需求，抓住上海建设海绵城市、生态宜居城市以及全球城市的城市发展目标，通过中央政府协调上海市政府与沿江省市的政府合作，推进与沿江各省市的环境治理合作。此外，要搭建合作交流平台，促进专业人才、绿色资本、环保技术等要素更好地服务于长江经济带各省市，使上海能更好地推进长江经济带水生态环境的治理。

（二）基本原则

1. 实事求是

在治理长江经济带水环境污染的过程中，需要中央政府统一协调，各省市群策群力，共同治理水环境污染，单纯地以上海一己之力治理长江经济带水环境污染并不现实。因此，治理长江经济带水环境污染，上海需要明确自身的战略定位，坚持实事求是的基本原则，量力而行。

2. 优势互补、利益共享

上海在长江经济带水环境污染治理方面具有优势。一方面，上海聚集了大量的科研院所，有丰富的智力支持，不仅为环保技术的研发提供了有利条件，也为政府制订水环境污染治理方案、生态与经济融合发展、处理好保护与开发之间的关系等战略性课题提供决策参考；另一方面，要加强上海与沿江省市的合作，包括产业合作、农业合作、环境协同治理合作。坚持优势互补、利益共享的基本原则，共同治理长江经济带水环境污染。

（三）上海对接推进长江经济带水环境污染治理面临的诉求

由于长江经济带覆盖范围较广，不同地区自然地理以及社会经济发展差异较大，长江经济带不同地区水环境污染治理所面临的主要困难也有所不同，这些困难有些是需要中央来直接对接解决，有些是针对长江经济带其他省市，需要协调地区之间的利益。上海位于长江经济带的下游，在长江经济带水环境污染的治理过程中具有重要作用。一方面，上海是长江上游水环境改善的受益者；另一方面，中央以及长江经济带其余省市对上海也有诉求，上海需要发挥自身优势，帮助长江中上游省市共同治理长江水环境污染。目前而言，长江经济带其余省市对上海在治理长江水环境污染方面的诉求主要包括以下几个方面。

1. 发挥产业优势，带动沿江省市产业转型升级

长江经济带产业结构不合理，第二产业占比较高，化工产业发达，导致废水的排放强度难以降低，这是长江经济带水环境污染的一个重要原因。从产业结构来看，沿江九省二市中，2015 年，仅上海的第二产业占比（31.8%）明显低于全国平均水平（40.9%），其余省市除云南、贵州与全国平均水平持平外，其余省市均超过全国平均水平。因此，上海应充分发挥产业结构高端化的优势，带动长江经济带各省市的产业转型升级，从而在客观上降低废水排放强度。从三次产业结构来看，上海已经形成以服务业为主的经济发展模式。2015 年，上海第三产业占比 67.8%，而 2016 年，上海第三产业增加值增长 9.5%，远高于第二产业增加值的增长速度（1.2%），第一产业增加值则出现一定程度下降，表明第三产业占比进一步提高。随着上海第三产业的不断发展，服务能力不断提升，辐射能力有所提高。上海在金融业、对外贸易、城市信息化以及交通运输服务业等方面相比长江经济带其余省市具有优势。在金融业方面，2016 年上海实现金融业增加值同比增长 12.8%，上海已经成为金融机构、金融资产以及金融人才最集聚的地区之一，为实体经济的发展提供了有力的支撑；在对外贸易方面，2016 年，上海关区货物进出口总额 52334.85 亿元，同比增长 3.3%（其中，进口 20683.76 亿元，增长 5.1%；出口 31651.09 亿元，增长 2.1%），同时上海还在持续推动上海自由贸易试验区制度创新，进一步加强了中国经济与国际经济之间的联系；在城市信息化方面，2016 年，实现信息产业增加值增长 8.5%，其中信息服务业增加值增长 11.9%；在交通运输业方面，上海港是对标世界的国际航运中心，铁路、公路以及航空运输体系发达。上海需要充分发挥第三产业的比较优势，加强与长江经济带各省市的产业合作，合理有

序地引导上海的产业向长江经济带沿岸省市转移，促进长江经济带各省市产业结构升级，降低沿江各省市的废水排放强度，提升经济的“清洁性”。

2. 牵头合作，探索建立流域协同治理机制

长江经济带水环境污染是一个系统性问题，仅依靠各个地方政府对水环境污染进行治理并不能达到全流域水环境改善的目的，因而需要地方政府加强环境治理合作，共同推进长江流域水环境污染治理。《意见》指出，在长江经济带的发展过程中需要建立健全地方政府协商合作机制，同时长江经济带各省市也均希望上海能够发挥龙头作用，打破行政区划界限，统筹协调长江经济带的发展。因此，在长江经济带水环境污染这一问题上，上海应该牵头与其余省市的合作，共同探索长江经济带水环境污染的协同治理机制。

3. 加强改革先行先试，总结改革经验

上海对于长江经济带水环境污染治理，在制度上要先行先试，对上海本地区水环境污染治理的经验与教训进行总结，为长江经济带其余省市提供经验借鉴。针对水环境污染治理问题，上海要勇于创新、大胆革新，通过组织环保局、发改委、经信委以及相关部门成立水环境污染治理的专门领导小组，组织高校以及科研院所专家对上海市水环境污染问题进行深入研究，进行一系列相关的制度改革，在上海不同的区进行试点改革，对试点地区进行全程跟踪，总结改革的经验与教训，提出适宜推广至长江经济带其余省市甚至全国的水环境污染治理改革经验。

4. 发挥要素资源优势，促进优势要素资源共享

上海集聚了大量的要素（技术、资本）资源，在长江经济带水环境污染治理中具有重要地位。要发挥上海的要素优势，促进上海向长江经济带其余省市输出要素资源，治理长江经济带水环境污染问题。从目前的情况来看，上海尽管拥有要素优势，但是要素流通渠道不顺畅，导致长江经济带其余省市不能享有上海的优势要素资源，而建立合作平台是促进上海的要素资源向长江经济带其余省市流动的一个重要手段。这就要求上海要搭建完善的要素平台合作体系，确保平台体系辐射的地区更广、合作的内容更全，最终达到上海优势要素资源服务于长江经济带水环境污染治理的目的。

5. 发挥人才资源优势，解决重大疑难问题

上海聚集了中国一批顶尖的高校以及研究机构，人才资源丰富，能够为长江经济带水环境污染治理的管理体制、技术难点提供全方位的智力服务。上海在长江经济带水环境污染治理过程中，应该加强与其余省市的合作，组织相关学者、专业人才对长江经济带水环境污染问题进行深入调研，分析并找出不同地区水环境污染治理存在的难点，协助地方政府制订有针对性的水环境污染治理方案。同时，采取多种渠道和方式，有针对性地为长江经济带其余省市培养水环境污染治理的专门人才。总之，上海要建立长江经济带水环境污染治理的人才库，发挥人才资源优势在长江经济带水环境污染治理中的重要作用。

（四）政策措施

1. 加强流域产业合作，促进产业绿色发展

上海与长江经济带其余省市的产业合作要实现有效对接。第一，合理引导产业转移。上海在向长江经济带其余省市产业转移方面还存在不足。一方面，上海在产业结构调整过程中需要转移出去的产业很可能不符合长江经济带其余省市的招商引资需求；另一方面，上海与长江经济带其余省市的产业对接信息不完善，上海需要转移的产业项目符合转入地的招商引资需求，但是双方并不享有完全信息，导致产业转移难以对接。因此，上海市相关部门，应该对上海市需要转移的产业进行精细管理，探索产业转移的“负面清单”管理模式。上海在产业结构的调整过程中，对不同企业进行分类管理，探索编制产业转移的“负面清单”，并设立官方网站，及时发布和更新相关转移的企业信息，使上海市向长江经济带其余省市或者国内其余省市甚至是国外的产业转移项目信息得以快速传播。第二，输出产业发展理念。一方面，同一产业在不同的省份所排放的污染物强度有所不同，以农业为例，长江经济带水环境污染面临的一个重要问题是农业的面源污染问题，而上海近年来在市委的引领下，转变农业发展理念，发展生态农业、有机农业、循环农业、绿色农业，在源头上控制农业面源污染；另一方面，从三次产业结

构来看，上海要发挥产业结构优势，不仅要输出产业发展理念还要利用第三产业的发展优势，带动长江经济带其余省市第三产业的发展，合理有序引导产业结构升级，降低沿江省市的废水排放强度。

2. 加强流域环境合作，促进流域协同治理

上海在长江经济带水环境污染治理中，要加强同沿江省市的环境合作，共同推进流域协同治理。第一，上海要加强本地区流域管理体制机制，对长江上海段的水环境污染进行有效治理，形成监管高效、处罚有力、分工明确的管理机制，总结上海的水环境污染治理经验，加强与其余地区的水环境污染治理经验的交流，使水环境污染治理经验在长江经济带各省市推行。第二，要建立跨流域、跨地区的协调管理机制，比如长江经济带现有的“长江沿岸中心城市经济协调会”制度，具有协调长江流域环境联防联治的作用，但是一方面该经济协调会的覆盖面较窄，仅包括长江沿岸的主要城市，缺少省际沟通协调机制，从而在水环境污染治理问题方面缺乏省际联动，上海要继续深化与沿江省市的合作，共同构建省际涉水管理联席会议制度，研究和解决水环境污染治理问题。第三，加强长江流域的统一管理。上海可组织相关专家分析总结长江流域在部门管理上的不足，指出流域管理中存在的部门交叉、监管不严、执行不足等情况，向中央政府提出切实可行的流域统一管理方案，使现有资源进行重组、形成合力，全面加强水环境污染的监测、监督、处罚等方面的统一管理工作。第四，探索建立流域水污染的实时监测平台，并向长江经济带沿岸省市推广，最终形成长江流域的水环境信息共享平台，达到对长江流域水环境实时监测的效果。第五，对生态补偿机制进行深入研究，提出长江水资源的补偿标准以及补偿方案，推动建立区域性水资源环境的交易平台，促使长江经济带上中下游生态补偿制度的确立。第六，上海要推动水环境污染治理的公众参与机制，建立完善的公众参与渠道、监督渠道，向长江经济带沿江省市推广公众参与的上海模式。此外，应该指出的是，上海在流域协同治理中尽管存在较大优势，能够起到龙头甚至是带动作用，但是让上海牵头长江经济带，与其余省市进行流域协同治理仍然面临地方政府之间的利益难以协调的问题，需要中央政府从中协调，尤其

是当地方政府在某些问题上难以达成一致时，更需要中央政府从全流域、国家战略的视角出发，合理解决问题。

3. 输出环境管理模式，引领环境管理体制改革

上海对接推进长江经济带水环境污染治理的过程中，应始终坚持先行先试，确保在水环境污染治理改革方面走在前列，从而向长江经济带其余省市输出先进的环境管理模式，引领长江经济带制度改革。《上海市环境保护和生态建设“十三五”规划》确定了坚持以生态文明为统领、以绿色发展为引领、以改善环境质量为核心、以解决突出环境问题为重点的工作思路。长江经济带沿江省市可以借鉴学习上海在环境管理方面的先进经验，结合本地区的发展实践探索，完善环境管理模式。具体来说，上海经验应该有以下几点。第一，加强水环境污染治理力度。增加环境污染治理投资，实施重点污染治理工程，提高污水厂治污能力及标准，完善污水管网建设和截污纳管，提高重点保护地区水环境水质，对中小河道黑臭水体进行综合整治。第二，制定更为严格的环保标准，促进产业发展的绿色化。高能耗高污染工业的发展对环境会产生严重的负面影响，为保护环境必须出台较为严格的环保标准，规范工业的发展；在农业发展领域，推动美丽乡村建设，发展生态农业，推广使用绿肥、有机肥，降低农业面源污染，规范养殖业发展，削减中小养殖场数量，鼓励规模化养殖，促进种养结合，发展循环农业。第三，不断探索和创新环保体制改革，创新污水治理模式。2017 年 7 月，上海相继出台《上海市水污染防治十大行业清洁化改造推进方案》《上海市水资源管理若干规定（草案)》，使上海对水环境污染的治理更具针对性，而上海应该推动与长江经济带沿江省市的环境管理方式、方法的交流，探讨更加行之有效的水环境污染治理方案。

4. 加强平台搭建，推动要素资源共享

发挥上海作为要素聚集地的巨大优势，搭建专业化的合作平台，着力推动有利于废水减排的环保要素向长江经济带上游省市流动，共同治理水环境污染。第一，建立分行业的污染物排放交流平台。在长江经济带范围内，农副食品加工、造纸、化工、纺织以及饮料等行业排放的污染物较多，而化工

行业中的氮肥制造业是流域内氨氮排放的重点行业，建立这些行业的污染物排放交流平台，明确部分地区在某一或某几个生产环节污染物排放较高的技术原因，一方面可以通过业内交流，提高节能减排技术扩散速度，降低行业的污染排放强度，另一方面，上海市有众多的科研院所，针对污染排放高的生产环节，可组织专业技术人员，改进生产技术，降低污染物排放。第二，建立资本投资的对接交流平台。上海是国际金融中心，在投融资领域具有优势，而同时长江经济带上游省市在经济发展时，往往缺少资金来源，特别是一些污染排放低、绿色环保的经济项目，为了更好地应对这一问题，需要建立长江经济带的资本对接平台，尤其是加大对绿色经济、绿色科技以及绿色生活等方面的资本投资。第三，建立长江经济带绿色航运平台。长江流域是我国重要的内陆航运通道，水上交通繁忙，但同时也对水环境质量带来一定程度的污染，再考虑到部分危化品的水上运输，更是加剧了水环境污染的风险。因此，上海应着力发展绿色港口，建立船舶水上运输的标准，降低污染物排放，同时加强与长江经济带相关各省市的水上交通运输合作，输出港口、船舶的绿色管理理念，力图打造长江经济带的绿色航运体系。通过建立不同要素的专业合作平台，充分发挥上海的要素优势，补齐长江经济带上游省市的要素短板，促进长江经济带水环境质量的逐步改善。

5. 加强人才队伍建设，提供高端智力支撑

上海有着丰富的人才资源，是高校以及科研院所较为集中的地区，应充分利用人才资源优势，共同治理长江经济带水环境污染。第一，要治理长江经济带水环境污染，需要对一些重点问题进行研究，如水环境污染产生的原因、水污染的现状及发展趋势、水资源的开发与水环境污染的关系、水环境污染的重点流域、上中下游水污染的关系等，而针对这些问题，上海具有人力资源优势，拥有一大批专家学者，可与长江经济带各方面专家联合攻关，开展深入研究，解决长江水环境污染的各种难题；第二，加强研究导向。上海应该在科研顶层设计中，融入关于长江经济带水环境污染治理的相关研究课题，引导高校及科研院所的研究人才对长江经济带水环境污染中需要解决的重大问题进行科学研究，解决技术难题的同时为政府决策提供科学参考；

第三，加强校企合作，推动科研成果转化，加强科研单位和生产单位协同合作，促进产学研结合，使优秀的科研成果能够迅速应用于企业生产过程，使科技成果能够降低企业的污染排放，改善长江的水环境质量；第四，加强人才队伍建设。长江经济带水环境污染是一个系统性问题，该问题的解决有赖于多方面专家学者的共同研究，一方面要加强对人才队伍的资金支持，保证研究人员的研究经费，另一方面要开展组织广泛的学术交流，加强与国外高校的合作，促进人才队伍的国际化，同时要加强人才队伍与实践的结合，在开展学术研究工作的同时，解决长江经济带水环境污染所面临的技术难题，为长江经济带水环境污染治理提供高水平的智力支撑。

参考文献

吴舜泽、王东、姚瑞华：《统筹推进长江水资源水环境水生态保护治理》，《环境保护》2016 年第 15 期。

杨桂山、徐昔保、李平星：《长江经济带绿色生态廊道建设研究》，《地理科学进展》2015 年第 11 期。

陈琴：《加强长江水资源保护保障流域水安全》，《人民长江》2016 年第 9 期。

唐冠军：《以五大发展理念为指导加快推进长江港口现代化》，《水运管理》2016 年第 3 期。

B.5
上海对接推进长江经济带水资源可持续开发利用

吴　蒙*

摘　要： 水资源是长江经济带经济社会发展与生态环境保护的核心资源要素，也是制约区域水安全与可持续发展的重要瓶颈。本研究分析并构建了区域水资源开发利用可持续性评价体系，对长江经济带进行实证研究，结果表明，近年来长江经济带水资源开发利用可持续性不断提升，但未来仍需保障并提升东西部省市社会用水公平性；提升长江经济带水资源开发利用整体效率；避免上游省市水资源开发利用对长江经济带生态环境产生影响；巩固和保障长江经济带全国战略水源地的重要地位。研究据此提出针对性的对策措施包括：提高水资源利用协调度；推进落实最严格的水资源管理制度，强化用水总量与用水效率双控；优化水源地战略布局与环境风险监管；加快推进落实生态红线管理。

关键词： 水资源　可持续　长江经济带　生态共同体

长江经济带是横跨我国东中西、统筹沿江沿海区域新一轮改革开放发展的重要战略，承担着全面开发长江“黄金水道”、推动长江流域社会经济发

* 吴蒙，上海社会科学院生态与可持续发展研究所，博士，助理研究员。

展、开展生态文明建设与绿色发展先行先试的重要使命。水资源是承载长江经济带社会经济发展与绿色生态廊道建设不可或缺的重要资源要素，按照2016年全国水资源总量32466.4亿立方米计算，长江经济带水资源总量约占全国总量的42%，2016年长江经济带生产总值达到33.3万亿元，约占全国经济总量的43%，水资源问题不仅是长江经济带生态共同体建设首要解决的重要难题，也是国家层面解决经济社会发展过程中水安全问题所面临的巨大挑战。然而，近年来长江经济带由于水资源过度开发利用，长江流域中下游存在着严峻的水环境与水生态隐患，一方面，沿江城市水质性缺水严重，且伴随着饮用水水源地安全隐患；另一方面，长江流域长期以来工业点源污染与农业面源污染并存，水环境治理与保护面临严峻挑战。随着国家大力推进长江经济带发展战略，沿江各省市对水资源开发利用的需求将进一步加大，将衍生出新的水环境与水生态问题，推进水资源合理开发利用形势迫切。

基于以上分析，研究首先全面深入剖析了长江经济带水资源开发利用现状以及面临的主要问题，诸如水资源总量时空分布不均衡、水资源利用效率提升成短板、水资源开发利用率的空间失衡以及水资源统一调度与管理滞后等，并对上海水资源开发利用与管理概况进行了分析；其次，研究以社会用水公平性、经济用水高效性、水环境可承载性、水生态可持续性、水资源可再生性为准则构建了长江经济带水资源开发利用可持续性评价体系，对长江经济带以及9省2市的水资源开发利用可持续性进行分析评价，明确了长江经济带水资源开发利用面临的主要挑战；最后，研究立足上海，探讨了上海如何对接推进长江经济带水资源可持续开发利用，并针对当前面临的挑战提出具有针对性的对策措施。通过上海对接推进相关对策措施研究，示范带动整个长江经济带生态共同体建设，坚持长江经济带水资源开发利用、水环境保护、水生态建设三位一体共同推进。

一 长江经济带水资源开发利用与管理概况

（一）长江经济带水资源开发利用概况

1. 水资源总量时空分布不均衡

长江经济带水资源总量从2011年的9643亿m^3，增加至2015年的13605亿m^3，但整体空间分布不够均衡，资源中心偏西，生产能力与经济要素聚集在东部省市。多年来，地表水资源总量平均约为11899.28亿m^3，地下水资源总量平均约为3114.12亿m^3，年际变化较大。从长江经济带水资源分布空间格局来看，各省市水资源空间分布的不均衡主要表现为：西部各省市高于东部省市，南部省市高于北部各省市。分析2011～2015年各省市水资源总量变化，结果显示，四川省水资源总量最为丰富，约为2492.60亿m^3，约占长江经济带水资源总量的20%，其次为云南省、湖南省和江西省，分别为1695.04亿m^3、1683.32亿m^3和1653.85亿m^3，且水资源总量年际变化波动性较强（见图1）。虽然长江流域具有天然的水资源禀赋，但水资源时空分布不均衡依然是制约水资源可持续开发利用的重要影响因素。

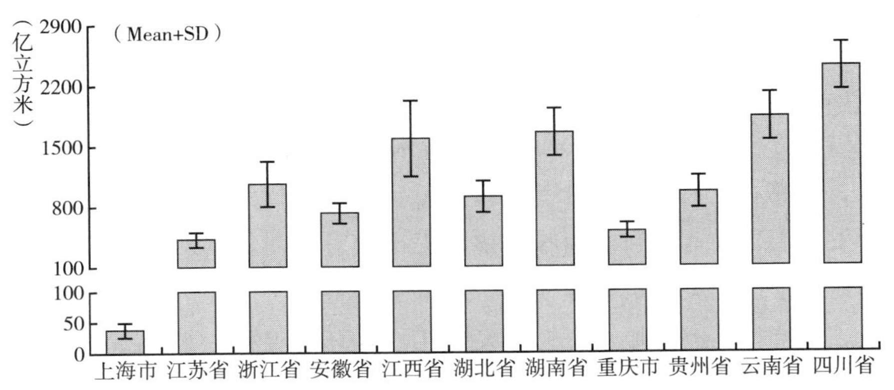

图1 长江经济带各省市水资源总量及其稳定性（2011～2015年）

从水资源的人口承载力角度，研究分析了在特定社会经济和科技发展水平下，区域水资源在维持“社会—经济—自然”复合生态系统正常运行的前提下所能承载的区域发展规模。联合国公布的人均水资源丰水线、警戒线和下限值分别为3000m^3/人，1700m^3/人和1000m^3/人，以2015年为现状年份，分别计算不同情境下的水资源人口承载力，结果显示（见图3），长江经济带东部省市水资源人口承载力多数已超过极限值，水资源承载能力严重透支，水资源承载压力由东向西递减，南部省市小于北部省市。水资源承载力的严重透支导致东部省市出现湖泊、沿江岸线湿地面积萎缩、局部地区重要生态系统服务功能衰退，长江经济带的重要生态屏障作用被削弱。

综上所述，长江经济带水资源总量分布与水资源承载能力存在严重的空间不均衡现象，主要表现为东部省市水资源总量相对短缺，水资源承载力严重超负荷。在沿岸城市水源型缺水、工程型缺水和水质性缺水并存，以及部分沿岸城市严重缺水的情形下，破解水资源供需矛盾形势迫切。

表1　长江经济带各省市水资源人口承载力状况

省市名称	水资源人口承载力状态
江苏省、上海市	丰水线人口承载力 > 实际人口
安徽省、重庆市	丰水线人口承载力≤实际人口 < 警戒线人口
浙江省、湖南省、湖北省、四川省	警戒线人口承载力≤实际人口 < 极限人口承载力
江西省、云南省、贵州省	实际人口≥极限人口承载力

2. 水资源利用效率提升成短板

当前我国水资源短缺、水环境污染与水生态退化问题严重，其重要原因之一是用水效率普遍偏低，产业间水资源配置失衡，水资源开发利用的综合效益难以提升。我国单位GDP用水量约为世界平均水平的3倍，万元工业产值用水量为发达国家的5～10倍，农业用水方式粗放，工业与农业争水的现象较为普遍。为应对并有效缓解水安全问题，我国政府提出了具有系统性、科学性和战略性的16字治水方针，新时期在国家提出的协调

长江流域水资源开发利用与保护相关政策方针的指导下，加强水资源约束、提高水资源利用效率是我国水资源管理工作面临的短板①。根据当前我国实施的最严格水资源管理制度中有关用水效率控制的规定，到2020年，我国万元工业增加值用水量需严格控制在65m³/万元以下，而根据相关研究报告公布的数据，2016年全国万元工业增加值用水量约为52.8m³，基本达到预期目标②。

工业用水效率方面，数据显示2011～2015年长江经济带各省市万元工业增加值用水量整体显著降低，各省市的平均值由2011年的105m³下降至2015年的73m³，但与国际水平相比，整体仍偏高（见图2），呈现东部省市工业用水效率高于中西部省市的格局，未来工业用水效率提升仍然面临艰巨任务。农业用水效率方面，2015年各省市万元农业增加值用水量平均约为652m³，其中上海最高，万元农业增加值用水量达1265.71m³，是湖南省的5倍、各省市平均值的2倍，农业用水效率整体呈现东西部较低，而中部省市较高的格局（见图3），农业用水效率提升迫切需要予以重视。

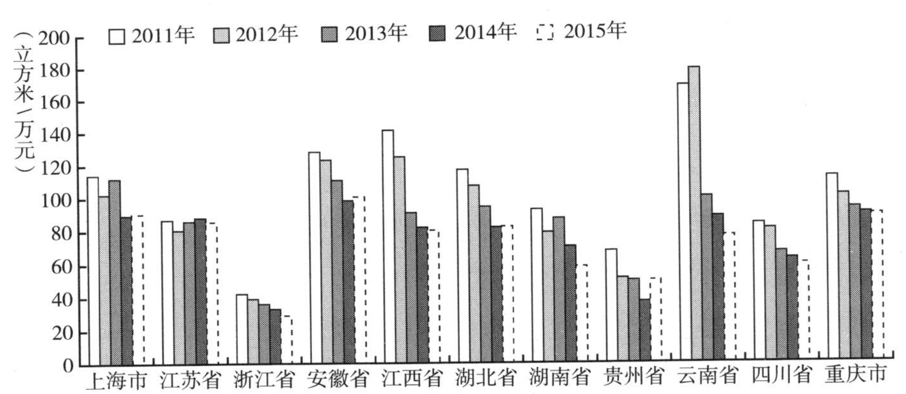

图2　长江经济带各省市万元工业增加值用水量变化情况（2011～2015年）

① 杨丽英等：《我国水资源利用效率评估及其方法研究》，《中国农村水利水电》2015年第1期。

② 资料来源：《2016～2020年中国水务行业发展前景与投资预测分析报告》，www.19baogao.com。

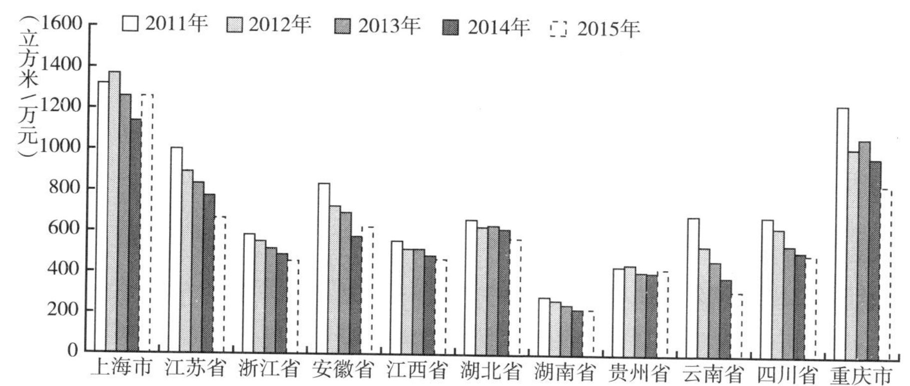

图3　长江经济带各省市万元农林牧渔业增加值用水量变化情况（2011～2015年）

为满足长江经济带工业用水不断增加的需求，并保障农业灌溉用水的正常供给，未来须全面推进节水型社会建设，依托最严格水资源管理制度的推进与进一步落实，形成倒逼用水总量控制与用水效率提升的态势。尝试以用水效率控制为核心开展长江经济带各省市的节水型社会建设，通过不断提高产业水资源利用效率，减缓经济发展带来的水资源需求与利用量的快速增长，尝试以提升用水效率的方式来缓解用水总量增长带来的资源环境压力。

3. 水资源开发利用率空间失衡

水资源利用率是度量区域水资源开发利用程度的重要指标，也被广泛用于分析评价水资源开发利用的可持续性。国际上普遍认为地表水开发利用率控制在30%以内较为合理，若超过这一限度将会破坏区域经济社会发展与生态环境保护的和谐①。长江经济带东部优质水资源相对缺乏的省市水资源开发利用率偏高，然而，中西部水资源总量相对丰富的省市水资源开发利用率偏低（见图4），水资源开发利用率与总量分布极为不协调，空间失衡较为严重。2011～2015年长江经济带年均用水总量约为2622.47亿m^3，年均水资源总量约为12138亿m^3，水资源利用率为21.60%，整体水资源开发利用程度在合理范围内，而分析各省市多年平均水资源利用率，总体呈现由东

① 王西琴、张远：《中国七大河流水资源开发利用率阈值》，《自然资源学报》2008年第3期。

向西递减的分布特征，东部上海市和江苏省的水资源开发利用率远高于各省市的平均水平。2011～2015年，水资源利用率超过30%的省市包括上海市、江苏省、安徽省和湖北省，其中，上海和江苏的年均用水量分别为各省市水资源总量的3.5倍和1.4倍。以上分析表明，东部省市水资源开发利用的空间失衡，一定程度上制约了整个长江经济带水资源开发利用的社会公平性。

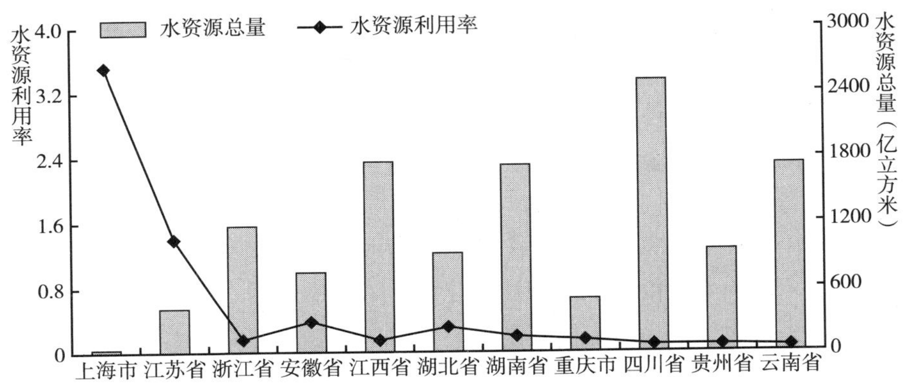

图4　长江经济带各省市多年平均水资源利用率（2011～2015年）

长江经济带东西部省市水利水电开发规模在空间上具有显著的梯度变化特征，长江上游省市的水电开发利用对下游水资源、水生态与水环境均产生深远的影响，受到全社会的广泛关注。长江流域上游省市享有水力发电的地理区位、水量丰沛等优势，近年来，水利发电量持续增加（见图5）。2011～2015年，四川省和云南省水利发电量增幅最大，分别达到95.50%和116%，然而，由于长江经济带各省市水资源统一调度管理相对滞后，西部省市大型水利设施建设和大规模的水电开发一定程度上制约了东部省市长江来水的稳定性，此外，中西部沿江城市水环境污染较为严重，以上因素共同影响并威胁东部省市用水的水量与水质保障，未来迫切需要加强长江经济带各省市水资源开发利用的科学规划与管理，在提升西部省市水资源开发利用率的前提下，加强统一调度管理，以维持长江经济带水资源的可持续利用。

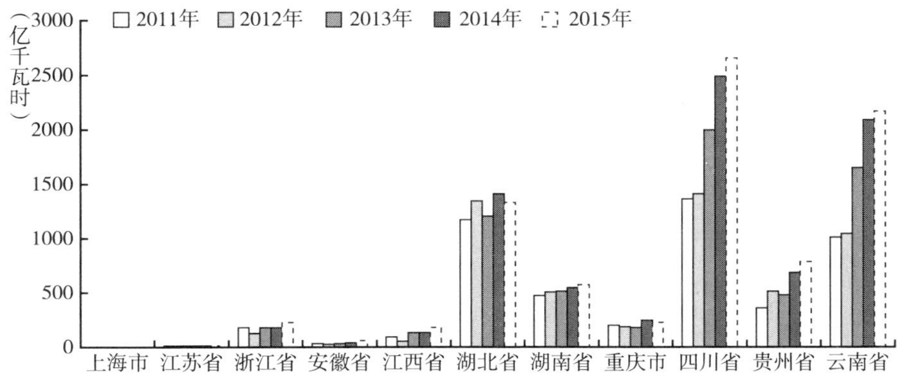

图5　长江经济带各省市水电开发利用情况（2011～2015年）

从水资源开发利用的结构来看，长江经济带工业用水、农业用水、生活用水和生态用水占用水总量的比重相对稳定，分别约为32.38%、53.06%、13.60%和0.96%，用水结构相对稳定，但农业用水所占比重偏高，是长江经济带的用水大户（见图6）。2015年上海市工业用水约占全市用水总量的62.24%，农业用水约占13.80%，云南省和江西省农业用水所占比重最高，分别为69.70%和62.70%，结合前述各省市水资源总量分布和用水效率特征来分析，东部省市工业水资源开发利用效率较高，而农业用水效率较低且用水量较大，未来应加强产业用水结构调整，大力发展节水型农业；中部省

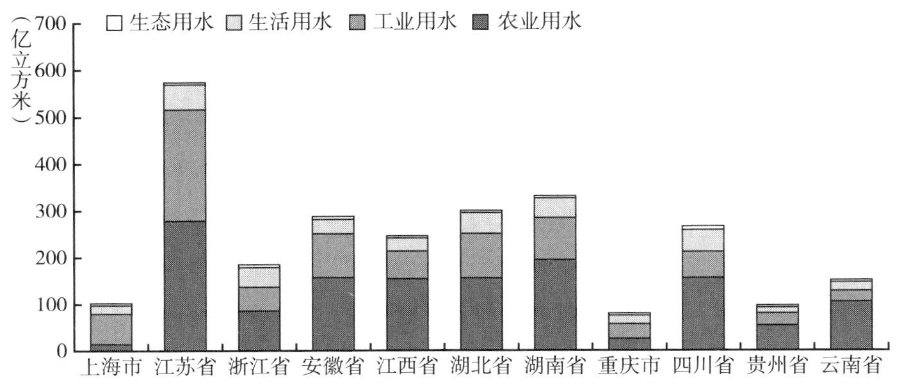

图6　长江经济带各省市用水结构（2015年）

市随着工业的不断崛起，工业用水需求将进一步增加，需要从水资源消费侧进行结构调整，保障工业用水需求；西部省市整体水资源开发利用率较低，需依托区域水资源总量丰富的优势，因地制宜，鼓励下游低污染高耗水型产业向西部省市转移。此外，随着当前人们环保意识的不断增强，对人居生态环境质量的要求不断提高，生态环境需水也将不断增加，未来在保障产业发展用水的过程中，需要进一步强化以生态用水安全为前提。

4. 水资源统一调度与管理滞后

在水资源管理制度实施方面，最严格水资源管理制度是我国当前水资源管理体系中最为系统与严格的管理制度，各省市在落实最严格水资源管理制度的过程中，用水总量与效率控制的达标情况可以直接反映各省市水资源管理制度与监管能力建设水平。对比我国正在全面实施的最严格水资源管理制度中对用水效率控制的相关规定，当前我国万元工业增加值用水量需要严格控制，到2020年，万元工业增加值用水量需要严格控制并降低到65m^3/万元以下。

对比发现，长江经济带2015年整体用水总量控制达标，但江苏省和安徽省未达标（见表2）。万元工业增加值用水量控制除江苏省外，多数省市均未达标。基于以上分析，未来长江经济带各省市水资源管理制度与监管能力建设仍需进一步加强，需要以最严格水资源管理制度建设为核心，发挥已开展试点建设省市的示范作用，促进内陆腹地省市水资源管理制度的完善。

表2　长江经济带各省市用水总量控制管理达标情况（2015年）

地区	用水总量(亿立方米)		达标情况
	2015年实际值	2015年目标值	
上海	103.8	122.07	达标
江苏	574.5	508	超标
浙江	186.1	229.49	达标
安徽	288.7	273.45	超标
江西	245.8	250	达标

续表

地区	用水总量(亿立方米)		达标情况
	2015 年实际值	2015 年目标值	
湖北	301.3	315.51	达标
湖南	330.4	344	达标
重庆	79	94.06	达标
四川	265.5	273.14	达标
贵州	97.5	117.35	达标
云南	150.1	184.88	达标
长江经济带	2622.7	2711.95	达标

资料来源：各地区用水总量及工、农业用水量现状值取自《中国统计年鉴》（2016）；各地区用水总量目标值取自各省市出台的考核办法文件。由于各省、自治区、直辖市未单独统计工业用水中的火电工业用水，因此计算万元工业用水量时未剔除火电工业用水量。

表 3　长江经济带各省市工业用水效率控制达标情况（2010～2015 年）

省份	工业用水效率		用水效率控制降幅(%)		达标情况
	2010 年	2015 年	实际降幅	控制降幅	
上海	129.74	90.19	30.48	30	未达标
江苏	99.55	85.37	14.24	30	达标
浙江	47.16	29.97	36.46	27	未达标
安徽	173.84	100.92	41.95	35	未达标
湖北	174.09	80.9	53.53	35	未达标
湖南	142.42	82.41	42.14	35	未达标
重庆	128.18	58.48	54.38	33	未达标
四川	84.64	50.19	40.71	33	未达标
贵州	226.12	76.91	65.99	35	未达标
云南	97.85	59.77	38.92	30	未达标

资料来源：①各地区工业用水效率现状值由万元工业增加值用水量表示，工业用水量和工业增加值数据来源于2011 年和2016 年《中国统计年鉴》；②各地区工业用水效率目标值取自各省市出台的水资源管理考核办法文件。由于各地区未单独统计工业用水中的火电工业用水，因此计算万元工业用水量时未剔除火电工业用水量。

在水资源统一调度管理方面，当前，与长江经济带发展战略相关的一系列规划对水资源开发利用的运行管理与宏观控制重视不足，而长江流域水资源利用已经从大力开发阶段向统一运行管理转变，整个长江流域基本形成“上蓄、中调、下引”的水资源开发利用格局，水资源供需矛盾日益凸显。主要表现为：长江流域上游省市近年来陆续建成大量水利水电工程，三峡及其上游水库总库容2020年预计将达到1000亿 m^3。大量先后落成的水利工程设施分管于不同地区的不同管理部门，且各地分散调度均以实现本地工程的发电效益最大化为主要目标，难以实现流域水资源开发利用综合效益的全面提升；中游地区的汉江流域水资源供需矛盾日益加剧，洞庭湖水系和鄱阳湖水系水文情势受影响而产生变化，局部地区呈现季节性工程性缺水或水质性缺水。近年来，鄱阳湖的湖区面积旱季一度缩减到300多平方公里；下游地区，每年的枯水期长江口咸潮倒灌现象较为常见，上海市受咸潮影响最为直接也最严峻，200万人饮用水安全受到影响，而这与长江大通以下地区修建的约777个引调水工程有关，水安全问题不容忽视。

（二）上海水资源开发利用与管理概况

上海位于长江流域下游，水资源开发利用受上游来水水量与水质的影响较大，属于典型的水质性缺水城市。近年来，上海水资源开发利用管理工作紧紧围绕习近平总书记提出的16字治水方针，积极落实最严格水资源管理制度，用水结构和用水方式不断优化，节水型社会建设取得了显著成效，并在实施水资源管理制度方面取得突破，对全国其他省市具有丰富的经验借鉴和示范作用。

1. 水资源利用结构不断优化

上海是我国东部社会经济高度发达的特大型城市，区域地表水资源以长江过境水为主，由于生产能力、经济要素高度集聚，水资源需求量较大。根据上海市水资源普查公报发布的数据①，上海地表水资源量16.23亿 m^3，浅层地下水资源量7.43亿 m^3（二者不重复量为4.48亿立方米），深层地下水

① 普查标准时点为2011年12月31日24时，普查时期为2011年度。普查范围为上海市境内的所有河流湖泊、水务工程、重点经济社会取用水户和水务单位等。

可开采量0.18亿m^3。上海本地水资源量相对匮乏，过境水结构中长江干流来水量7127.0亿m^3，太湖流域来水量140.3亿m^3。上游长江干流来水约占全市总水量的97.79%，本地水资源仅占全市水资源总量的0.29%，长江干流水资源量与水质变化对上海市水资源可持续利用至关重要。

2011～2015年上海市水资源总量呈逐年增加趋势，由2011年的20.72亿m^3增加至2015年的64.1亿m^3，用水总量整体呈下降趋势，与近年来上海市率先落实最严格水资源管理制度所取得的成绩息息相关。分析用水结构变化情况，其中，工业用水占用水总量的比重逐年降低，农业用水占比略有增加，生态用水占比增加趋势较为明显（见图7）。表明上海市近年来区域水资源开发利用结构逐步优化，农业节水仍是推进上海水资源合理开发利用亟须解决的问题。

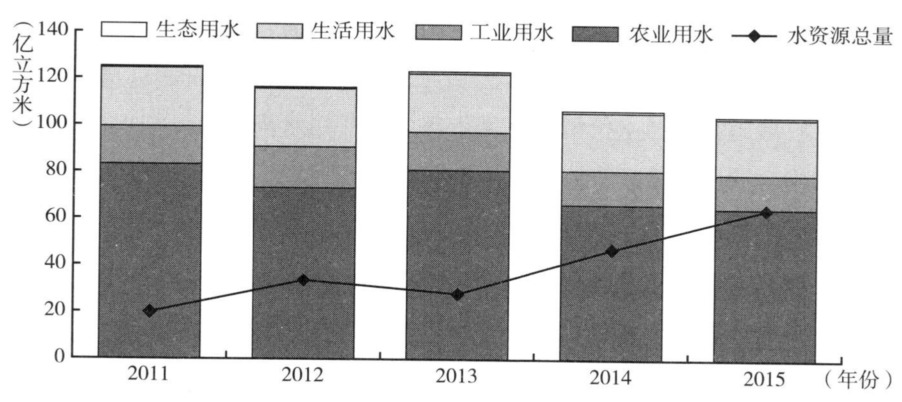

图7　上海市水资源总量及用水结构

2. 水资源管理制度不断完善

上海市近年来围绕最严格水资源管理试点建设，大力开展节水型社会建设，稳步推进水资源可持续开发利用与管理，严格落实三条红线管理，在水资源开发利用与管理方面取得丰硕成果。相关文件显示，上海率先出台了一系列推进落实最严格水资源管理制度的政策文件；率先将上海的水资源管理信息系统与国家系统成功对接。相关考核指标均达到年度考核的基本要求。

工业用水效率与农田灌溉水有效利用系数均有显著提升①。在用水总量控制方面严守水资源开发利用控制红线，2015 年用水总量控制在 103.8 亿 m^3，达到了 2015 年用水总量控制目标（122.07 亿 m^3）。在用水效率控制方面，2010～2015 年上海万元工业增加值用水量由 129.74m^3 下降到 90.19m^3，降幅达到 30.48%，实现了万元工业增加值下降 30% 的用水效率控制目标。

3. 激励性节水机制不断创新

近年来，上海市围绕率先落实最严格水资源管理制度和创建节水型社会试点两项工作，在节水管理、节水技术和激励机制创新等方面进行了一系列探索，从政府宏观管理、市场调节、社会公众参与三方面积极推进经济社会用水节水，并在非传统水资源开发利用方面开展了诸多实践。在政府调控机制方面，包括政府补贴机制、高校与公共事业单位用水定额管理机制、公共用水行业计量监管机制等；在市场价格调节机制方面，如开展工业园区水资源梯级利用，尝试利用市场和价格机制促进工业用水效率的提升，城市居民生活用水收费施行阶梯水价机制、城市服务行业用水推行市场准入机制，以及公共机构合同用水管理机制；在社会公众参与方面，包括农业节水的基层自治机制、企业清洁生产的环境责任机制、非传统水资源开发利用的社区参与机制。通过不同领域节水工作的创新与探索，为上海节水型社会建设体制机制完善提供保障，同时可以为长江经济带其他水质性缺水地区开展节水机制建设提供借鉴。

二　长江经济带水资源开发利用可持续性评价

长期以来，我国在可持续发展理念与科学发展观的指导下，开展了大量有关水资源合理开发利用与管理方面的理论研究与实践探索②，并取得突出

① 资料来源于《上海市水资源保护利用和防汛“十三五”规划》，http：//sw.shanghaiwater.gov.cn/xxgkAction！view.action？par.fileId＝239584&sdh.code＝002006013。

② 王浩、王建华：《中国水资源与可持续发展》，《中国科学院院刊》2012 年第 3 期。

成效。长江经济带作为我国新时期发展的重要发展战略之一，在支撑我国国民经济发展和发挥重要生态屏障方面具有突出地位，长江流域水资源的合理开发利用事关我国新时期生态文明建设和绿色发展战略的顺利推进。与传统的水资源开发利用评价有所不同，本研究除了结合水资源的自然属性和水资源开发利用条件，还综合考虑了水资源开发利用的系统性、复杂性是动态性特征，从社会经济用水的公平与高效性、水资源的生态属性、水资源的环境属性等多个方面，尝试开展长江经济带水资源开发利用的可持续性评价，对优化并推进长江经济带水资源科学规划管理具有重要的理论与实践意义。

（一）水资源开发利用可持续性评价体系构建

1. 评价体系结构

社会生产力的不断发展促进了对水资源的社会服务功能和生态服务功能的认识，对水资源各种功能的开发利用得到不断升级，社会经济系统与水资源的关联性也变得日益紧密。而在人类工业化与城市化发展较为密集的区域，对天然水资源的开发利用与管理，影响水资源的质量、结构、分布与自然循环规律，由此产生一系列水环境与水生态问题，对水资源的社会服务功能和生态服务功能产生影响，制约人类获取相关福祉。当前，国内水资源开发利用评价主要聚焦于水资源承载能力评价①、水足迹评价②、水资源脆弱性评价③等方面，水资源开发利用的可持续性评价正是连接水资源开发利用与水资源管理的重要纽带，并对一系列水资源管理政策制度的实施、绩效评价与对策措施调整具有重要的引导作用。基于上述原因，水资源开发利用评价备受学术界与管理者的关注。

① 左其亭、韩春辉等：《“一带一路”中国大陆区水资源特征及支撑能力研究》，《水利学报》2017 年第 48 期。

② 佘灏哲、韩美：《基于水足迹的山东省水资源可持续利用时空分析》，《自然资源学报》2017 年第 32 期。

③ 潘争伟等：《水资源利用系统脆弱性机理分析与评价方法研究》，《自然资源学报》2016 年第 31 期。

系统分析水资源开发利用涉及的属性特征，水资源、水环境与水生态三者是水资源开发利用系统不可或缺的有机组成部分，涉及水资源的自然、环境和生态属性，水资源开发利用过程又涉及其社会经济属性（见图8）。统筹考虑水资源自然属性与水资源可再生性的关系；水环境属性与水资源承载能力的关系；水生态建设和保护与人类获取水生态系统服务功能可持续性的关系；社会用水公平性、经济用水高效性与水资源开发利用公平高效性的关系，研究构建了长江经济带水资源开发利用可持续性评价的理论框架（见图8）。节水管理政策和制度的实施及其对用水需求和水环境的影响也是不容忽视的重要因素，但由于政策制度与管理往往具有较大的不确定性且难以量化评价，本研究未将此类因素纳入评价体系中。

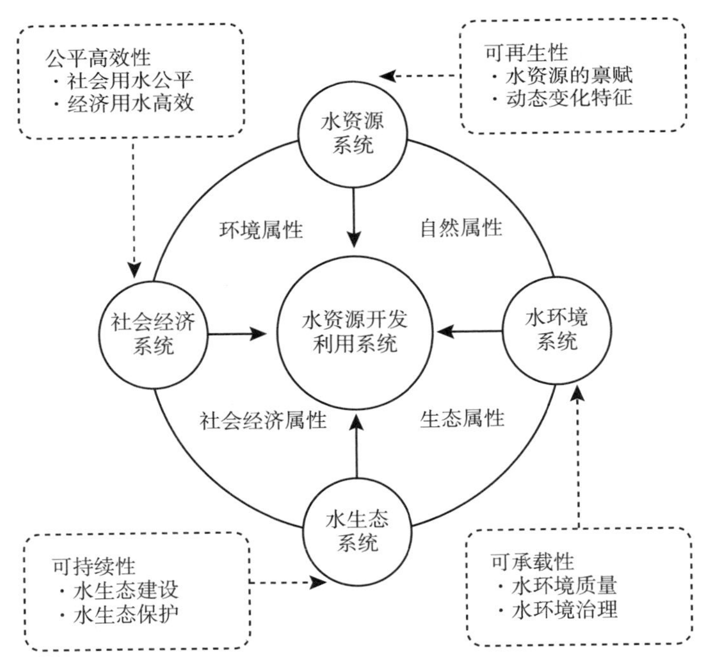

图8 水资源开发利用可持续性评价理论框架

2. 评价体系构建原则

水资源开发利用可持续性评价指标的选取需要以系统性、功效性、可度量性、指导性为主要构建原则。

（1）系统性

水资源开发利用系统涉及水资源的自然属性、社会属性、经济属性、环境属性和生态属性等，而这些属性之间又存在着错综复杂的关联，因此，在评价体系构建时要考虑以上各个方面的因素。

（2）功效性

水资源开发利用系统极其复杂，应根据评价目的不同选择具有代表性的评价指标，不同评价区域水资源开发利用系统及系统环境存在差异，指标选取要能反映区域水资源开发利用的典型特征，体现指标选取的目的性与功效性。

（3）可度量性

可度量性是指标选取的一个基本原则，是保证评价结果能够定量化的基础，因此，在指标选取时尽量避免使用概念界定较为模糊的指标，此外，需考虑指标数据的可获取性和连贯性，以保证能够实现动态跟踪评价。

（4）指导性

影响水资源开发利用各类属性的指标类型与数量众多，为保证评价指标及评价结果对政策研究具有较强的指导性，在指标选取时应遵循方向性和指导性原则，即能够对优化水资源开发利用与管理具有重要的指导意义。

3. 评价指标体系框架

结合当前已有关于水资源开发利用评价的理论与实践研究，构建水资源开发利用可持续性评价指标体系应结合区域水资源系统的资源环境特征、社会经济用水现状和进程，充分考虑水资源的社会、经济、环境与生态等方面的属性特征，构建具有可操作性、能综合反映社会经济发展、生态环境保护、水资源可持续利用状况及各要素之间协调程度的理论框架。

李云玲等从水资源量、水质、水生态三个维度进行水资源承载能力评价方法的研究与应用探讨。其中，水资源量方面考虑了用水总量、地下水开采量；水环境质量方面考虑了水功能区水质达标率、污染物入河排放量等①。程广斌等考虑了水资源的社会、经济、资源与生态属性特征，研究水资源承载能力评价指标体系，并对西北地区城市群进行了实证研究②。邝远华等考虑了自然地理位置、区域水资源禀赋、社会经济发展水平、科技与管理状况等要素，进行水资源开发利用敏感性分析，结果显示工业用水定额、农田灌溉用水量、工业用水量、万元工业增加值用水量、城乡生活用水量等指标敏感性较强③。以上研究成果表明，从社会经济、水资源、水环境、水生态四个方面构建水资源开发利用可持续性评价体系具有较强的理论基础和共识性。

借鉴已有研究，本研究构建了水资源开发利用可持续性评价指标体系（见表4）。主要由三个层次构成，目标层是长江经济带水资源开发利用的可持续性评价，综合反映区域水资源合理开发利用水平；准则层包括水资源可再生性、水生态可持续性、水环境可承载性、社会用水公平性和经济用水高效性五个评价准则，反映长江经济带各省市水资源开发利用各方面的可持续能力及其对整体可持续性的贡献；指标层包括各准则层对应的评价指标，反映水资源开发利用过程以及水生态环境保护等各个方面情况。

4. 评价指数计算方法

研究采用熵值法计算可持续性评价指数得分。针对研究提出的评价框架中的五个评价准则，以《中国统计年鉴》（2011～2016）为数据来源，对水资源总量变化率、径流调蓄能力、自然保护区面积比率、生态环境补水比率、水功能区水质达标率、水资源开发利用率等22项可量化的指标进行离差标准化处理，并最终计算2011～2015年长江经济带和各省市的水资源开发利用准则层和目标层的可持续性指数值。

---

① 李云玲、郭旭宁、郭东阳：《水资源承载能力评价方法研究及应用》，《地理科学进展》2017年第3期。

② 程广斌、郑椀方：《我国西北地区城市群水资源承载力评价研究》，《石河子大学学报》（哲学社会科学版）2017年第31期。

③ 邝远华、汪丽娜、陈晓宏等：《水资源可持续性的参数敏感性分析》，《地理科学》2016年第6期。

表 4　长江经济带水资源开发利用可持续性评价指标体系

目标层	准则层	编号	指标层	指标描述
长江经济带水资源开发利用的可持续性评价	水资源可再生性	R1	水资源总量变化率(%)	区域水资源总量的变化率
		R2	年均降雨量(mm)	区域全年降水量的平均值
		R3	水利固定资产投资比例(%)	水利固定资产投资/全社会固定资产投资
		R4	径流调蓄能力(%)	水库设计库容/地表水资源总量
	水生态可持续性	S1	自然保护区面积比率(%)	自然保护区面积/区域总面积
		S2	新增除涝面积比率(%)	当年新增除涝面积/总除涝面积
		S3	森林覆盖率(%)	森林面积/区域总面积
		S4	新增水土流失治理面积比重(%)	新增水土流失治理面积/水土流失治理面积
		S5	生态环境补水比率(%)	生态环境补水/总用水量
	水环境可承载性	C1	主要污染负荷贡献率(%)	主要污染负荷/废污水排放量
		C2	工业废水治理投资占比(%)	工业废水治理投资/工业污染治理完成投资
		C3	水功能区水质达标率(%)	统计各省市主要江河湖泊的水功能区
		C4	城市污水处理能力(万 $m^3 \cdot 天^{-1}$)	以城市污水日处理能力来表征
	社会用水公平性	E1	人均水资源量($m^3 \cdot 人^{-1}$)	水资源总量/总人口
		E2	水资源人口承载能力(万人)	按照联合国人均水资源警戒线计算
		E3	人均缺水量($m^3 \cdot 人^{-1}$)	(需水量 - 供水量)/总人口
		E4	城市用水普及率(%)	年末用水人口数与城市人口总数的比率
		E5	水资源开发利用率(%)	水资源利用量/水资源总量
	经济用水高效性	P1	万元 GDP 用水量($m^3 \cdot 万元^{-1}$)	生产用水量/GDP
		P2	工业用水效率($m^3 \cdot 万元^{-1}$)	工业用水总量/工业增加值
		P3	农业用水效率($m^3 \cdot 万元^{-1}$)	农业用水总量/工业增加值
		P4	工业农业开发利用效益比(%)	该值越接近 1 表示开发利用效益越均衡

水资源开发利用可持续性评价得分越高，表明经济社会发展与水资源、水生态保护之间的协调程度越高，反之，则表明越低。通过对5年来的长江经济带和各省市的水资源开发利用准则层和目标层可持续性指数的计算，对长江经济带及各省市水资源开发利用状况进行动态综合评价，明确其动态演化趋势，以及在水资源开发利用过程中存在的短板，能够为优化并推进长江经济带水资源科学规划管理提供有针对性的对策建议。

（二）长江经济带水资源开发利用可持续性评价

考虑水资源开发利用受社会经济发展的影响呈现动态变化特征，结合长江经济带各省市社会经济发展用水特征、水环境污染引起的水质性缺水对区域水资源利用的影响，以及水资源利用对水生态的影响，本研究主要分析评价了2011～2015年长江经济带各省市及整体水资源开发利用的可持续性，相关评价指标数据主要来源于《中国统计年鉴》（2011～2016）、《中国环境统计年鉴》、各省市目标评价年份的统计年鉴、水资源公报等。

1. 长江经济带水资源开发利用可持续性演变

从长江经济带水资源开发利用可持续性评价得分情况来看，2011～2015年总的水资源开发利用可持续性指数呈现逐年上升的趋势，由2011年的0.22上升到2015年的0.66（见图9），表明近年来长江经济带水资源开发利用的可持续性不断提升，水资源开发利用与水环境保护、水生态建设的关系不断优化。从准则层各领域的得分变化情况来看，除了社会用水公平性这一准则得分持续下降，其余各准则得分均呈波动上升趋势。水资源可再生性和水环境可承载性准则得分上升趋势最明显，经济用水高效性和水生态可持续性准则得分呈现先上升后降低的波动变化趋势。准则层各领域得分变化趋势表明，近年来长江经济带在水资源开发利用过程中较为关注水资源调蓄能力建设、保障用水安全的水利工程设施建设、用水总量与效率提升；产业废污水排放控制、水环境治理、重要河流湖泊水功能区水质达标率控制等方面整体能力不断提升。然而，社会用水公平性成为制约区域水资源开发利用可持续性的重要影响因素。

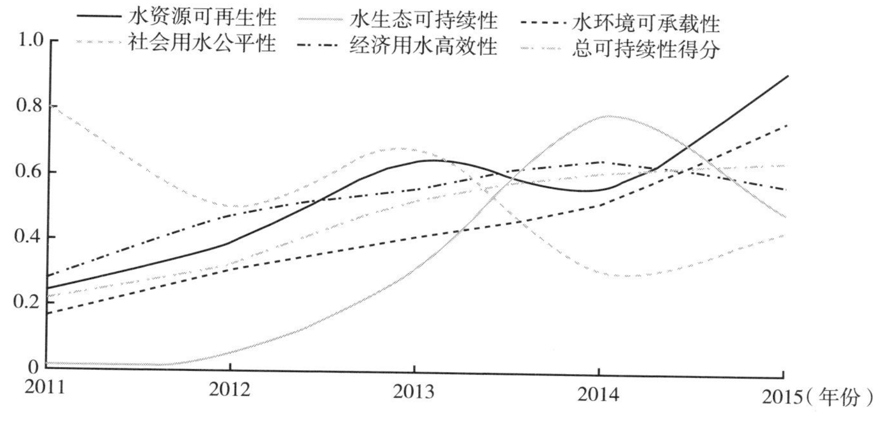

图9　长江经济带水资源开发利用分领域得分变化情况

2. 各省市水资源开发利用可持续性演变趋势

从长江经济带水资源开发利用可持续性的空间格局来看，浙江省、重庆市和湖北省的可持续性得分较高，安徽省、湖南省与贵州省的可持续性得分较低。2011～2015年各省市水资源开发利用可持续性得分变化情况各异。东部省市中上海市可持续性指数得分情况相对较为稳定，表明其整体水资源开发利用波动幅度较小，而江苏省可持续性得分持续下降。中部省市可持续性评价得分波动性较强，湖南省、安徽省、江西省和重庆市2011～2015年可持续性得分均有波动下降趋势，表明随着近年来中西部省市发展的崛起，加强水资源利用的科学规划与管理较为迫切。西部省市中四川省、贵州省和云南省水资源开发利用可持续性得分均呈现上升趋势，表明近年来西部省市水资源开发利用可持续性逐渐提高。未来水资源开发利用过程中应充分发挥浙江省、湖北省和重庆市在水资源开发利用与管理方面的示范与带动作用，保障长江经济带在水资源利用总量与用水效率控制、水环境改善以及水生态建设方面取得稳步成果，确保一江清水向东流（见图10）。

从各省市经济用水高效性方面来看，上海市、重庆市和浙江省经济用水高效性得分最高，而上海市近年来社会经济用水高效性提升的幅度最大（见图11a），2011～2015年从0.74增加至0.86，而安徽省和贵州省经济用

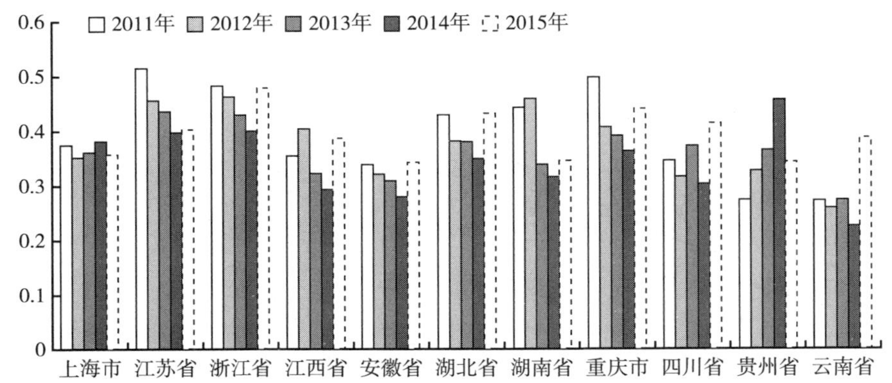

图10　长江经济带各省市水资源开发利用可持续性评价得分变化趋势（2011～2015年）

水高效性呈现下降趋势，安徽省从0.45下降至0.3，贵州省从0.47下降至0.3，表明长江经济带中西部省市提升经济用水高效性是水资源可持续开发利用面临的重要任务与挑战。

从社会用水公平性方面来看，除上海以外，其余省市社会用水公平性得分近年来均显著提高，西部省市和上海的社会用水公平性得分较低（见图11b）。上海由于水资源开发利用远高于本地水资源量，同时又是典型的水质性缺水城市，整体社会用水公平性得分较低。此外，由于“十二五”期间，人口、生产能力与经济要素进一步向长三角东部省市集聚，区域水资源人口承载能力急剧下降，因此上海社会用水公平性得分呈现快速下降趋势。西部省市由于水资源总量丰富，人均水资源拥有量远高于中下游省市，但整体水资源开发利用率极低，导致评价得分相对较低。因此，协调东西部省市社会用水公平性是未来实现长江经济带社会用水公平性整体提升应关注的重点，值得注意的是，东部省市过高的水资源开发利用率一定程度上影响了其他省市水资源利用的公平性，应充分提升东部省市社会经济发展与水资源开发利用的协调性。

从水环境可承载性与水生态可持续性方面来看，2011～2015年长江经济带西部省市水环境可承载性得分整体呈上升趋势，但东部和中部省市水环境可承载性得分均呈下降趋势（见图 11c、d）。各省市水生态可持续性评价结果显示，西部水生态可持续性整体提升，中部湖南省、东部江苏省水生态可持续性严重下降，其他省市变化幅度较小，表明以江苏省为典型的东部省市、以湖南省为典型的中部省市在水资源开发利用过程中仍然面临较为严峻的水环境与水生态问题，水资源开发利用对水环境与水生态的影响不容忽视，未来水资源开发利用过程中应注重“水资源—水环境—水生态”三位一体整体推进。

从水资源可再生性方面来看，东部省市水资源可再生性整体较低，江苏省近年来呈显著下降趋势，但上海市评价得分略有上升；西部省市水资源可再生性较强，且近年来得分显著提高（见图 11e），一方面，与各省市通过落实最严格水资源管理制度，严格进行用水总量控制有关。另一方面，与长江流域各省市多年来增加水利固定资产投资，大量水利工程设施建设促进了水资源调蓄功能显著提升直接相关。

综上所述，长江经济带各省市在经济用水高效性、社会用水公平性、水环境可承载性、水生态可持续性、水资源可再生性等方面面临不同的问题与挑战，需综合考虑水资源禀赋、社会经济用水状况、水资源开发利用与管理水平，宏观层面注重水资源利用的科学规划与管理，微观层面开展涉及区域用水总量与效率控制的节水工作，探索实现水资源可持续开发利用的对策措施。

（三）长江经济带水资源可持续开发利用面临的主要挑战

1. 保障提升东西部省市社会用水公平性

由于长江经济带东西部省市水资源分布时空不均衡、人口与经济发展要素向东部发达地区集聚、长江流域水环境污染加剧局部水质性缺水、东部省市水资源过度开发利用、东西部省市社会用水公平性问题日益显现。由于东部上海市水资源总量较少，而社会经济发展用水量巨大，水资源过度开发利用形成的社会用水公平性矛盾最为突出，提升上海市水资源开发利用的协调度，成为目前长江经济带水资源可持续开发利用面临的重点与难点问题，也

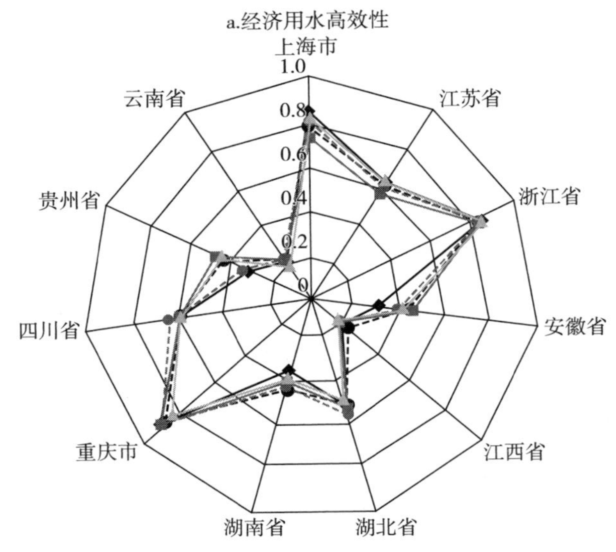
a.经济用水高效性
上海市
1.0
0.8
0.6
0.4
0.2
0
江苏省
浙江省
安徽省
江西省
湖北省
湖南省
重庆市
四川省
贵州省
云南省

2011年
2012年
2013年
2014年
2015年

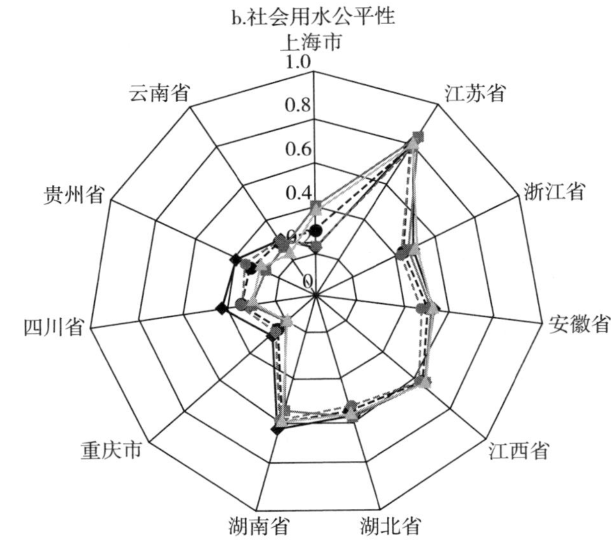
b.社会用水公平性
上海市
1.0
0.8
0.6
0.4
0.2
0
江苏省
浙江省
安徽省
江西省
湖北省
湖南省
重庆市
四川省
贵州省
云南省
2011年
2012年
2013年
2014年
2015年

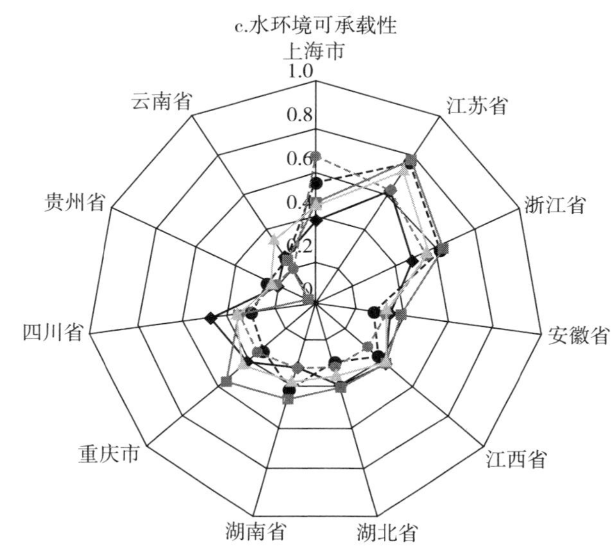
c.水环境可承载性
上海市
1.0
0.8
0.6
0.4
0.2
0
江苏省
浙江省
安徽省
江西省
湖北省
湖南省
重庆市
四川省
贵州省
云南省
2011年
2012年
2013年
2014年
2015年

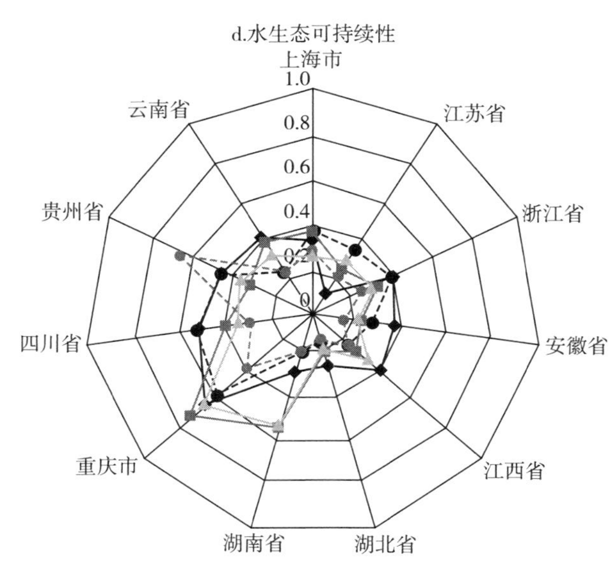
d.水生态可持续性
上海市
1.0
0.8
0.6
0.4
0.2
0
江苏省
浙江省
安徽省
江西省
湖北省
湖南省
重庆市
四川省
贵州省
云南省
2011年
2012年
2013年
2014年
2015年

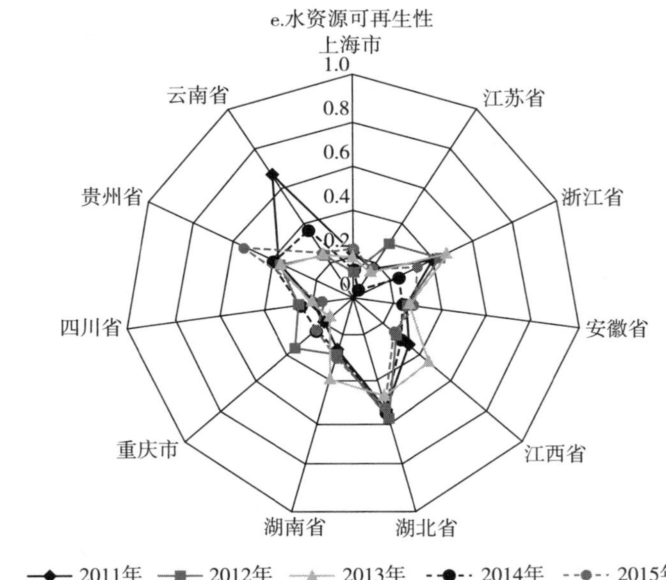

图 11　长江经济带各省市水资源开发利用可持续性不同准则得分情况

是实现长江经济带社会用水公平性整体突破的核心工作，而长江经济带各省市水资源开发利用的社会效益、经济效益与环境效益参差不齐，未来综合考虑各省市水资源禀赋、协调局部地区与长江经济带整体水资源开发利用的综合效益，开展水资源配置理论研究，建立水资源开发利用合理配置相关体制机制保障，对提升长江经济带水资源开发利用的社会公平性具有重要意义。

2. 提升长江经济带整体水资源利用效率

近年来各省市通过落实国家最严水资源管理制度，水资源利用效率得到显著提升，然而，提升长江经济带中西部省市经济用水高效性仍然是水资源可持续开发利用面临的重要任务与挑战，需要进一步通过体制机制创新，巩固用水效率提升的建设成效，并进一步提升长江经济带整体水资源利用效率。当前，中西部省市工业用水效率整体偏低，东部省市农业用水效率较低，问题较为突出。因此，需从各省市水资源开发利用特征出发，从不同管理尺度上探讨具有针对性的水资源利用效率提升对策。例如，地方层面通过制定和完善用水定额管理制度，强化用水效率控制；宏观层面上通过水资源开发利用的科学规划与产业布局调整，鼓励东部省市耗水型产业转移到丰水地区，实现整体水资源开发利用综合效益的提升。

3. 避免局部开发利用影响整体生态环境

社会经济发展对水资源的开发利用需要以持续保障重要自然保护区、河湖湿地等生态环境用水的基本需求为前提，保障“水资源—水环境—水生态”保护三位一体，整体推进。长江经济带在国内和国际上均具有显著的生态地位，横跨东西多种生态系统类型，长江中下游的湿地生态系统对全球生物多样性保护具有非常重要的生态意义。然而，近年来由于水资源过度开发利用，长江经济带中下游地区湖泊萎缩、湿地退化等生态环境问题较为常见，严重影响了长江经济带作为全球重要生态屏障的战略地位。水资源开发利用的水环境与水生态评价得分情况显示，中部湖南省和东部省市水生态可持续性得分持续降低。新时期，长江经济带水资源开发利用过程中应加强下游湿地、湖泊和重要自然保护区的生态用水安全保障，协调江湖用水，同时需加大对水资源不合理开发利用导致的水土流失、洪涝灾害的综合治理，以共同维护长江经济带在全国乃至全球所发挥的重要生态屏障作用。

4. 巩固保障长江经济带战略水源地地位

长江每年的供水供给了沿江两岸约 4 亿人的生产与生活用水，同时还通过南水北调工程滋养着我国北部多个省市。长江流域承载着我国 8 个重要的水源涵养生态服务功能区，包括三峡库区、若尔盖、丹江口水库库区、大别山、东江源、淮海源等，是我国重要的战略水源地。然而，由于统筹管理滞后、产业发展规划布局不合理等历史原因，长江经济带范围内的一些饮用水水源地的水质与水量安全受到严重威胁。以长江经济带下游的上海地区为例，城市化地区中小河道水环境污染普遍较为严重，长江口饮用水水源地周边的取水口与入河湖排污口交错分布，黄浦江作为上海重要的水运航道，沿江分布着多个饮用水取水口。此外，饮用水水源地风险应急管控与水源地规划保护范围划定均存在薄弱环节，由此导致的饮用水水源地安全隐患不容忽视。未来，长江经济带水资源开发利用过程中，巩固并加强长江经济带战略水源地地位，是确保长江碧水惠泽后世的重要历史使命。

三　上海对接推进长江经济带水资源可持续开发利用的对策

（一）提升水资源利用协调度，促进全流域用水公平

水资源开发利用的公平性是制定国家发展战略的重要议题之一，也是当前提出的国家治水方针的基本要求。作为长江经济带水资源开发利用率最高的省市，上海有责任也有义务协调好社会经济发展与水资源消耗的关系，示范并推进长江经济带用水分配的公平性。

1. 构建与水资源特征相适应的节水型经济结构体系

上海应针对自身社会经济发展优势和水质性缺水的特征，以产业结构调整和培育新型产业体系为抓手，加快产业用水结构与布局的调整，建立节水型工业体系。从产业发展规划入手，顺应上海市“十三五”规划要求，打造以现代服务业为主、战略性新兴产业引领、先进制造业支撑的新型产业体系。不断压缩纺织、印染、传统机械加工等传统高耗水型行业；在产业布局调整方面，严格淘汰高耗水、高污染型行业，以工业企业节水水平为电力、化工和冶金等耗水量大工业的准入门槛，并通过产业政策调整，促进耗水型产业向长江流域上游地区转移；在节水型农业发展方面，积极从农业集约化经营、农业节水灌溉技术推广与设施改造方面提高农业用水效率，鼓励建设现代节水农业示范区，并促进农业节水技术推广和科技成果的快速转化，对更大范围内的农业节水工作进行示范引导。

2. 建立并完善与水资源稀缺程度相适应的水价机制

在利用水价市场调节机制方面，一是建立有利于水资源转向用水效率较高产业的水资源定价机制，改革现有的水价形成机制，科学调整并适当提高工业用水水价、水资源费和污水处理费的征收标准，全面推行超额累进加价

的用水收费政策。针对传统水资源消耗量大的行业，通过水价这一市场手段促进其主动进行用水量与用水效率的控制；二是针对当前上海农业用水效率较低的现状，探讨农业灌溉用水适时适量征收水资源费并强化管理，未来尝试在农业用水定额管理的基础上，进一步通过实施超定额累进加价制度来督促农业节水。

（二）落实最严格水资源管理，强化总量与效率双控

上海市作为长江经济带经济社会发展的先行者，有责任率先严格落实国家最严格水资源管理制度，在用水总量与用水效率控制方面对内地省市起到示范和引领作用。上海通过推进并落实以总量控制与定额管理相结合为核心的水资源管理制度体系以及相关激励机制创新，节水型社会建设取得了较为显著的进展，未来需进一步强化用水总量与效率双控。

用水总量控制相关对策措施主要包括以下几个方面：一是综合考虑区域社会经济发展、水资源禀赋与水环境特征，严格区域用水总量控制，编制用水总量控制指标和水量分配方案，并建立配套管理制度；二是完善各类建设项目和重大规划类项目的水资源论证制度，并积极开展相关管理试点工作，保障重要规划项目建设与区域水资源禀赋配套，从宏观层面保证社会经济发展与区域水资源开发利用相协调；三是实施严格的取水许可管理，严格按照取用水总量控制指标进行取水许可审批与取水计划审核，加强取用水全面监管；四是进行水价形成机制改革，通过水价改革，实施征收水资源费制度，并严格计量管理，以促进水资源利用与分配的优化；五是强化水资源的统一调度管理，以引导产业结构与布局的优化调整。实施区域地表水、地下水、再生水等统一调度与配置，按照局部地区服从整体的原则进行水资源统一调度管理。

用水效率提升相关控制对策主要包括以下几方面：一是强化非居民用水户的计划用水管理和上海市涉水对象分类确定的主要行业用水定额管理，全面加强节约用水管理；二是推进并落实建设项目节水设施“三同时”制度，严格要求节水设施与建设项目主体工程同时进行设计、施工与投入使用，并

由市水务主管部门做好跟踪监管；三是继续推进节水技术升级，完善节水设施建设与改造。农业方面依托现代高效节水农业与节水型农业园区建设，提升农业用水效率。工业方面加强再生水与循环水等非常规水资源的开发利用，加强节水新技术与新工艺的推广应用，制定具有强制性的节水标准，依据产品的节水标准优胜劣汰；四是各行各业节水示范试点创新与建设。推动建设国家级和市级节水型社会，建设节水型区县、工业园区、农业园区、校区、小区和企业，提升企业环境意识，促进自觉提升用水效率；五是建立并完善节水激励的体制机制建设。建立与用水效率控制相挂钩的节水奖惩机制，对有关节水项目进行税费减免，并给予奖励与扶持。

（三）优化水源地布局与监管，共保战略水源地安全

上海近年来秉承“两江并举、多源互补”的原水供应战略，饮用水水源地规划与建设不断完善，“十二五”期末，全市水源地总取水能力达到1799.5万m^3/日。为对接推进长江经济带水资源可持续开发利用，共保长江战略水源地的重要地位，上海应进一步优化供水战略格局，坚持原水供应战略原则，建立有效的饮用水水源地安全保障体系。

1. 优化水源地建设布局。在已有的“两江并举，多源互补”的原水供水战略下，进一步优化上海的饮用水安全格局，针对黄浦江上游水源地分布并暴露于航运通道这一突出问题，应尽快完善上游金泽水库配套水利工程设施建设。一方面积极推进流域联防联控建设，建设太浦河清水走廊。另一方面进行长江口水源地联通体系建设研究，以形成长江口青草沙水源地、陈行水库、东风西沙水库多源联动的格局。

2. 强化水源地环境监管。严格遵守国家和上海地方性的水源地保护法律规定，认真落实相关条款。对于新建水源地应尽快完成饮用水水源保护区划分等基础配套工作，对周边工业污染和农业面源污染进行关停或整治，严格周边入河湖排污口监管，对于饮用水二级保护区范围内的入河湖排污口全部实施截污纳管。结合上海当前生态环境综合整治的“五违四必”工作，对与水源地保护与配套供水设施无关的一律拆除。此外，结合上海工业地块

整治与管理，对二级水源保护区内的一些特定建设用地实施减量化处理，转化为有利于水源地保护的生态用地。

3. 加强水源地环境风险预控。黄浦江水源地取水口众多，且多为开放性取水口，船舶等流动风险源对饮用水取水安全形成巨大隐患，因此，需加强对经过饮用水水源保护区船舶的动态监管，通过制定相关条例严格禁止装有高污染风险货物或剧毒物品的船舶在饮用水水源地保护区范围内航行、停泊与作业，并对装卸码头实施监管。制定并完善上海市主要水源地流动风险源污染应急处置、保障和监督管理制度。建立多部门联动响应的应急处置机制和跨界水污染事故处置机制，提升上海饮用水水源地的环境风险预控能力与风险应急处置水平。

（四）加快推进生态红线管理，共建长江水生态环境

上海地处长江入海口，核心生态空间包括长江口九段沙湿地、崇明东滩湿地、共青国家森林公园、青草沙、东风西沙水源地地区等。为缓解长江经济带近年来水资源过度开发利用对水生态环境的影响，保障长江经济带在全国乃至全球的重要生态地位，上海应积极推进并落实生态红线管理，持续推进区域水生态环境建设与保护。

一方面，将长江口的崇明九段沙湿地、东滩湿地等重要湿地公园、青草沙、东风西沙水源地等水生态极为敏感的地区划入生态红线范围内，加以严格保护、修复与重建，努力形成“江海交汇，水绿交融”的生态格局，切实有效保护长江经济带下游湿地滩涂及与之相关的重要自然保护区。

另一方面，近年来由于长江上游水利工程设施建设与水电开发，长江上游来水泥沙含量减少，一定程度上影响了长江口湿地滩涂的形成过程。为维持长江经济带湿地滩涂资源总量的动态平衡，并顺应长江口综合整治开发规划的要求，开展航道疏浚土和工程渣土的资源化利用，应适度利用航道疏浚土和工程渣土开展人工生态促淤，进行长江口湿地滩涂培育，以确保长江口湿地和滩涂发挥其重要的生态系统服务功能。

发展引领篇

Part of Development Pacesetting

B.6

上海对接推进长江经济带工业转型升级研究

陈　宁*

摘　要： 工业转型升级内涵是指工业结构高度化，工业层级高附加值化，工业发展绿色化。长江经济带作为全国工业发展最集中的区域，其工业转型升级是经济供给侧结构性改革的主战场，也是提升区域经济竞争力的基础和结果，区域绿色发展的技术、产品和物质基础。近年来，长江经济带整体工业产出能力不断增长、工业结构不断优化、创新驱动不断强化、资源环境负荷不断减轻，实质上开始了工业转型升级的历程。但横向来看，长江经济带各省市工业转型升级成效极不均衡，上海作为标杆地区引领长江经济带工业转型升级。对接长江

* 陈宁，上海社会科学院生态与可持续发展研究所博士。

经济带工业转型升级，上海需要进一步增强其全球城市的功能和层级，提升全球资源配置能力，充分发挥长江经济带工业资源配置的跨国枢纽、工业发展的核心协调、工业创新网络的中心策动、工业绿色发展的中枢传导的功能。

关键词： 长江经济带　工业转型升级　上海　对接

一　长江经济带工业转型升级的历程

本文所指的工业转型升级突破现有研究较集中于工业结构升级、工业附加值升级的局限，将工业发展的资源消耗和污染排放纳入研究视野，从而形成三位一体的理论架构。

（一）工业转型升级的内涵

产业转型升级并不是一个规范的学术用语，是约定俗成的用法。梳理现有研究，世界银行认为转型是指劳动力等生产资源从低生产力向高生产力的经济活动转移。产业转型涉及产业内外部的巨大变化，如新的主导产业的快速形成并成为创造就业和技术升级的驱动力。由于可以促进总体生产力的提高，产业转型对发展中国家特别有利。Izak Atiyas 认为产业转型泛指资源从低生产力的经济活动到高生产力经济活动的重新分配过程。由于资源在产业间重新分配会产生更高的总体生产力，从而带来更高的产出，因而产业转型是经济发展的主要因素之一。Kristine Vitola & Gundars Davidsons 提出产业的结构转型是指经济体从以低附加值（或单位价值低）产品的生产和出口为主向以高附加值（或单位价值高）产品生产和出口为主，这一过程对提高经济发展水平与改善国家福利至关重要。

本文所指的产业转型升级可以理解为产业发展的主要要素从低产出、高排放的产业向高产出、低排放的产业转移的过程。根据这一产业转型升级的内涵，本文所指的工业转型升级的路径包括工业结构高度化、工业层级高附加值化、工业发展绿色化。工业结构高度化主要是指从以劳动密集型、低加工度产业为主转向以知识技术密集型、高加工度产业为主。工业层级高附加值化主要指在同一产业内部工艺（技术）、产品、功能及价值链等环节的高附加值化。工业发展绿色化主要是指工业发展实现资源消耗与环境影响最小化的同时，为经济社会绿色发展提供技术和支撑。

（二）长江经济带工业转型升级的背景和意义

我国经济发展从高速向中速甚至低速转化，需求规模有所减小，供给结构并未随着市场变化同步调整，低层次产品供大于求问题凸显。但这一问题非常复杂，化解产能过剩的矛盾在短期内难以迅速完成。与此同时，工业发展原有的依靠廉价要素投入的发展动力加速弱化，新的增长动力尚未形成。为此中央提出供给侧结构性改革的重大战略举措，所谓“三去一降一补”的策略对于工业而言实质就是工业转型升级，降低污染物负荷沉重的低端产业产能，提升普通工业的附加值，推动以低端产业为主的价值链结构和工业结构高度化升级。长江经济带是我国工业最为集中的经济发展区域，长江经济带工业转型升级是整个经济供给侧结构性改革的主战场。

长江经济带的发展需要置身于国家大的发展战略格局中，与其他区域发展战略联动。“一带一路”所在区域覆盖全球约65%的人口，约占全球GDP的1/3，约占全球所有商品和服务的1/4。通过“一带一路”，将能连通全球最具潜力的经济发展区域，形成世界上最大的国际合作平台。长江经济带主要城市能够有更多的机会与“一带一路”的中心及沿线城市建立多种形式的国际合作关系，包括跨国产业转移、合作技术创新、构建区域产业价值链，等等，有的放矢地推动区域工业转型升级。

在经济全球化背景下，国际经济竞争的载体将更多地转移到世界级城市群之间的综合实力竞争上。绝大多数国家的经济活动都是在城市群地区进行的。以美国为例，美国前100大城市群仅占全国土地面积的12%，但占全美经济总量的2/3以上，占美国就业总人数的70%。[①]全美378个大城市群地区共计占先进工业岗位总数的91%，至少有4/5的美国工人在12个先进工业领域，其中包括通信设备制造、数据处理和托管以及软件行业。[②]因而城市群地区必须在全球市场中发挥自己的主导作用。长江经济带的经济发展水平尽管在国内是居于领先地位，但需要看到，长江经济带整体处于工业化中期向工业化后期过渡的阶段，工业转型升级构成长江经济带这一发展阶段的主要内涵。

工业化并不总是伴随着资源消耗与污染排放，与此相反，“工业化时代不仅是迄今为止的人类历史上最节约、最清洁、最安全的时代，是人类生命预期最长、身体最健康、享受物质和精神福利人数最多的时代”[③]。在现阶段全社会面临空前的资源环境约束的背景下，建立发达的工业经济是实现资源节约和环境友好，满足人民对良好生态环境需求的根本性技术条件和物质基础。长江经济带工业转型升级不仅是提升区域经济竞争力的基础和结果，也是区域绿色发展的技术、产品和物质基础。

（三）长江经济带工业转型升级的历史与现状

长江经济带涉及长江沿岸九省二市，总国土面积205万平方公里，人口和经济总量占全国的40%以上。根据国家发改委、工信部、科技部三部委联合发布的《长江经济带创新驱动产业转型升级方案》，长江经济带要加快创新，加快建立现代产业体系，推动产业转型升级。

1. 工业产出不断增加

截至2017年8月，长江经济带规模以上工业企业实现主营业务收入35.34万亿元，相比2016年8月增长13.7%，占全国规模以上工业企业主

---

① Brookings Institution, Locating American Manufacturing: Trends in the Geography of Production (Washington D. C.: Brookings Institution, 2012).

② Brookings Institution, America's Advanced Industries: What They Are, Where They Are, and Why They Matter (Washington D. C.: Brookings Institution, 2015).

③ 金碚：《工业的使命和价值——中国产业转型升级的理论逻辑》，《中国工业经济》2014年第9期。

营业务收入的44%，同比上升0.4个百分点。规模以上工业企业创造营业利润总额2.16万亿元，同比增长17.67%，占全国规模以上工业企业营业利润总额的44%。1996～2015年20年来，长江经济带工业增加值从1.1万亿元上升到11.5万亿元，增加了近10倍。2003～2011年是长江经济带工业高速增长阶段，年均增长率超过20%。2012～2015年工业增加值年均增长5%左右，进入缓慢增长阶段（见图1）。

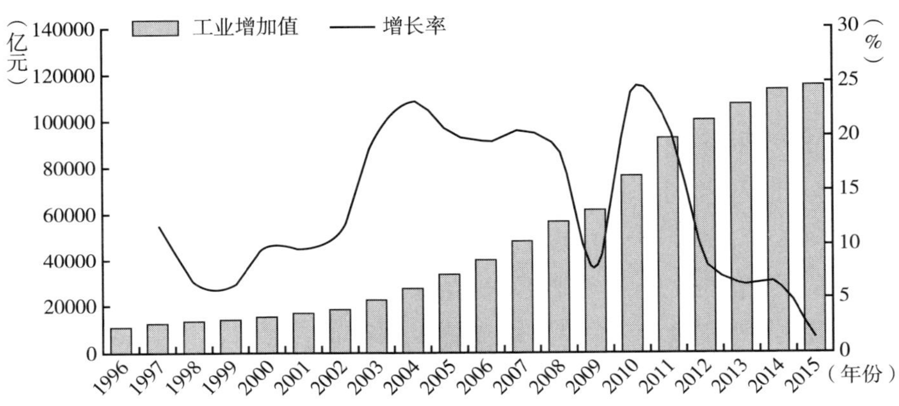

图1　1996～2015年长江经济带工业增加值及其增长情况

资料来源：《中国统计年鉴》（1997～2016）。

2. 产业结构不断优化

截至2016年，长江经济带产业结构为8.1∶42.9∶49。三次产业中，第二产业增加值占全国的比重最高，接近50%。第一产业和第三产业占全国比重相近，均约42.5%。无论从长江经济带工业发展自身水平来看，还是从工业在全国的地位来看，长江经济带都是全国工业发展的高度集中区域。

近二十年来，长江经济带产业结构呈现工业与服务业交替占优的格局。1999年之前，是工业占比显著高于服务业占比的阶段；1999～2012年，工业与服务业比重交替占优，但优势均不明显，并反复拉锯；2012年之后，服务业发展明显加快，基本确定以服务业为主的格局（见图2）。

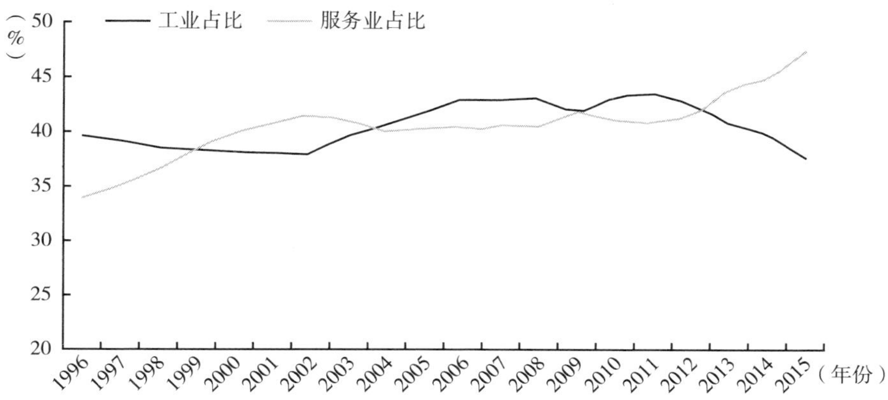

图2　1996～2015年长江经济带工业和服务业占GDP比重

资料来源：《中国统计年鉴》。

3. 创新驱动不断增强

2015年，长江经济带规模以上工业企业研发经费投入4594.93亿元，同比增长11.12%，占规模以上工业企业主营业务收入的比重约0.97%。自2004年以来，长江经济带规模以上工业企业研发经费投入增长近9倍，占主营业务收入的比重也上升了约0.3个百分点。在研发经费投入快速增长的同时，长江经济带规模以上工业企业获得的研发成果也不断增加，2015年有效发明专利数达到25万件，约是2004年的18倍。从图3中可见，长江经济带规模以上工业企业研发经费与有效发明专利数之间呈现比较一致的增长轨迹。除专利外，长江经济带规模以上工业企业新产品开发和销售步伐加快，2015年达到8万亿，相比2004年增长了约6倍，占全部主营业务收入的比重约17%。

4. 资源环境负荷不断下降

自2003年以来，经过长期不懈的污染物排放总量控制，长江经济带工业污染负荷有明显减轻。2015年工业COD排放量约115.8万吨，相比2003年减排约39.72%（见图4）；工业氨氮排放量约8.68万吨，相比2003年减排约54.92%（见图5）。两类主要的水污染中，工业氨氮占全国的比重下降较快，从 2003 年的 47.7% 下降至 2015 年的 39.9%，工业 COD 的比重却增长了近 2 个百分点。

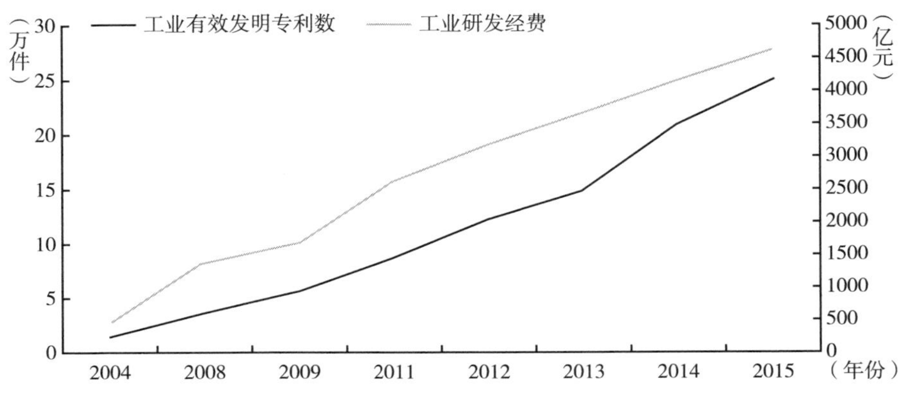

图 3　长江经济带规模以上工业研发经费及有效专利数

资料来源：《中国统计年鉴》。

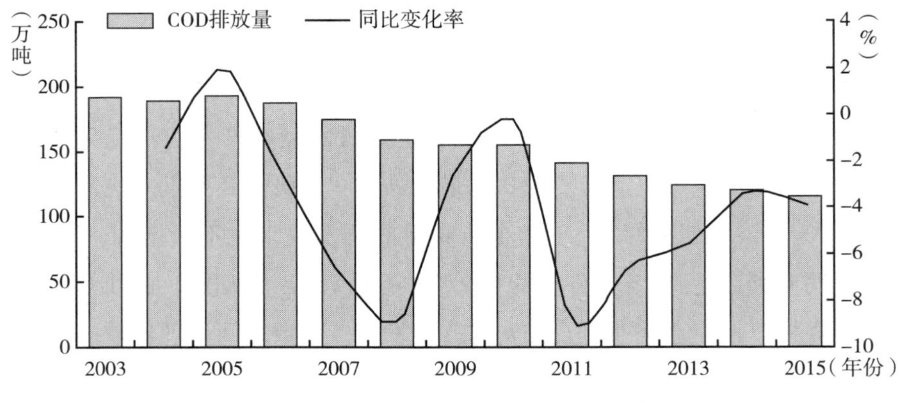

图 4　长江经济带 COD 排放量及同比变化

资料来源：《中国统计年鉴》。

长江经济带工业大气污染物减排的进展相比水污染物滞后，2015 年 SO_2 排放量 551.79 万吨，相比 2003 年仅减排不足 20%。由于氮氧化物统计口径问题，仅收集到 2011 年以来的数据。2015 年工业氮氧化物排放量 377.46 万吨，相比 2011 年减排 35.47%。在四类常规污染物中，SO_2 是长江经济带需要着重加强减排力度的污染物。

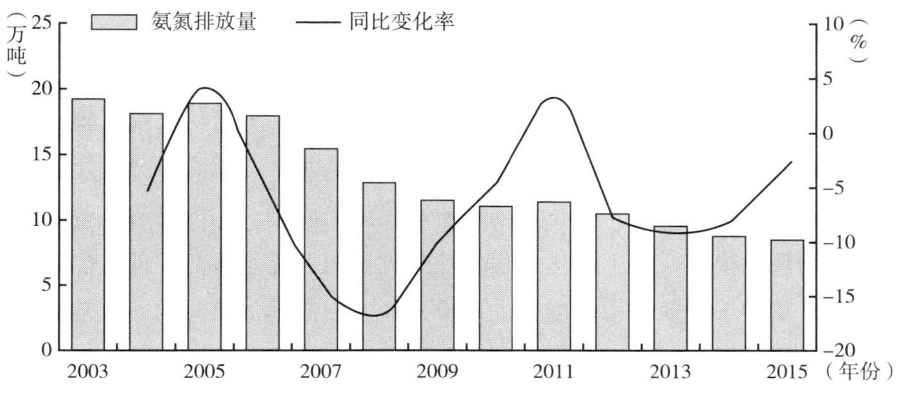

图5　长江经济带工业氨氮排放量及同比变化

资料来源：《中国统计年鉴》。

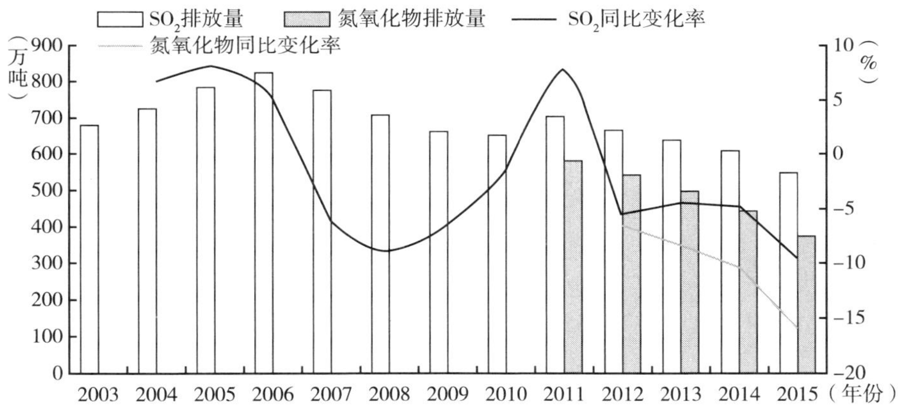

图6　长江经济带工业 SO_2、氮氧化物排放量及同比变化

资料来源：《中国统计年鉴》。

二　长江经济带工业转型升级的评价

在对长江经济带工业整体状况进行梳理的基础上，通过建立省级工业转型升级评价指标体系并进行指标运算，定量研判长江经济带各省工业转型升级的成效，并分类推演长江经济带各类型区域工业转型升级的路径。

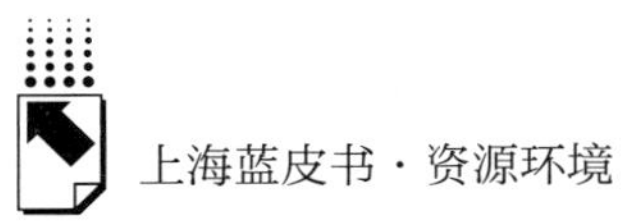

（一）长江经济带省级工业转型升级指数构建

现有的关于中国工业转型升级研究中，大部分学者将研究焦点置于工业结构优化升级，量化评价中国或区域工业化发展水平。或着重分析研究工业转型升级中的关键问题，如技术创新或环境污染问题。国内已有一些学者运用不同的理论模型，从工业化进程的视角评价工业化水平的高低，但工业化水平往往集中于工业结构高度化，评价工业发展高附加值化的研究较少。也就是说理论界对工业转型升级的评价指标体系，无论是国家层面还是区域或省际层面，仍缺乏明确清晰的认识。如前文所述，工业转型升级不仅仅包括工业结构的高度化，还应包含工业的高附加值化，高附加值化并非仅仅容纳向高新技术及战略性新兴产业升级，产品、功能、价值链等的升级也应是工业转型升级的应有之义。同时，在当前环境保护成为工业发展最严格的约束项的背景下，工业转型升级必须紧扣绿色、低碳发展的时代主题。

尤其是对于长江经济带而言，“共抓大保护，不搞大开发”，既是工业转型升级的约束条件，也是对工业发展的要求。然而长江经济带是一个地域极其广阔的经济发展带，各区域自然、经济、社会、产业发展具有极大的差异性。有必要通过对各省级甚至是核心城市的工业转型升级形势进行分析和梳理，才能更客观、更准确地认识长江经济带工业转型升级的全貌和存在的问题。

本文通过指数形式对长江经济带各省级区域的工业转型升级进行评价。评价指标体系由目标层、准则层、指标层组成。准则层的设定主要依据上文对工业转型升级内涵和路径的界定，包括服务化、高端化、绿色化三个层面（见表1）。各指标的数据来自公开出版的各类统计年鉴。指标体系准则层和指标层的权重通过熵值法客观赋权。

（二）长江经济带省级工业转型升级指数分析

经过计算，长江经济带各省份工业转型升级的效果如图7所示，基本上可以分为四大类。上海市无疑是长江经济带工业转型升级的标杆，约90%

表1　长江经济带工业转型升级评价指标体系

目标层	准则层	指标层	单位
长江经济带工业转型升级	高度化	服务业占比	%
		生产性服务业占比	%
		高技术产业占比	%
		高加工度工业占比	%
	高附加值化	工业营业利润率	%
		工业劳动生产率	%
		单位工业增加值 R&D 研发经费	万元
		单位工业增加值有效发明专利	件
		单位工业增加值技术市场交易额	万元
		电子商务采购企业比例	%
	绿色化	单位煤炭消耗工业增加值	万元/吨
		单位工业水耗工业增加值	万元/立方米
		单位 SO^2 排放量工业增加值	万元/吨
		单位 NO_X 排放量工业增加值	万元/吨
		单位 COD 排放量工业增加值	万元/吨
		单位 NH_3 排放量工业增加值	万元/吨

资料来源：笔者整理。

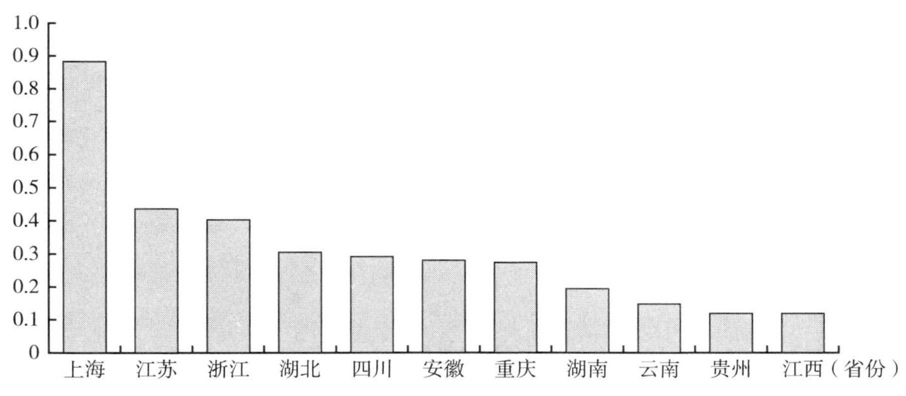

图7　长江经济带各省工业转型升级指数排名

资料来源：笔者自制。

的指标都在长江经济带各省市中排名第一。在工业高度化指数中表现最佳，在工业绿色化指数中，由于工业用水效率方面略低于浙江省。江苏省和浙江省处于一类地区，高于各省平均水平，但又与上海有一定的差距。湖北、四川、安徽、重庆四省处于二类地区，这四省工业转型升级效果的得分几乎不相上下。湖南、云南、贵州、江西为三类地区，其在三个分指数中的得分也是相对最低的。

在影响工业转型升级效果的主要因素中，笔者拟合了部分指标与指数的关系，发现人均 GDP 和研发经费占比两个指标与总指数的正相关关系较为显著。人均 GDP 处于 40000 元左右的省份，其工业转型升级指数呈现较大分化，四川省和安徽省排名处于中游，江西省排末位，原因在于江西省在工业高附加值化分指数中失分较多（见图 8）。

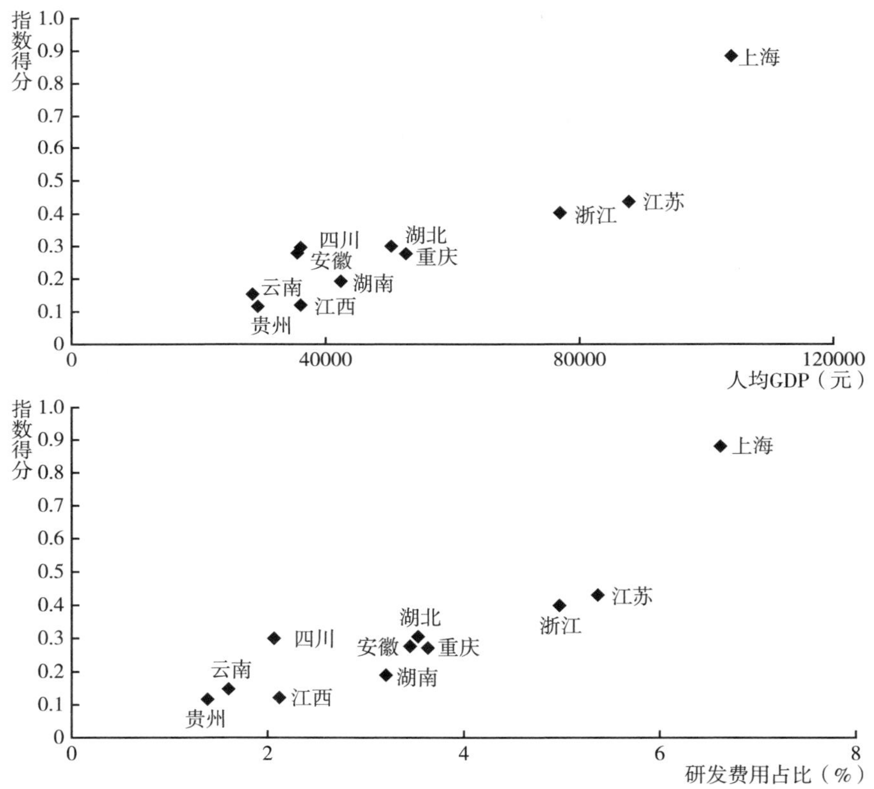

图 8　长江经济带工业转型升级指数与人均 GDP、研发费用占比拟合示意

资料来源：笔者自制。

接下来考察工业转型升级指数中的分指数工业绿色化指数的影响因素。与总指数相似，绿色化指数与人均 GDP 之间也呈现较明显的正向关系，且拟合度更优。传统印象中，劳动密集型的轻工业应该是资源消耗少、污染排放少的工业门类。而本研究发现，轻工业占比高的省市，其资源环境效率相对较差，而以装备制造业、电子信息设备制造业为主的高加工度工业占比较高的省份，其资源环境效率却表现较好。个别省份除外，如重庆市，其高加工度工业占比在长江经济带中仅次于上海，但资源环境效率表现相对较差（见图 9）。同时，笔者考察了高加工度工业比重与工业用煤效率，发现除了个别城市外，大部分城市也是呈现高加工度工业比重越高，工业用煤效率也越高的正向关系。

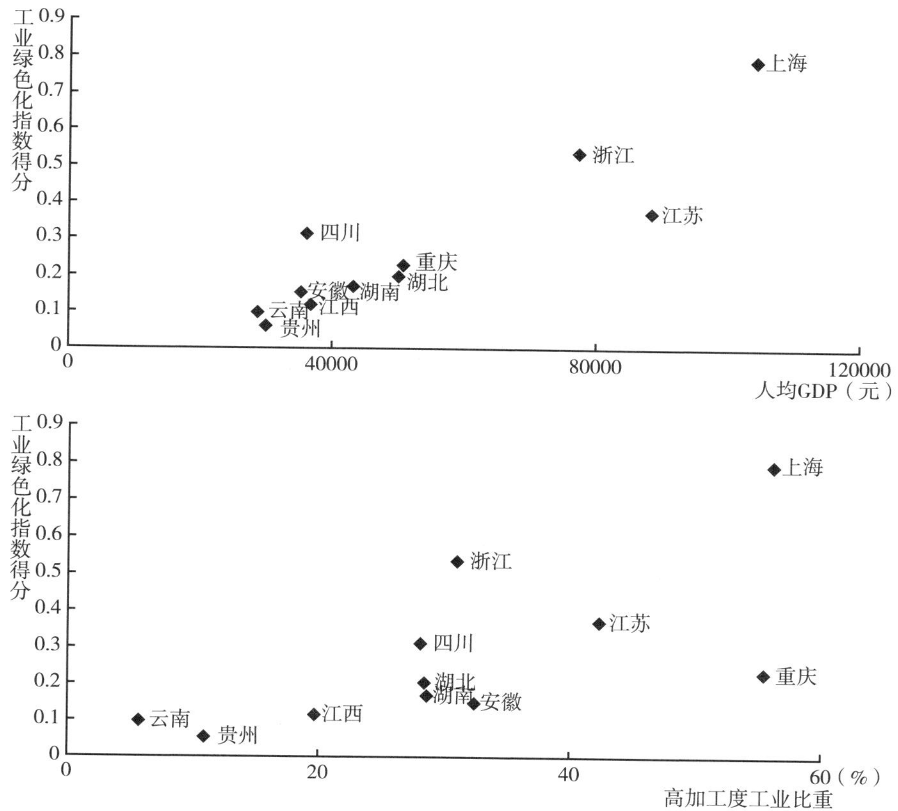

图 9　长江经济带工业绿色化指数与人均 GDP、高加工度工业比重拟合示意

资料来源：笔者自制。

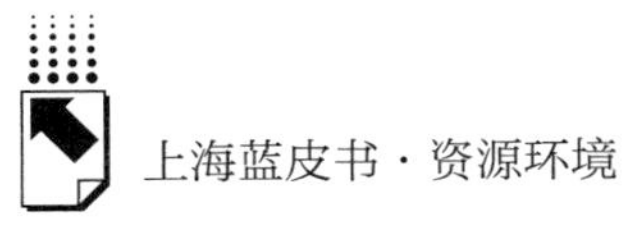

（三）长江经济带工业转型升级的趋势

从上文中对长江经济带各省份工业转型升级效果的评价可知，长江经济带各省份工业发展处于不同阶段，其转型升级的路径、效果也存在显著的类别差异。此处分不同类型对各省份工业转型升级的已有路径和未来趋势进行阐述。

1. 标杆地区

上海是长江经济带工业转型升级的标杆地区，其未来工业转型趋势是成为国际资本进入其强大市场腹地的主要切入点，世界上重要的财富积累、企业决策和国际交流节点，形成世界范围最大规模的法律、会计、管理咨询、技术服务领域先进生产者服务公司密集型集群之一，支持越来越多本土跨国公司的复杂决策。创造并保持既适应大型跨国公司的总部和金融机构，又能促进小型创业型企业将新产品和技术推向市场的环境，成为全球经济中连接最多的节点以及国际商务决策的主要枢纽。

2. 一类地区

一类地区是受上海直接辐射的江苏省和浙江省，无论从本文评价的工业转型升级指数，还是从国际组织评价的全球城市量级来看，江浙两省的核心城市群相比上海要低 1 ~2 个量级。

一类地区的工业转型升级是依托其较为完整的工业体系，逐步融入全球工业价值链，成为区域金融、物流枢纽，在经济全球化中逐步提升工业体系的服务化、高附加值化和绿色化程度。

一类地区未来工业转型升级的趋势是进一步加强与上海的经济联系，并通过上海的跨国经济资源中枢，加强与全球市场的连通性。利用各自的知识和人才储备，加强企业和大学之间的密切合作，促进向更高附加值行业的转型。

3. 二类地区

二类地区是四川、湖北、安徽、重庆四省。尽管这四省在地理上处于长江的各个不同流域，但其工业转型升级的结果十分接近，基本处于工业化中期向工业化后期过渡的阶段。梳理这四省工业转型升级的路径也存在较多相似点，总体而言是通过大力发展核心城市群和优势产业，接轨全球供应链，不断丰富和完善工业体系。

这一地区未来工业转型升级的趋势是加快生产过程自动化，加速中间服务要素供给，提升产品附加值；通过教育和劳动力培训提高劳动生产效率，遏制全球供应链向新的低成本市场的转移①；严控工业资源消耗和污染物排放，工业产品能效和工业企业排放标准接近一类地区。

4. 三类地区

三类地区是指湖南、云南、贵州、江西四省，基本都处于长江中上游地区。这四省虽然在工业转型升级结果上较为接近，但其工业化发展阶段与发展模式有一定差别。湖南和江西两省产业结构相对较重，但工业附加值较低，环境效率较差。贵州和云南两省处于长江上游，基本处于工业化中期，其工业转型升级的路径是创造特色产业，并通过特色产业融合发展带动工业结构部分升级和附加值升级。如贵州省通过发展数据存储、云计算、数据加工与分析、数据流通和交易、大数据安全等大数据服务业业态，进而融合发展电子信息关键部件、智能终端产品制造等制造业业态，实现了电子信息制造业的跨越式增长，2015 年同比增长 140% 。

未来工业转型升级的趋势是弱化与标杆地区的地理偏远劣势，加强与辐射中枢的经济联系；利用边境地缘优势，加强与新兴市场国家的合作；继续弥补工业环境基础设施短板，提升工业污染控制水平。

三　上海对接推进长江经济带工业转型升级的条件

上海作为长江经济带工业转型升级的标杆地区，其强大的区域经济影响力、一定的全球资源配置能力、完整且高级化的工业体系、持续的创新

① Brookings Institution. “Redefining Global Cities：The Seven Types of Global Metro Economies”. 2016.

策动、较高的资源环境效率能够为推进长江经济带工业转型升级提供引领和支撑。

（一）强大的区域经济影响力

2017年4月，在全球化与世界城市研究组织GaWC公布的《世界城市网络关联度最新分级（2016年版）》中，上海再次入围Alpha+级别城市（见表2），在全球范围内仅次于Alpha++的伦敦、纽约和同处Alpha+的新加坡、中国香港、巴黎、北京、东京、迪拜，相比四年前排名降低1位。GaWC是全球知名的全球化与世界城市研究组织，其世界城市排名不以GDP为主要依据，主要考察跨国高级生产者服务业的集聚规模和水平。

表2　主要长江经济带城市在GaWC世界城市分类中排名

世界城市类别	长江经济带入围城市
Alpha +	上海
Beta -	成都
Gamma +	南京、杭州
Gamma	重庆
Gamma -	武汉、苏州、长沙
Sufficiency	昆明、合肥、宁波

资料来源：GaWC. Classification of Cities 2016. 2017.

与GaWC主要考察高级生产服务业的分布情况不同，美国布鲁金斯学会（Brookings Institution）综合考察了全球主要城市的经济和产业特征、产业集群、自主创新、专利占有、基础设施连接性以及政府治理七大层面的情况，在其“再定义全球城市”的报告中，将主要的全球城市分为七类，分别是全球巨擘（Global Giant）、亚洲支柱（Asian Anchors）、新兴门户（Emerging Gateway）、中国工厂（Factory China）、知识之都（Knowledge Capitals）、美国中游（American Middleweights）、全球中量（International Middleweights）。上海与北京、香港、首尔－仁川、新加坡列入“亚洲支柱”

类全球城市（见表3），具有全球最高的吸收国际资本的能力，成为全球资本与所在国家之间发生经济联系的枢纽。“亚洲支柱”城市尽管相比“全球巨擘”城市在经济规模和全球经济联系方面稍逊一筹，但已成为世界上人口和经济活动密集度最高的城市区域。

表3　主要长江经济带城市在布鲁金斯学会全球城市中排名

全球城市类型	长江经济带入围城市
亚洲支柱(Asian Anchors)	上海
新兴门户(Emerging Gateway)	重庆、杭州、南京、宁波、武汉
中国工厂(Factory China)	长沙、常州、成都、南通、苏州、温州、无锡、徐州

资料来源：Brookings Institution. Redefining Global Cities: The Seven Types of Global Metro Economies. 2016。

（二）一定的全球资源配置能力

作为全球城市和国际经济中心、金融中心、贸易中心、航运中心，上海具备了一定的全球资源配置能力。有研究表明，上海的资本要素配置能力在全球仅次于纽约，排在第二位。上海资本要素配置的功能得益于上海国际航运中心和国际贸易中心的快速发展，航运要素和贸易要素配置能力快速提升，因而一定程度上具备了在全球范围内吸纳、集聚和扩散经济要素的能力①。

上海已经成为跨国公司全球价值链的重要节点城市，主要表现在：第一，上海已经成为跨国公司全球创新链重要的节点城市；第二，上海已经融入跨国公司的全球价值链，国际高端制造业与现代服务业跨国公司加快在上海布局的步伐；第三，上海作为全球供应链的重要城市，跨国公司在上海布局的都是供应链的最核心环节，如地区总部、研发、设计、营销、结算、投资中心等。上海已经成为国内跨国公司总部最密集的城市，截至2016年底，累计落户上海的跨国公司地区总部约580家，跨国公司地区投资性公司达到

① 上海财经大学课题组：《未来30年上海全球城市资源配置能力研究：趋势与制约》，《科学发展》2016年第8期。

330家。

在2017年7月20日发布的《财富》500强排行榜中，总部位于上海的500强企业达到8家，覆盖行业较为广泛，分别是制造业企业上汽集团、宝武集团，金融业企业交通银行、浦发银行、中国太平洋保险，交通运输业企业中国远洋海运集团，房地产企业绿地集团，民营能源企业华信集团。其中，工业企业排位靠前，上汽集团排名第41位，宝武集团排名204位。

（三）完整且高级化的产业体系

长期以来，上海工业在城市经济中起到了支撑和带动作用。尽管在全国工业产出中的比重有所下降，但其重点行业在产业规模、产业结构、劳动生产率、综合配套能力、人才储备、资源配置等方面都具有优势。上海拥有完整并高级化的工业体系，这在世界主要工业城市中都是非常难得的。不仅分布了包括大型客机、航天火箭等被称为制造业皇冠上的“明珠”的高端制造门类，取得了重要的业绩突破，而且在传统优势产业的转型升级中取得了显著的成果。

上海是全国高端制造业的重要集中分布区域（见表4）。高端制造业主要指传统工业部门转型升级所需要的高科技、高附加值设备，以及战略性新兴产业，包括航空、航天、卫星、大型能源装备、智能制造业、新一代IT制造业等。这些高端制造业规模巨大，其对GDP的贡献远高于普通工业部门。高端制造业由于其产品和服务的复杂性，包含原材料供应商、专业零件供应商、各种服务提供商等复杂供应链主体形成的长链，并与其他工业部门有着紧密的联系。因此，无论是规模巨大的中间需求，还是更广泛影响的角度，高端制造业对于国家和地区都极为重要，并能够在较大地域范围内发挥辐射和带动作用。

上海在传统产业改造和提升中也起到示范和重点推进的作用，而在上海处于领先地位的这些传统产业往往在长江经济带也是地方重点发展的产业。上海传统产业的转型升级对长江经济带工业转型升级具有重要作用。如在钢铁、石化这两个长江经济带主要省区的支柱产业中，上海通过不断

表4　上海在国家重点发展的战略性新兴产业中的地位

大类	细分行业	上海	大类	细分行业	上海
高端装备制造业	航空航天	√	新一代信息技术产业	物联网云计算	√
	智能制造			高性能集成电路	√
	海洋工程	√		新型平板显示	
	轨道交通			高端软件	√
	工程机械	√		大数据	
节能环保产业	高效节能	—	现代生物产业	生物医药	√
	先进环保装备	—		生物农业	
	资源循环利用	—		生物制造	
新材料产业	新型功能材料	√		现代中药	
	先进结构材料		新能源产业	核能	√
	高性能复合材料	√		风电	√
	前沿新材料	√		智能电网	
新能源汽车	新能源汽车技术研发	√		页岩气	
	纯电动汽车应用推广	√		太阳能光伏	√
				生物质能源	√

注："—"代表未明确规定。

资料来源：《长江经济带创新驱动产业转型升级方案》（发改高技〔2016〕440号）。

提升高附加值产品的比重，提升产业高端装备研发制造能力，提升产业智能制造能力和产业绿色发展水平，推动产业转型升级；在纺织业这样传统的劳动密集型产业中，通过高端品牌培育，紧紧抓住高端服装研发设计与营销展示等产业高附加值环节，推动产业的高端化（见表5）。

表5　上海在长江经济带改造提升传统产业中的地位

大类	重点领域	上海	大类	重点领域	上海
钢铁产业	产业升级	√	石化产业	石油炼化	√
	高端装备研发	√		化工	
	信息化提升	√		页岩气	
有色金属产业	深加工基地建设		纺织产业	高端品牌培育	√
	循环经济示范			绿色生产	

资料来源：《长江经济带创新驱动产业转型升级方案》（发改高技〔2016〕440号）。

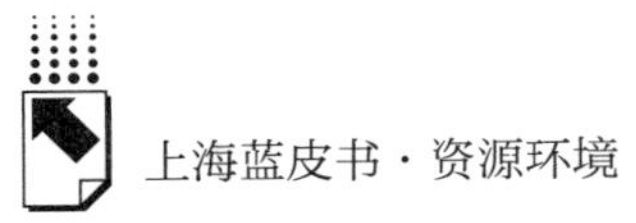

（四）持续的创新策动

创新仍然是工业企业和区域唯一持久的优势来源，创新的速度和复杂性仍在不断升级。工业的领导地位来自先进技术的领先地位、基于复杂制造能力生产出的具有令人难以置信的新功能和新产品。上海在建设有国际影响力的科技创新中心的目标指引下，取得了占全国1/3的国家级顶尖创新成果，如上海科研人员在国际顶级学术期刊上发表的论文占全国的1/3；获得了超过1/3的国家高水平技术奖项，等等。上海的先进制造业是技术创新的主要阵地，往往汇聚了大量的研发支出及其他社会创新资源，推动了产品、工艺和技术创新。如在国家食药监总局获批的一类新药中，有1/3源自上海张江的生物制药产业，张江新药注册成功率是全国平均水平3倍以上[①]。

更重要的是，上海基本建立了能够辐射长江经济带工业发展的研发策动通道和功能载体。高能级工业企业、跨国公司研发中心是上海工业技术创新的策动源。截至2016年底，上海拥有的外资研发中心累计411家，其中全球研发中心40余家，外资研发中心的集聚速度不断加快，仅2016年就新增15家，上海作为全国外资研发中心最集中城市的地位继续巩固。同时，上海对外技术输出和创新服务能力也不断提升，2016年上海向国内外输出技术合同额占比达到69%，向外省市技术输出成交额同比增长89.6%[②]。

基础、共性技术研究是工业转型升级的原始动力，创新功能型平台作为纯科学知识的主要生产者，基础研究机构为制造技术的突破性进展提供理论基础，并发现潜在工业应用新的研究领域。另外，基础、共性技术研究平台是各级政府通过拨款和研究奖金来制定更广泛的工业技术政策优先事项的工具。上海市拥有212家各类背景的工程中心，其中涉及行业基础、共性技术研究的有141家[③]。

① 上海市科学学研究所：《2017上海科技创新中心指数报告》，上海市科学学研究所，2017。

② 上海市科学学研究所：《2017上海科技创新中心指数报告》，上海市科学学研究所，2017。

③ 张仁开：《全球科技创新中心建设背景下上海创新功能型平台发展研究》，《科学发展》2016年第8期。

此外，上海已成为全国创新改革试点最密集、最前沿的地区。2016 年 4 月 12 日，国务院正式发布《上海系统推进全面创新改革试验 加快建设具有全球影响力的科技创新中心方案》。方案以推动科技创新为核心，以破除体制机制障碍为主攻方向，部署了建设上海张江综合性国家科学中心等四方面重点战略任务。

（五）较高的资源环境效率

在长江经济带中，上海的工业发展不仅具有最高的资源环境效率，实际环境负荷也是最低的（见表 6）。上海取得较高工业资源环境效率的机制及发达的资源环境服务能力能够传导到长江经济带其他地区，推动区域工业绿色发展进程。

表 6　长江经济带工业大气和水污染负荷总量

单位：吨

省份	水污染物	大气污染物	合计
江苏	21.48	154.83	176.31
浙江	16.6	98.26	114.86
四川	10.68	95.07	105.75
安徽	8.96	90.85	99.81
湖南	14.24	82.96	97.2
贵州	6.52	89.87	96.39
云南	15.04	77.7	92.74
湖北	13.06	78.97	92.03
江西	10.1	79.51	89.61
重庆	5.37	58.59	63.96
上海	2.43	22.64	25.07

资料来源：《中国统计年鉴》（2016）。

上海工业绿色发展取得显著成效。一是上海市政府通过一系列行政、经济、市场手段，推动企业采取工程、管理等手段，进行自主技术改造减少污染物排放的直接结果。如上海修订了20余项涉及大气和水污染物的，严于国家排放标准的地方排放标准，形成了严格的环境污染末端治理标准。二是上海的自动连续监测系统已经覆盖了全市150多家重点排污企业，强化了对违规排放的实时监控。三是从2015年开始，上海上调了主要污染物的收费标准，启动了VOCs排污收费，并实行差别化收费。较高的排污费收费标准及差别化收费政策有利于内化企业污染成本，有效地激发污染企业改善环境的积极性。

同时，上海积极发展环境污染第三方治理，通过市场的力量，实现工业污染物持续下降。上海市环境污染第三方治理开展较早，"十二五"期间进展迅速。全市环境污染第三方治理企业约150家，产业规模约50亿元[①]，年均增长20%[②]。上海开展第三方环境污染治理的领域较为广泛，涉及电厂除尘脱硫脱硝、城镇污水处理、工业废水处理、有机废气治理、餐饮油烟治理监控、建筑扬尘控制、自动连续监测等[③]。并且，不同区域探索了形式各异、具有成效的第三方环境污染治理的管理机制和实施方案。与此相印证的，在长江经济带各省市中，上海每万元工业增加值投入的工业污染治理投资并不是最高的，但每万元工业增加值拥有的环境治理服务业产出远远领先于其他省市（见图10）。

四　上海对接推进长江经济带工业转型升级的策略

针对长江经济带工业转型升级的核心路径，借鉴美国城市群经济转型及高技术产业集群发展的经验，推演上海对接推进长江经济带工业转型升级的定位与策略。对接长江经济带工业转型升级，上海需要进一步增强其全球城市的功能和层级，提升全球资源配置能力，充分发挥长江经济带工业资源配

① 徐祯彩、孙红梅：《上海市环境污染第三方治理研究》，《环境科学与管理》2017年第9期。

② 陈远翔、何燕等：《浙江、上海环境污染第三方治理经验及对云南的启示》，《环境科学导刊》2017年第2期。

③ 徐祯彩、孙红梅：《上海市环境污染第三方治理研究》，《环境科学与管理》2017年第9期。

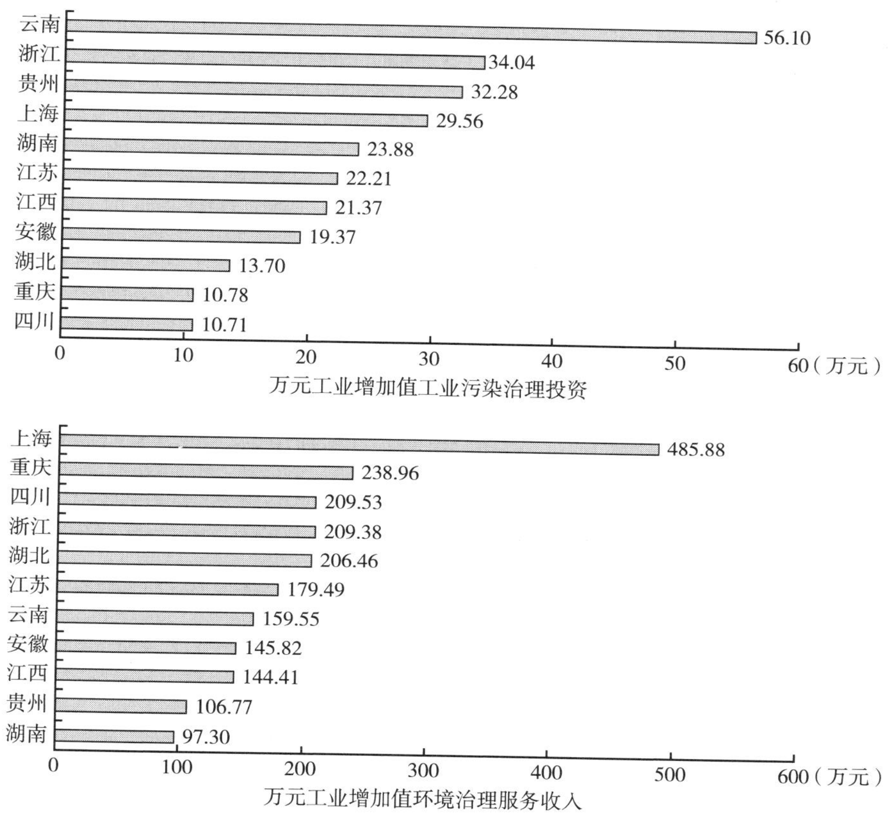

图 10　长江经济带每万元工业增加值工业污染治理投资、环境治理服务业收入

资料来源：《中国统计年鉴》（2016）、《中国第三产业统计年鉴 2016》。

置的跨国枢纽、工业发展的核心协调、工业创新网络的中心策动、工业绿色发展的中枢传导的功能。

（一）资源配置的跨国枢纽

尽管贸易与技术壁垒的不断降低为更多的公司打开了参与国际贸易和投资的大门，但事实上，个人与公司、机构之间的联系驱动着全球经济的规模和结构。长期以来，上海一直在促进区域国际合作，但大多数都集中在文化交流而不是有意义的商业联系，而且在全球和国际关键的经济发展行为者之间内涵丰富的经济联系并没有得到加强。上海未来需要确定和深化国内外真正的经济关系，为长江经济带地区提供重要的跨国经济资源联系枢纽。

另一方面，如果长江经济带地区没有在国内形成良好的经济联系，则其国际经济联系的重要性将大大降低。普华永道的一项调查结果显示，95%的工业企业高管表示，他们的公司计划在未来三年与战略合作伙伴进行合作。他们正计划与其客户、供应商、学者甚至是竞争对手共同推动创新①。长江经济带的几乎每个城市群都意识到必须更好地组织经济联系，比如许多城市群地区每年都在特定的市场建立许多的代表团。在经济发展实体中创建合作组织是地区间建立合作的第一步，同样重要的是利用私营部门专门知识的任务。布鲁金斯学会的研究表明，外国投资者更多地依赖现场选择人员和其他顾问来做出选址决定。对于出口和并购而言，包括律师、银行家和货运代理在内的服务提供者发挥了不可或缺的作用，可以为经济发展提供洞察力和联系。需要积极填补其网络空白，可借鉴美国圣地亚哥使用“BIO 公约”来帮助企业与优先市场的合作伙伴建立联系。

（二）地区发展的核心协调

长江经济带横跨11个省市，地方要素市场分割、地方发展保护是影响地区工业结构及布局优化的首要原因。有学者研究表明，长三角城市协调组织的成立，促使市场分割对经济协调发展的阻碍作用下降50%②。借鉴长三角地区协调的经验，上海可建议成立类似长江经济带经济协调发展组织的机构，决策层为“长江经济带地区省长联席会议”，决定长江经济带合作发展的方向、原则与重点等重大问题。执行组织为长江经济带经济协调组织秘书处，办公地点设于上海，秘书长由各省轮流派驻主要官员担任。

长江经济带协调组织制定地区工业发展战略的第一步是了解区域工业发

---

① PWC, *Rethinking Innovation in Industrial Manufacturing* (London: PWC, 2013).

② 胡彬：《上海城市转型与长江经济带发展：战略视角的研究》，《科学发展》2016年第12期。

展基础，区域决策者还需要了解制造基地更多信息，包括行业和行业间的差异；行业创新、技术、技能、融资等需求；工业与区域经济其他部门的关系；本地区工业与其他地区工业的关系；本地区与其他地区工业的竞争优势和劣势。可以从国家、城市群和地方层面更详细的定量数据分析及与制造商和其他制造集群参与者的讨论中获得所需信息。

协调组织的执行机构可加强开发通用工具，以支持为不同省份提供服务；获取有关供应链结构和地理位置的数据，各省统计部门、技术中介组织等机构协助提供服务和收集供应链数据。

（三）创新网络的核心策动

工业转型升级所需的创新网络可以通过四个途径来获得，这些途径有助于长江经济带有效利用其区域资源。第一，密集的研究机构网络，包括进行尖端研究的机构和大学，为区域企业提供科学知识和资源，开发新产品；第二，高技术企业的不断涌现；第三，有助于创造的技术型企业组织的存在；第四，稳步提供高素质人才，促进创新。

1. 建议成立长江经济带工业创新网络

创新网络推动联合研究项目，研究机构内有相似知识结构的人才可根据相关命题进行竞争合作，这是形成高科技集群的关键过程，并促进企业家和研究人员网络的发展。区域核心技术企业的培育和发展也可借助创新网络来实现，底特律 Inmatech 公司的案例值得借鉴。Inmatech 成立于 2010 年，是一家创业制造公司，制造了用于汽车行业、电网和其他国防相关系统的高效低成本铅酸蓄电池。Inmatech 是许多研究机构和研究人员合作的产物，其技术基础是密歇根大学化学工程教授的研究结果，而该项研究则是涉及韦恩大学和密歇根州立大学的一个更大的促进先进制造业技术专项。除了与密歇根大学的合作外，Inmatech 还与弗劳恩霍夫涂料和激光应用中心（CCL）紧密合作，共同开发一种超级电容器，这个组件对于他们的最终原型是必要的。随后，地方和联邦政府以及当地利益相关者对 Inmatech 提供了重要的支持，包括美国国家科学基金会提供的 61 亿美元的小型创新资助，当地和地区性赠款和奖励的资金，包括“湖区企业家追求”和密歇根清洁能源奖[1]。

借鉴上述案例，上海可建议成立长江经济带工业创新网络，通过国家及各省级政府经济管理部门、科技管理部门、金融管理部门建立工业创新网络治理机构。资金可来自国家部委的拨款、民间资金的注入。利用和协调现有的国家、省级政府所辖的创新资源、行业组织和私人中介组织，促进市场和供应链之间的信息流动。创新网络牵头为区域工业企业制造新产品和新工艺建立标准和互操作性，包括与数字数据相关的标准，目的是在各个系统之间实现数据互操作，从而加速技术的采用。此外，这一工作还可解决物理替代组件的标准化，包括与材料和制造工艺相关的信息交换标准，促进工业企业更快速、更高效地采用创新技术。

2. 牵头成立长江经济带工业创新发展基金

国际著名的科技创新中心的形成大都在很大程度上得益于其自身或所在国家强大的金融力量，如约有30%的美国前500大的公司研发总部都与纽约的金融服务相联系。美国总统执行办公室向总统提交的促进先进制造业发展的报告中提到建立公私合作的规模化投资基金，能够减少与工业规模扩大相关的风险，促进政府、工业企业及战略合作伙伴之间信息流动的改善，并有利于利用税收激励来促进工业投资。建议上海牵头成立长江经济带工业创新发展基金，为长江经济带战略新兴产业链的布局、跨界功能区域的开发、区域公共品建设、生态环境保护和欠发达地区产业转移对接等提供资金支持。经常被忽视的一种方法是通过创造需求使创新投资对资本市场更具吸引力，降低技术风险并缩短开发时间。例如，通过向部分民营企业投资者提供低成本贷款，可以激励对新型生产设施进行额外投资。在地区和国家层面的类似激励措施也可以帮助创造一个充满活力的国内设备供应基地。另外，基金管理机构可以预先通告未来需求，降低新技术的市场风险，从而提高投资吸引力。

---

① Brookings Institution, *Locating American Manufacturing*: *Trends in the Geography of Production* (Washington D. C.: Brookings Institution, 2012).

3. 建议制订长江经济带先进制造职业衔接计划

长期以来，长江经济带的大学、职业学校、研究培训机构是技术工人的主要供给来源，但职业培训机构与工业企业之间联系较为松散。知识储备丰富、训练有素、勤恳高效的技术工人是提升劳动生产率，推动工业转型升级的关键。美国肯塔基州丰田公司的职业计划可以借鉴，肯塔基州汽车工业是该州最大的制造业，拥有6.5万名员工，超过400个设施。从2009年开始，丰田高管开始注意到该地区的劳动力不能满足一线工人退休潮对技术熟练工人的需求。丰田公司与蓝草社区和技术学院（BCTC）合作创建了先进制造技术员（AMT）计划，这是一个以电力、流体动力、力学和制造为重点的多学科计划，以加强列克星敦地区的制造业工人供应。AMT计划已经扩展到15个其他的公司，现在在一个名为肯塔基先进制造教育联合会（KYFAME）的地区财团下。

4. 制订长江经济带创新中介计划

发达国家的高技术产业集群的发展越来越重视中介组织在创新过程中的催化作用①，因为它们有能力将不同的利益相关方结合在一起，以支持新型创新公司的发展。这些“中介组织积极参与企业家、研究机构、投资者、律师、房地产开发商、营销专家和政府代表等跨越社区的多边界组织。中介组织召开会议并开展各种活动，确保知识流动，以及开展高度不确定、有风险的事业必不可少的信任建设。此外，不同利益相关者之间的活动和频繁互动，分享对未来的共同愿景，分担风险意愿。建议上海组织成立类似圣地亚哥CONNECT、BIOTECH形式的创新中介组织，总部设于上海，向整个长江经济带提供服务。

（四）绿色发展的中枢传导

上海作为长江经济带工业环境负荷最低，工业环境效率最高的地区，将

① University of Sydney, *Biotechnology Cluster: Project San Diego Analysis* (Sydney: University of Sydney, 2010).

其工业绿色发展的行政、市场手段加以推广和应用，促进整个地区工业环境绩效的改善。在制度上，推动环保标准及环保政策区域一体化。向环保部建议编制并发布长江中下游或长江干流流域主要工业行业污染物排放标准。建议研究制定基于主要污染物排放强度的长江中下游或长江干流主要工业行业准入标准。建议研究流域工业污染物排放总量控制，在排摸流域工业规模、污染物排放的基础上，划定行业污染物总量上限，制订新上项目执行总量指标替代削减方案。

在市场方面，大力发展合同能源服务、合同环境服务等专业服务业，大力推动环境保护、生态修复技术研发和产品创新。在这一领域，可借鉴全美最绿色城市"波特兰"的发展经验。波特兰主动发起"我们建设绿色城市"活动，通过其绿色发展技术出口规划，发现潜在的市场机会，利用其独特的能源、环境服务技术提供可持续发展产品和服务。其业务范围囊括了从建筑、工程、能效技术和水管理等方面。尤其在水管理领域，短短几年时间，该地区成为全球水务枢纽的蓝图已经开始渐渐实现。2015 年，全球近 50 个国家和数百家公司的代表参观了位于波特兰的"全球水中心"。2016 年的年度水峰会，来自世界各地的与会者及外国政府已经联络了波特兰绿色城市寻求解决方案。

参考文献

Brookings Institution, *America's Advanced Industries: What They Are, Where They Are, and Why They Matter* (Washington D. C.: Brookings Institution, 2015).

Brookings Institution, *Locating American Manufacturing: Trends in the Geography of Production* (Washington D. C.: Brookings Institution, 2012).

Brookings Institution, *Redefining Global Cities: the Seven Types of Global Metro Economies* (Washington D. C.: Brookings Institution, 2016).

Executive Office of the President: "*Accelerating U. S. Advanced Manufacturing*", Washington D. C., 2014.

PWC, *Rethinking Innovation in Industrial Manufacturing* (London: PWC, 2013).

University of Sydney, *Biotechnology Cluster*: *Project San Diego Analysis* (Sydney: University of Sydney, 2010).

胡彬:《上海城市转型与长江经济带发展:战略视角的研究》,《科学发展》2016 年第 12 期。

金碚:《工业的使命和价值——中国产业转型升级的理论逻辑》,《中国工业经济》2014 年第 9 期。

王玉燕、汪玲、詹翩翩:《中国工业转型升级效果评价研究》,《工业技术经济》2016 年第 7 期。

B.7

上海对接长江经济带船舶污染联防联控机制研究

刘召峰*

摘　要： 长江经济带涵盖11个省市，船运业发达，水路年运量达41.38亿吨和1.597亿人次。由于船舶污染的移动性、复合性特征，需要构建流域性、跨行政区多部门的协作机制。已实行的船舶排放控制区政策取得不错的效果，但也暴露了一些问题，如现行的协调机制仅针对大气污染，只涉及江浙沪。在长江经济带构建船舶污染联防联控机制，应解决缺乏流域性跨行政区多部门的环境协作机制、监管困难、应急处置能力不足和区域环境信息协作机制不完善等问题。上海应在长江经济带船舶污染联防联控机制中发挥积极作用。为此，本文提出上海如何在构建长江经济带船舶污染联防联控协作机制、创新生态补偿政策和绿色金融政策、应急处置能力建设、统一的污染防治政策等中发挥作用。

关键词： 长江经济带　船舶污染　联防联控　对接战略

长江经济带涵盖11个省市，船运业发达，年运量达41.38亿吨和1.597亿人次。国家出台了许多法律法规应对船舶污染，并在长三角地区开展船舶

---

* 刘召峰，上海社会科学院生态与可持续发展研究所博士。

排放控制区政策。在实际中，船舶污染联防联控机制也存在一些问题亟须解决。

一　长江经济带船舶污染联防联控的意义

长江经济带水运货运量和旅客量逐年增加，分别达到 41.38 亿吨和 1.597 亿人次，船舶的净载重量也在逐年上升。从结构上看，长三角区域的水路货运量占 75.6%。在航运业不断发展的同时，船舶污染的影响也不容小视。据测算，2010 年上海港船舶排放 3.54 万吨二氧化硫、5.73 万吨氮氧化物和 3700 吨的 PM2.5，分别占上海市各种污染物排放总量的 12%、9% 和 5.3%①。为此，2016 年，我国在长三角、珠三角等重点水域实施船舶排放控制区政策和联防联控机制，降低船舶污染物排放水平。

（一）长江经济带航运及环境污染现状

长江是世界上最繁忙的黄金水道之一，对沿岸各省市的经济社会发展尤为重要。

1. 长江经济带航运现状

相比 2011 年，2016 年长江经济带各省水运货运量总量（见图 1）增长了 50.25%，达到约 41.38 亿吨。2017 年 1～8 月，长江经济带水路货运量 28.68 亿吨，同比增长 9.2%。在水运货运量增长的同时，长江经济带的船只总量在不断下降，从 2011 年的 135669 艘下降至 2015 年的 119252 艘，单位船只的净载重量从 2011 年的 1007 吨/艘增长到 2015 年的 1091 吨/艘。

长江经济带下游地区、中游地区和上游地区的 2016 年水路货运量分别占总水运货运量的 76.5%、16.9% 和 4.1%。表 1 分别列出了 2016 年各省市的水路货运量和旅客运输量。2015 年，长江经济带下游、中游及上游的

① 伏晴艳、沈寅、张健：《上海港船舶大气污染物排放清单研究》，《安全与环境学报》2012 年第 12 期。

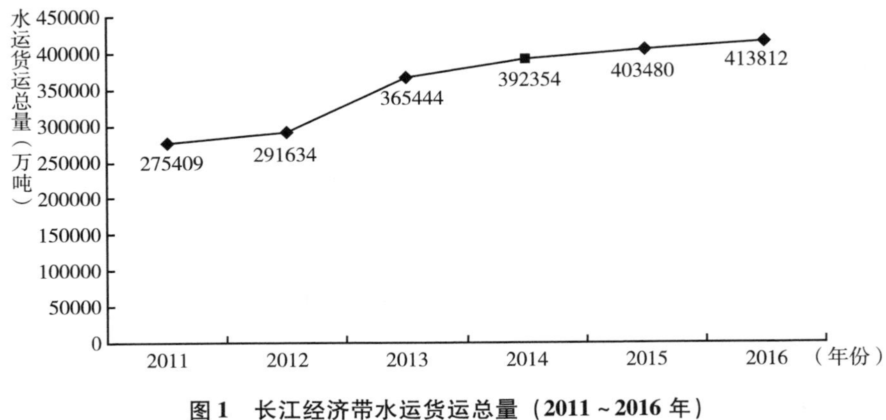

图1　长江经济带水运货运总量（2011～2016年）

资料来源：《中国统计年鉴》（2012～2016），交通运输部，2016年水路货物运输量快报数据。

船舶总量分别占总船舶量的75.6%、12.6%和11.8%，而净载重量分别占83.2%、10.9%和5.9%。

表1　长江经济带九省二市水路货运量和旅客运输量（2016年）

省市	货运量(万吨)	旅客运输量(万人次)	平均净载重量(吨/艘)(2015)
上海	48283	403	20777
江苏	79314	2265	1012
浙江	78180	3930	1450
安徽	111000	215	146
江西	10758	261	679
湖北	36099	571	1770
湖南	23274	1637	566
重庆	16500	755	1753
四川	8106	2572	159
贵州	1652	2098	65
云南	646	1260	125

资料来源：交通运输部，2016年水路货物运输量快报数据和2016年水路旅客运输量快报数据。

长江内河的货物吞吐量中，以干散货为主，约占总吞吐量的76.7%，其次是杂货（包括木材、粮食等）占12.8%，液体散货占4.5%，集装箱与滚装汽车等占6%（2015年）[①]。从货物种类看，2015年煤炭及制品为最大的货运种类，占总吞吐量的21.8%，其次是矿建材料（19.6%）和金属矿石（19.4%）。

2016年，长江经济带水运客运量约1.597亿人次，比2011年增长了14.6%（见图2）。

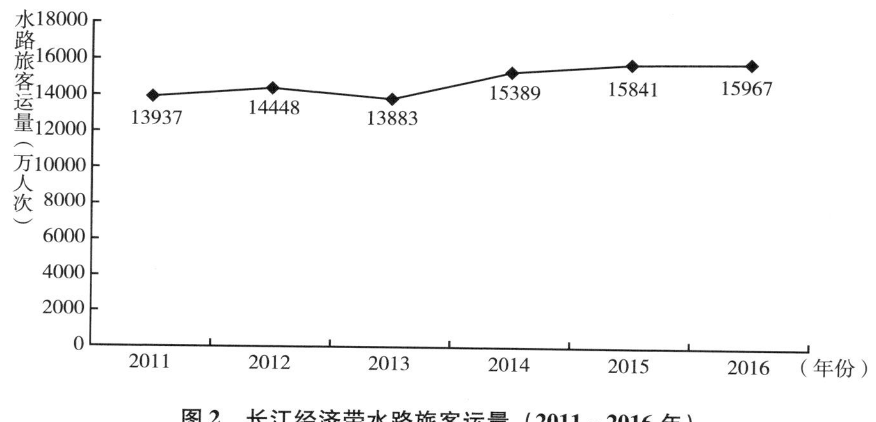

图2　长江经济带水路旅客运量（2011～2016年）

资料来源：《中国统计年鉴》（2012～2016）；交通运输部：2016年水路旅客运输量快报数据。

2. 长江经济带主要港口现状

长江经济带具有沿海港口的上海、江苏和浙江在2015年的沿海港口的泊位长度总长为223626米，生产用码头泊位1870个，万吨级泊位为465个。长江经济带内河港口在2015年的泊位长度为1287047米，生产用码头泊位为22751个。长江经济带内河内只有浙江和江苏拥有万吨级泊位，其中浙江为10个，江苏为248个。长江干线主要港口共25家（见表2）。

3. 长江经济带船舶污染现状及危害

（1）大气污染

船舶行驶及停靠港口时会消耗大量的能源，产生二氧化硫、氮氧化物等

① 《中国港口统计年鉴》（2016）。

表 2　2016 年长江干线主要港口的货物吞吐量

区段	港口	货物吞吐量(万吨)
四川区段	宜宾港	358(2015 年)
	泸州港	3217
重庆区段	重庆港	5148(2015 年)
湖北区段	宜昌港	718(2015 年)
	荆州港	863(2015 年)
	洪湖港	18. 84
	武汉港	4207. 5
	黄石港	1092
湖南区段	城陵矶港	771. 3(2015 年)
江西区段	上港集团九江港	977. 92(2015 年)
安徽区段	安庆港	279. 0 (2015 年)
	池州港	778(2015 年)
	铜陵港	776(2015 年)
	安徽皖江物流股份有限公司	1180(2015 年)
	马鞍山港	1783(2015 年)
江苏区段	南京港	10000 吨
	镇江港	5575. 2(2015 年)
	扬州港	2035(2015 年)
	泰州港	6159(2015 年)
	江阴港	4309(2015 年)
	张家港港	5202(2015 年)
	南通港	6606(2015 年)
	常州新长江港口有限公司	1042(2015 年)
	常熟港	1239(2015 年)
	太仓港	1329(2015 年)

资料来源：根据港务集团官网和《中国港口年鉴（2016）》的资料整理。

污染物。由于《中国统计年鉴》中没有列出航运业的能源消费情况，因此，我们通过综合各方面信息推断出长江经济带航运业的能源消费情况，计算公式为：

船舶能源消费总量 = 货运周转量 × 单位货运周转量的能耗 +
旅客周转量 × 单位旅客周转量的能耗。

其中：单位货运周转量和单位旅客周转量的能耗选自2012年江苏省每万吨公里能耗量（0.0652吨标准煤/万吨公里）和每万人公里能耗（0.180吨标准煤/万人公里）①。

表3　2016年长江经济带各省船舶能源消费总量的推算结果

省市	货物周转量（万吨公里）	旅客周转量（万人公里）	货运能源消费（万吨标准煤）	客运能源消费（万吨标准煤）	能源消费总量（万吨标准煤）
上海	175036084	7015	1141.66	0.13	1141.79
江苏	52245952	23623	340.77	0.43	341.20
浙江	79518150	58275	518.65	1.05	519.70
安徽	52370000	4160	341.58	0.08	341.66
江西	2288733	3372	14.93	0.06	14.99
湖北	26244861	33350	171.18	0.60	171.78
湖南	5774698	31653	37.67	0.57	38.24
重庆	18500000	53000	120.67	0.96	121.62
四川	2218317	24325	14.47	0.44	14.91
贵州	423720	57563	2.76	1.04	3.80
云南	152010	27260	0.99	0.49	1.48
总计	414772525	323596	2705.33	5.84	2711.17

资料来源：交通运输部，2016年水路旅客和货运运输量快报数据。

据上测算，2016年，长江经济带船舶能源消费总量为2711.17万吨标准煤，其中，长三角地区的船舶能源消费量约占整个长江经济带的86.4%。在长江干线行驶的船舶以柴油为主要能源，由于我国对船舶燃油的标准设立时间较晚，且在2016年7月之前不具备强制性，因此船舶是以含硫较高的柴油为主，污染较重。由于长江经济带中主要城市如上海、宁波、南京、苏州、重庆、武汉等沿海沿江而立，因此受船舶污染影响较重。以上海为例，2010年上海港船舶排放3.54万吨二氧化硫、5.73万吨氮氧化物和3700吨

① 欧阳斌、凤振华、李忠奎等：《交通运输能耗与碳排放测算评价方法及应用——以江苏省为例》，《软科学》2015年第1期。

的PM2.5，分别占本市各种污染物排放总量的12%、9%和5.3%①。尹佩玲等对宁波－舟山港2010年船舶排放污染物进行测算，结果显示排放了2.16万吨二氧化硫、3.46万吨氮氧化物和2349吨PM2.5②。据测算，2014年南京市船舶排放2448吨二氧化硫、3884吨氮氧化物和297吨PM2.5③。

（2）水污染与生活垃圾污染

作为水源地，长江沿线共有各类取水口400余处，关乎1.4亿人的生产生活④。压舱水、洗舱水、生活污水，虽然部分污水被停靠港口的污水设施所接纳，但大部分排入自然水体，影响着沿岸地区的生产生活。另外，众多国家级和省级的保护区分布在长江上下游，因此船舶排出污染物，会对生物多样性产生不利影响。同时，旅客和船员会产生大量生活垃圾。据测算，苏南运河的船舶每天产生生活垃圾7.133吨，油废水12.7吨，石油类污染物0.078吨⑤。

（3）长江经济带危险化学品运输的环境影响

化工产业是长江经济带的重要产业，根据交通运输部发布的信息，2015年长江干线危险化学品的运输量约为1.6亿吨，并在近年以7.5%的速度增长，以此可推导出2016年长江干线危险化学品的运输量达到1.72亿吨，且以成品油、液体化工品为主⑥。而南京以下干线中集中了88%的危险化学品的运量，与江苏省沿江沿海的化工产业布局相吻合。危险化学品在运输途

① 伏晴艳、沈寅、张健：《上海港船舶大气污染物排放清单研究》，《安全与环境学报》2012年第12期。

② 尹佩玲、黄争超、郑丹楠等：《宁波－舟山港船舶排放清单及时空分布特征》，《中国环境科学》2017年第1期。

③ 谢轶嵩、郑新梅：《南京市非道路移动源大气污染物排放清单及特征》，《污染防治技术》2016年第4期。

④《国务院办公厅关于印发推进长江危险化学品运输安全保障体系建设工作方案的通知》，http://www.gov.cn/zhengce/content/2014-06/23/content_8903.htm。

⑤ 刘晓东、姚琪、王鹏：《太湖流域内河船舶污染负荷估算》，《环境科学与技术》2009年第12期。

⑥ 交通运输部：《交通运输部办公厅关于印发长江干线危险化学品船舶锚地布局方案（2016～2030年）的通知》，http://zizhan.mot.gov.cn/zfxxgk/bnssj/zhghs/201701/t20170122_2157380.html。

中，一旦发生事故，造成危险化学品泄漏，造成重大环境污染，对沿岸地区的经济社会发展产生极大影响，同时危及长江生态系统健康。

（二）长江经济带船舶污染联防联控的意义

2015 年 1 月实施新《环保法》要求国家需建立跨行政区域的联合防治机制，实施统一的规划、标准、监测和防治措施。国家在 2013 年 9 月发布《大气污染防治行动计划》要求建立区域大气污染防治协作机制和 2015 年 4 月发布的《水污染防治行动计划》要求建立流域水环境保护议事协调机制，成员既包括国家相关部委也包含相关省市，做好区域和流域的环境保护的顶层设计。2017 年 7 月，国家发布《长江经济带生态环境保护规划》，提出完善环境污染联防联控机制，提升生态环境协同水平。长三角地区环境协作已实践多年，取得了良好的成绩和有益的经验。上海更是将长三角联防联治纳入 2016 年修订的环保条例，建立跨省沟通协同机制，推进移动污染源治理。2017 年 7 月，长江经济带航运联盟成立，涵盖 9 个主要港口和 5 家航运企业，将贯彻生态优先、绿色发展理念，发挥协同联动。

长江经济带命运共同体的理念是在“创新、协调、绿色、开放、共享”“绿水青山就是金山银山”“共抓大保护、不搞大开发”等理论下提出的，强调新型的空间观、发展观、利益观、文明观，在人与自然、区域之间一体化共生，体现了整体性、专业性和协调性。在此背景下，长江经济带船舶污染联防联控不仅仅要关注船舶污染本身，更要关注航运业对生物多样性、饮用水安全、大气环境、绿色廊道、居民健康等的影响，要统筹行政区各部门力量，严守生态红线，主动作为，群策群力，共同落实生态优先、绿色发展战略。

在长江沿岸各省市船舶污染治理过程中都面临着低标准船舶大量存在、港口环保设施建设滞后、污染监管监测体系不健全、污染应急机制有待完善等问题，需要沿岸各省市共同努力才能解决。随着“共抓大保护，不搞大开发”已在长江经济带经济社会发展中不断深化，再加上区域环境协作机制在长三角地区等地的成功实践，因此有必要建立长江经济带船舶污染联防联控机制。长江经济带区域大气污染协作机制已在重点区域建立，如长三角地区、川渝地区，但长江流域水环境污染协作机制仍未有效建立，究其原因在于地方保护主义门槛、府际间水污染治理行动协同困难、水污染防治与水资源保护分离等①。然而治理船舶污染既需要区域大气污染协作机制，也需要流域水环境污染协作机制，因此可将船舶污染作为重要抓手，完善区域大气污染协作机制与流域水环境协作机制。

二　长江经济带船舶污染联防联控机制的现状及问题

相对于点源污染，长江经济带船舶污染防治较为困难，需要联防联控机制。在已实施的船舶大气污染联防联控机制中，取得了不错的效果。但要解决船舶污染造成的水污染、大气污染等复合污染问题，必须要建立缺乏流域性跨行政区的环境协作机制。

（一）船舶污染联防联控机制实践现状

我国制定了许多船舶污染防治的法律规定，并在长三角地区开展船舶污染联防联控机制。

1. 长江经济带船舶污染防治的法律法规

我国的船舶污染的防治从水污染开始，并逐渐纳入大气污染防治。新修订的《中华人民共和国防治船舶污染内河水域环境管理规定》于 2016 年 5 月 1 日实施。2013 年交通运输部出台《关于加快推进绿色循环低碳交通运输发展指导意见》（交政法发〔2013〕323 号），开展绿色循环低碳港口创建试点。2014 年出台的《国务院关于依托黄金水道推动长江经济带发展的指导意见》（国发〔2014〕39 号）提出了打造绿色的黄金水道。2015 年 8 月交通运输部发布了《关于印发船舶与港口污染防治专项行动实施方案》，提出包括长三角在内的重点水域到 2020 年大气污染物排放的目标。2015 年

① 崔浩：《建构流域跨界水环境污染协作治理机制》，《学理论》2017 年第 1 期。

12 月，交通运输部《关于印发珠三角、长三角、环渤海（京津冀）水域船舶排放控制区实施方案》，明确船舶大气污染联防联控机制。2017 年 8 月交通运输部出台的《关于推进长江经济带绿色航运发展的指导意见》。

2. 长江经济带已开展的与船舶污染相关的联防联控机制进展

长江经济带船舶污染联防联控机制已在长三角区域展开，主要针对大气污染防治。例如，2016 年 1 月，船舶排放控制区率先在长三角启动，提出完善协调机制，加强部、省相关层面及长三角区域大气污染防治协调机制的作用。2016 年 3 月，长三角水域船舶排放控制区推进工作小组成立，成员单位涉及上海组合港管委会办公室、上海海事局、江苏海事局、浙江海事局以及江浙沪的交通、环保、航道管理部门和核心港口地方政府港航管理部门、船级社上海分社等，并由上海组合港管委会负责日常工作，包括实施方案对接、船舶环保信息共享管理、实施进展评估等，其他相关部门的分工安排见图 3。上海组合港管理会办公室主要负责人任工作小组组长，上海、江苏、浙江的交通主管部门和海事管理机构分管负责同志担任工作小组副组长①。随后，工作小组在江浙沪多地召开推进工作会议，会同海事部门开展联合执法，组织两省一市统一开展低硫油补贴方案研究，提升船舶排放控制区工作绩效。

表 4　长三角船舶排放控制区实施进展

时间	事件	内容
2016 年 1 月	长三角区域率先实施船舶排放控制区启动会在上海召开	明确船舶监管范围、燃油标准、污染物排放标准、监管执法等统一 重点推进协调机制、监督管理、细化实施方案、引导性政策、责任分工等工作
2016 年 3 月	长三角区域船舶排放控制区推进工作会	成立工作小组，推进省市对接方案、部门协作和实施进展评估等工作

① 上海环保局：《长三角建立专项工作机制，加快推动船舶控制区建设》，http：//www. sepb. gov. cn/fa/cms/shhj//shhj5281/shhj5282/2016/11/94341. htm。

续表

时间	事件	内容
2016 年 4 ~5 月	监管执法交流会、联合专项检查	对区域内船舶实施集中临时检查，对燃油等数据做好收集和分析工作
2016 年 9 月	船舶低硫油补贴政策研讨会	统一开展制定低硫油补贴政策及政策实施保障体系建设
2017 年 4 月	推进工作小组联络员会议	通报 2016 年度工作情况，部署 2017 年目标任务，重点加快低硫油补贴政策的落实
2017 年 7 月	推进小组全体会议	总结可复制可推广经验，落实交通部对排放控制区 2018 年的相关要求

资料来源：上海市环保局网站。

上海组合港管委会	负责日常工作，包括实施方案对接、船舶环保信息共享管理、实施进展评估等
交通部门	强化政策宣传贯彻与专业培训
环保部门	加强大气监测与数据统计分析
港口部门	大力推进码头岸电建设与新能源的应用等
海事部门	促进联合检查与联防联控，持续加大监管和检查力度

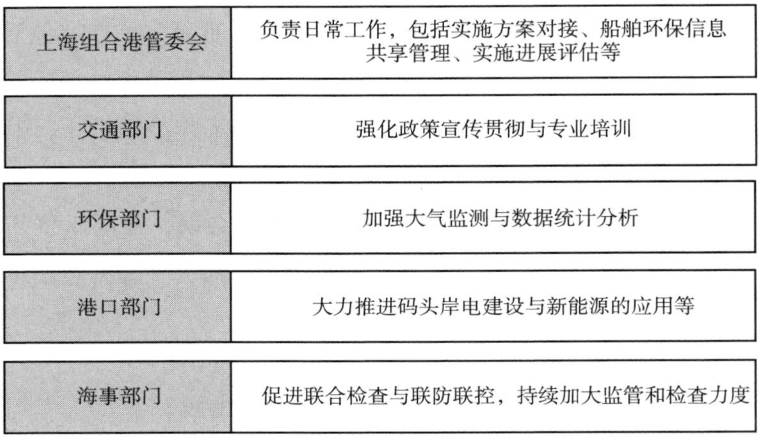

图 3　船舶排放控制区相关部门的分工安排

资料来源：上海市环保局网站。

（二）长江经济带船舶污染联防联控机制存在的问题

由于长江经济带各省市经济发展水平存在差异，航运业发展水平也不一致，各省市港口及航运业的落实绿色发展的进度也不同。总体上，越是下游地区，其航运业发展水平越高；港口的级别越高，其绿色发展水平越高；沿海港口的环保水平高于内河港口。因此，在进行长江经济带船舶污染防治时，要从共同的关注出发，建立联防联控机制，解决共同面临的问题，落实国家要求，促进长江经济带可持续发展。当前，长江经济带船舶污染联防联控机制也面临着一些问题。

1. 缺乏流域性跨行政区多部门的环境协作机制

船舶污染的防治既涉及水污染防治、水资源保护与大气污染防治等，是一个复合型、流域性和跨行政区的问题。当前，船舶污染的防治涉及发改、海事、环境、水利、港口等部门。分析区域大气污染联防联控机制和流域水环境协作机制的组织结构看，不同的协作机制由不同的部门牵头。长三角大气污染联防联控机制涵盖上海、江苏、浙江和安徽，成立了包括八个相关国家部委与地方政府的主要领导的协作小组，协作小组办公室设在上海环保局。我国部分地区已开展水资源保护与水污染防治协作机制为例，如桂黔跨省（自治区）河流水资源保护与水污染防治协作机制，其组织机构涉及珠江水利委员会、流域水资源管理局、贵州和广西的水利和环保部门，水利部门负责牵头，水利部珠江水利委员会主要领导任组长。而针对移动污染源的长三角水域船舶排放控制区推进工作小组由交通部门牵头，由上海组合港管理会负责日常工作，其负责人任组长。不难看出，如果在整个长江经济带实施船舶污染联防联控机制，既需要整合现有的协作机制，又要构建整个流域、跨行政区和多部门的协作机制。

2. 区域环境信息协作机制不完善

区域环境信息协作的内涵与环境信息公开制度基本一致，但更侧重于区域间各主体，包括政府、企业和居民的参与互动，发挥建设性作用，促进环保知识普及，达成环境共识。船员的环保意识是影响船舶污染防治的重要因素，长江内河船员的文化水平不高，缺乏相关的环保知识和意识，随意排放洗舱水、生活废水和垃圾现象长期存在，如对江苏北部船员环保意识的调查中，有83%的船员直接将废物丢弃至水中①。区域环境信息协作既可以监督

① 张英歌：《基于船员视角下内河船舶污染防治研究——以苏北运河为例》，硕士学位论文，江西农业大学，2014。

本地及相邻行政区的政府行为和企业排污行为。无论是新修订的环保法还是环境信息公开规定，只对行政区的环境信息公开作了规定，并未涉及区域间环境信息协作，如责任义务、程序、范围以及相应的能力建设等。当前，已经公开的环境信息的内容较为宏观，且很少涉及船舶能耗、污染的数据。另外，我国的重点污染源排放在线监测的仅涵盖了点源，并未将船舶等移动源纳入。

3. 长江溢油危化品应急处置能力不能满足联防联控的需求

长江年运输化学品规模大、种类多，2015 年达 1.91 亿吨，超过 250 种，且以散货为主，集中在南京以下航段，环境风险较为突出，影响着下游取水安全和生态系统安全。近年来发生的一些事故，引起了较大的社会经济影响，如“赣荣顺化 01”号在芜湖段的碰撞事件、韩国危化船在镇江段的苯酚泄漏事件、江苏“德桥 4·22”火灾等。随着国家出台一系列文件规定和地方政府的努力，长江沿岸已经初步建立了船舶溢油应急体系，共建设有 11 座应急物资储备库，使部分地区具备 500 吨的应急处置能力，大部分地区具备 200 吨。国家还编制了重庆、岳阳、九江和安庆 4 个主要的油区港口的应急计划，并在多地开展应急演练，提升应急操作水平。与溢油应急处置不同的是，长江的危化品应急处理能力几乎空白，未准备专门应急物资①。造成这一现象的主要原因是应急协作机制不完善，多部门难以形成有效沟通和配合，且省级污染应急机制未建立，出现由海事部门一家独立面对的局面；危化品应急处置知识不足，技术研究不够，专业队伍缺乏，缺乏相应的应急设备配置标准等②。

4. 船舶污染源监管困难

我国现行的法规中虽对船舶污染防治做出了相关规定，如记录油类使用情况和垃圾产生情况，安装生活垃圾存储设施等，但由于船员环保意识淡薄和环保设施老旧，使相关法规执行不到位，随意丢弃现象普遍存在。长三角

① 王海潮、庞博：《聚焦长江危化品运输安全》，《中国海事》2016 年第 6 期。

② 王海潮、庞博：《长江危化品事故应急亟待加强》，《中国海事》2016 年第 6 期。

海事部门在 2016 年 5 月开展联合执法中，发现使用不合规燃油、油类使用记录不规范、相关样品未保存等，仍存在一批不符合规范行为的船舶①。海事主要负责船舶流动污染源的监管，但由于人力物力、监管手段滞后，不能满足船舶污染联防联控的要求。

三 上海对接长江经济带船舶污染联防联控机制的政策措施

国外全球城市，如东京、纽约与伦敦等城市依托不同的要素资源来推动区域环境合作的实现（如东京的金融、总部经济；纽约的金融地位等），而且始终居于主导地位。因此，上海需要借助自身优势，参与到长江经济带环境保护中，并起到引领作用。

（一）上海在长江经济带船舶污染联防联控机制中的定位和作用

《长江经济带发展规划纲要》中将生态文明建设的先行示范带作为四大定位之一，因此有必要构建长江经济带环境合作机制，解决共同的环境问题，实现可持续发展。然而，上海作为长江经济带的龙头，在环境合作中发挥何种作用，以及如何发挥作用，是摆在我们面前的现实问题。纵观全球城市，如东京、纽约等都开展跨界区域环境合作，以解决水环境污染、大气污染及固体废弃物处置等环境问题。如纽约在水环境领域与新泽西州开展合作机制，推出纽约—新泽西港口河口计划（HEP），合作改善水质、保护和恢复生物栖息地等。从上述跨界区域环境合作机制的突出特点是东京、纽约与伦敦等城市依托不同的要素资源来推动区域环境合作的实现（如东京的金融、总部经济；纽约的金融），始终居主导地位。然而，我国的区域环境合作机制从保障国家重要活动开始，如 2008 年北京奥运会，2010 上海世博

① 上海市环保局：《长三角区域开展船舶排放控制区监督执法和专项检查》，http://www.sepb.gov.cn/fa/cms/shhj//shhj5281/shhj5282/2016/11/94346.htm。

会，借助《重点区域大气污染防治“十二五”规划》（环发［2012］130号）和重点区域协同发展规划等为契机，从2014年开始已经陆续建立多个覆盖超大城市的区域环境协作机制，如京津冀、长三角和珠三角等。经过几年的实践，区域环境合作机制在环境质量改善方面发挥了重要作用，但仅限于行政约束，尚未有效发挥市场配置作用，而且超大城市的作用不明显。目前，上海正在大力开展“四个中心”建设，目标在2040年建成卓越的全球城市，都离不开长江经济带的发展，因此，上海有必要在长江经济带环境合作中发挥更大作用。通过对长江上游的云南、四川、湖北等地的调研，当地都希望上海在长江经济带环境保护中发挥更大的作用，希望下游地区向上游地区进行横向生态补偿。但仅依靠资金补偿很难解决相关问题，有必要创新环境保护方法，共抓大保护。

上海在船舶污染防治有着丰富的经验，可以在长江经济带船舶污染联防联控机制中发挥重要作用，主要表现在：（1）随着上海国际航运中心推进，上海港绿色发展水平越来越高，其在学习国际先进可持续发展理念、船舶污染防治知识和经验和向国内和世界推广自身的有益实践的丰富经验；（2）上海在现有的区域环境协作机制中发挥重要的作用，如长三角大气污染协作机制由上海环保局负责日常工作、船舶排放控制区推进小组由上海组合港管委会负责日常工作；（3）2017年7月，长江经济带航运联盟在上海成立，为加快绿色航运发展战略实施，提供自下而上的路径。

（二）上海对接长江经济带船舶污染联防联控机制的政策措施

长江经济带船舶污染联防联控机制应做好顶层设计，参照船舶污染防治国际公约和沿海港口规定，加快内河船舶污染防治立法，完善涵盖发改、水利、交通、海事和环保等部门及各省市主动作为的协作机制，形成合力，制定统一的生态环境监测网络，推进船型标准化，淘汰老旧船只，提升港口环保基础设施水平，建设绿色港口，增强应急管理能力，以更好地实施新出台的《长江经济带生态环境保护规划》。上海需要借助自身金融、航运、环境管理知识及科技水平等优势，促进环境污染联防联控机制完善，并起到重要引领作用。

1. 构建长江经济带船舶污染联防联控协作机制

长江经济带船舶污染联防联控协作机制是流域性、跨行政区、多部门的协调机制。虽然新出台的《长江经济带生态环境保护规划》中交通与海事部门未直接纳入，但是长江经济带船舶污染联防联控协作机制，要充分发挥发改、水利、环保、交通、海事、港口管理等部门的作用，调动交通和海事部门的积极性。统一监管体系、统一建设监测体系，开展联合执法、实施统一的低硫油补贴政策等。优化长江经济带港口布局及长江沿岸化工布局，淘汰高耗能高污染且相对低端的化工产能。凭借在长三角区域大气污染协作机制和长三角船舶排放控制区推进机制中的实践经验，吸引长江经济带船舶污染联防联控协作机制的日常办公机构落户上海。

2. 创新生态补偿政策，促进生态保护协同水平提升

依靠财政转移支付和流域上下游横向资金补偿政策，不能够从根本上解决长江经济带生态环境问题，无法调动各方的积极性，不利于生态保护持久性。因此，必须创新生态补偿政策，促进生态保护协同水平的提升。上海港及上海主要的航运企业在环境保护及节能方面具有丰富的经验和技术水平。充分发挥刚成立的长江航运联盟作用，与各主要港口和航运公司合作，开展基于先进环境管理扩散为主要内容的生态补偿政策，为相关企业提供环保咨询，提升船员的环保意识，并主动参与各港口环境基础设施建设。

3. 统一制定船舶污染防治政策

统一研究开展船舶污染排放清单，研究排放特征与规律，分析船舶污染对沿岸省市的环境影响，为统一开展船舶污染防治提供科学依据。上海已经在 2012 年对上海港船舶污染排放清单做了详细研究，掌握了科学的方法，具有领先的软硬件基础，积累了丰富的经验，可以与其他省市开展交流，共同制定船舶排放清单的实施方案。船舶排放控制区推进小组的主要工作研究之一是统一研究低硫油补贴政策，开展联合调研，研究实施时间、明确补贴对象和标准及相关程序，鼓励船舶使用低硫燃油。

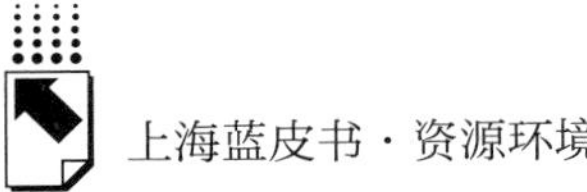

4. 联防联控机制中的绿色金融政策

船舶污染责任险已经在江苏等地实施，有利于防范污染风险，防止重大船舶污染事故发生，创新政府管理模式，有效转移船东责任风险。因此，有必要推动在整个长江经济带实施船舶污染责任险。但当前的相关保险法规并未将内河船舶纳入，需通过建立强制性保险制度，制度配套措施增强实际操作性。建立绿色航运促进基金，鼓励绿色港口建设，包括岸电使用，生活垃圾与污水处理设施，促进应急处置能力建设等。上海可借助建设金融中心的契机，引导相关企业推出和完善船舶污染责任险产品，与国家相关部门和各省市成立绿色航运促进基金，并积极吸引其管理机构落户上海。

5. 推动长江经济带船舶污染应急处置能力建设

应推动长江船舶污染应急立法体系建设，明确各方责任义务，完善跨行政区协调机制以及优化应急资源配置。应继续推进溢油应急处置能力的建设，理顺管理体制，加大资金保障，优化应急设备库布局，培养专业团队，增加应急演练。着力推进危化品污染应急处置能力建设，填补空白，实施危化品运输强制责任险，开展相关技术研究和应用。

B.8

上海推动绿色消费模式与长江经济带水资源保护研究

扶　怡*

摘　要： 在建设长江经济带生态共同体的背景下，绿色发展的推进需要在各个方面进行深入。绿色消费作为经济发展中的重要一环，也应被努力地推动。本文分析了这种推动和长江经济带水资源保护之间的关系，认为推动绿色消费，对于水资源的保护是有必要的。本文还阐述了在推动绿色消费保护水资源的进程中，上海作为“四个中心”以及长江入海口所具有的一些优势。同时也指出，上海在推动绿色消费时会遇到意识、市场需求、生产、消费环境以及外部性阻碍；在长江水系水资源保护方面也会遇到上下游协调、法律法规以及循环经济建构等方面的阻碍。面对这些阻碍，上海应当积极发挥政府的主导作用，促进政府、企业、消费者以及第三部门的良性互动，努力克服、积极应对。

关键词： 绿色消费　水资源保护　长江经济带

* 扶怡，德国哥廷根大学法学博士，上海经贸大学讲师，主要从事国际水法及环境法研究。

一　推进绿色消费对于长江经济带生态共同体建设中水资源保护的必要性

（一）绿色消费模式的内涵

1987 年英国学者 Elkington 和 Hailes 在《绿色消费者指南》中提出了 6 种应当避免对其进行消费的商品：①危害消费者以及他人健康的商品；②在生产使用和丢弃时，造成大量资源消耗的商品；③因过度包装，超过商品本身价值或过短的生命期而造成不必要消费的商品；④使用来自稀有动物或者自然资源的商品；⑤含有对动物残酷或者不必要的剥夺而产生的商品；⑥对其他国家尤其是发展中国家有不利影响的商品。[①] 基于这一概念，我们可以认为“绿色消费”是一种可持续的、环境友好型的消费模式，其旨在保护环境与资源，维护消费者健康。同时，可以被称为“绿色消费”的消费也应具有以下四个特征，即认为“绿色消费”应当是：对资源和能源的消耗最小的经济消费、产生的废弃物和污染物最少的清洁消费、不危害消费者或他人健康的安全消费、不危及人类后代需求的可持续消费。[②]

（二）在推进长江经济带生态共同体发展过程中对“绿色消费”的理解

“十三五”规划纲要中指出：“坚持生态优先、绿色发展的战略定位，把修复长江生态环境放在首要位置，推动长江上中下游协同发展、东中西部互动合作，建设成为我国生态文明建设的先行示范带、创新驱动带、协调发展带。”由此可以看出，生态环境的修复和保护已经成为长江经济带发展的一项优先考虑的重要任务。因此，有关长江经济带的相关战略政策，都应当

① 徐盛国、楚春礼等：《“绿色消费”研究综述》，《生态经济》2014 年第 30 卷第 7 期。

② 徐盛国、楚春礼等：《“绿色消费”研究综述》，《生态经济》2014 年第 30 卷第 7 期。

站在绿色发展的角度，在发展经济的同时，不以牺牲生态环境为代价，而是推动同步的协调的可持续发展。为实现这一目标，消费作为经济建设中重要的一环，也应当以此为指导。同时也可以看出，“十三五”规划纲要中有关长江经济带绿色发展的内容，从本质上是与“绿色消费”的内涵相契合的。再者，长江经济带作为我国经济较为发达的地区，其示范作用和带头作用对于在全国推广绿色消费也有着重要的意义，也可在将来成为我国其他经济带发展绿色消费的模板。

（三）绿色消费模式对水资源的保护作用及意义

水资源作为一种可再生资源，在人们对其开发利用的过程中，如果不遵循可持续发展原则，也会造成十分严重的水资源污染和短缺现象。而对水资源的开发利用，在一定意义上，是与水资源的消费紧密结合的。作为自然资源的一种，水资源进入市场经济体系中所引发的相应消费，对于水资源本身的可持续利用，以及整个生态环境的可持续发展，都十分重要。

1. 加强污水管理，提高水体质量

从绿色消费的内涵我们可以得知，绿色消费的一个重要特征就是：在消费过程中使所产生的污染尽可能地最小化，即清洁消费。因此如果在长江经济带发展进程中推进绿色消费，可以使长江流域的水污染问题得到缓解，从而提高水资源的整体质量。首先，企业的污水排放会因绿色消费而受到限制。出于绿色消费的目的，可基于企业的性质，对企业用水予以不同的限制。同时也可从绿色消费出发，基于企业的污水排放指标来认定企业是否是绿色企业，其产品是否为绿色产品，从而促使企业在污水排放方面予以减少和改进。其次，绿色消费也可以促进城市污水管理的进一步发展。同理，基于绿色消费，城市用水的支出也可以有所调整，从而促进城市居民在水资源使用上的共同节约。再次，在城市建设和市政管理方面，绿色消费也可以推动政府的政策调整和改良。最后，绿色消费对防控由农业造成的水污染也有着积极作用。由农业造成的水污染主要来自农药以及化肥。在绿色消费的指导下，投入农业生产中的农药以及化肥产品，应当对其成分和数量予以限定，鼓励农民购买更加环保的产品，从而减少因此而产生的水污染现象。

2. 完善水资源分配，优化水资源效率

推进绿色消费，从国家的整体布局角度出发，也可以进一步完善水资源的分配，从而提高水资源的使用效率。我国水资源的消费，主要可以分为工业用水、农业用水、城市用水、居民用水这四部分。绿色消费应当贯穿水资源使用的每个环节。基于绿色消费的要求，政府在制定相应的水资源分配政策时，就需要对此进行总体上的考量，并以绿色消费为指导方针，确定应当优先的用水领域，确定相应的用水成本，推动水资源在不同用途上合理地、绿色地分配和使用。

3. 推进水土保持，巩固生态平衡

水资源的可持续发展以及可持续利用，是水资源绿色消费的一个重要前提。水资源的绿色消费，也可以促进水资源的节约使用以及绿色使用，从而保障其可持续发展。绿色消费与水资源的可持续发展，是一种相辅相成的关系。从生态环境的角度来说，水资源作为生命资源，其可持续发展影响着整个生态系统的稳定。因此，基于水资源绿色消费而获得的一些收益，应当转而应用于水资源的可持续发展，这就包括：种植防护林，防止水土流失；建设相应的水利工程，在调蓄江河湖泊防止洪涝干旱的同时，还可以使水电资源创造出更多的价值。这些举措，在保护了水资源的可持续发展利用的同时，也促进了依托于水资源的生态环境的平衡与稳定。

4. 促进绿色航运，减少船舶污染

绿色消费在一定程度上也能促进绿色交通的发展。一方面促进交通运输中清洁能源的使用，以及尽可能地降低有关能源的消耗，提高能源的使用效率。另一方面对交通运输过程中所产生的污染物、废弃物排放进行一定的限制。对于水资源的保护而言，绿色交通中的绿色航运与其直接相联系。基于绿色消费的要求，船舶本身的标准化可以得到促进，对河流造成较严重污染的船只也会被逐步淘汰，减少了水上交通对能源的消耗，也进一步促进了水上交通的排放标准化进程。

二　上海推动绿色消费与水资源保护的优势及劣势

上海位于长江的入海口，在推动长江经济带发展中有着至关重要的战略地位。同样，在通过推动绿色消费对长江流域的水资源进行保护这一议题中，上海的积极响应和参与，也有着重大的意义。因此，这一议题下上海进行相关实践时所具有的优势，以及可能遭遇的阻碍，都应当得到重视。

（一）上海作为“四个中心”对于促进绿色消费的重要战略地位

在 20 世纪 90 年代初，为了提高上海的声誉以及国际影响力，我国提出将上海建设为“四个中心”的构想，力图使上海成为国际经济、金融、贸易、航运中心。在随后的“十一五”时期、“十二五”时期以及到 2020 年，上海一直都以将其建设成国际经济、金融、贸易、航运中心之一和社会主义现代化国际大都市为目标，不断地实践和深化“四个中心”构想。[①]

1. 国际经济中心：推动绿色产业布局

上海的经济总量居于长江三角洲经济带第一位，对于我国其他地区也有着经济上的示范作用。在国际社会中，上海的经济地位，也与纽约、巴黎以及东京并驾齐驱。[②] 从上海的区位优势和发展定位来看，上海应成为国际产业技术研发和创新创业领域的“中枢型”城市，打造有国际竞争力的产业研发和创新创业中心，形成研发、销售“两头在沪”，制造在外的经济发展模式。[③] 在这样的发展模式下，上海应当调整产业布局，更多地去发展和推动相关的绿色产业，同时将生态环境保护和产业布局紧密结合，为绿色消费的理念提供更好的基础。

---

① 殷林森、吴大器：《上海“四个中心”发展的逻辑脉络及发展趋势分析》，《上海金融学院学报》2014 年第 5 期。

② 殷林森、吴大器：《上海“四个中心”发展的逻辑脉络及发展趋势分析》，《上海金融学院学报》2014 年第 5 期。

③ 殷林森、吴大器：《上海“四个中心”发展的逻辑脉络及发展趋势分析》，《上海金融学院学报》2014 年第 5 期。

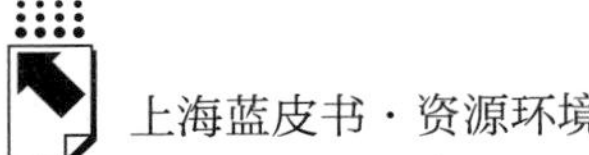

2. 国际金融中心：绿色金融

在国家的一系列战略部署下，上海的金融行业稳步发展，取得了不错的成就，逐步实现成为国际金融中心这一目标。上海的金融市场体系十分庞大，亦较为完善，其交易额亦位居世界前列，金融产品也十分丰富，依托上海自贸区也将有更进一步的发展。① “绿色金融”这一国际性的议题，也是上海国际金融中心建设中的重要一步。从概念上来说，“绿色金融”从狭义上指的是金融活动中“绿色”的那部分；从广义上指的是金融活动作为一个整体，在可持续发展方面的整体目标。② 基于此，绿色金融的目标应当是推动经济、资源以及环境的协调发展，其在一方面以可持续发展的生态观念为基本思路，不断推进金融行业营运的“绿化”，而在另一方面，金融行业应发挥其在市场经济中的重要地位，影响投资的取向，给绿色产业提供更多的支持，从而促进传统产业的绿色转型。③ 而消费作为经济活动中的重要一环，与金融活动密切相关。因此，上海在建设国际金融中心的进程中，应大力推进绿色金融这一理念的深入和发展，为后续的绿色消费提供一定的助力。

3. 国际贸易中心：绿色贸易

随着改革开放的发展和上海“四个中心”建设的推进，上海国际贸易中心建设已具有良好基础，形成基本框架。④ 在国际贸易的进程中，推动绿色贸易也可以进一步促进绿色消费。上海作为国际贸易中心，应当大力提倡环境友好型的绿色贸易，进一步完善环境标志制度，完善生产者责任延伸制度，制定市场准入制度，落实不可诉补贴制度，建立健全绿色税收和绿色关税制度。

---

① 殷林森、吴大器：《上海“四个中心”发展的逻辑脉络及发展趋势分析》，《上海金融学院学报》2014 年第 5 期。

② 国务院发展研究中心“绿化中国金融体系”课题组：《发展中国绿色金融的逻辑与框架》，《金融论坛》2016 年第 2 期。

③ 西南财经大学发展研究院、环保部环境与经济政策研究中心课题组：《绿色金融与可持续发展》，《金融论坛》2015 年第 10 期。

④ 殷林森、吴大器：《上海“四个中心”发展的逻辑脉络及发展趋势分析》，《上海金融学院学报》2014 年第 5 期。

这样可以避免在国际贸易中因为绿色贸易壁垒出现的矛盾和问题。[①] 这对于绿色消费的进一步落实，也有着积极意义。

4. 国际航运中心：绿色交通

上海位于长江的入海口，在我国江海联运的发展上有着重要的战略地位。同时，上海也是长江经济带立体交通系统的中心。现阶段，上海的航运服务体系以及集疏运体系的建设，都有了稳步的发展。[②] 作为国际航运中心，上海在以往的建设中不断夯实其口岸功能，优化集疏运体系，完善航运服务体系，也与自贸试验区建设紧密结合，在国际航运服务政策上取得新突破。[③] 基于这样的枢纽地位，上海在发展绿色交通这一目标上，对于整个长江经济带起到了领头羊的作用。绿色交通，是一种以可持续发展为基础的发展交通的理念，旨在减缓交通拥挤，减少交通污染，推进资源合理使用。其最终以提高交通系统的效率以及可持续性为目标。[④] 考虑到交通与消费的联系，大力发展“绿色交通”，势必也会对长江经济带发展中推动绿色消费起到积极作用。

（二）上海作为长江最下游城市对于水资源保护的重要地位

长江是我国的第一大河流，长江水系也是我国最重要的水系之一。上海位于长江的最下游入海口处，对于长江水系水资源的质量和数量都能够直观地进行感受。同时，对于水资源保护和近海生态环境保护之间的协调，上海这座城市也肩负着重要的使命。

1. 水体质量监测及标准设定

上海处在长江的最下游，最下游往往是整条河流污染物最富集的地方，因此，在上海对长江的水体质量进行相关的监测，能够得到较为直观且真实

---

① 邵艳刚：《基于循环经济分析绿色贸易法律制度的构建》，《法制与社会》2017 年第 23 期。

② 殷林森、吴大器：《上海“四个中心”发展的逻辑脉络及发展趋势分析》，《上海金融学院学报》2014 年第 5 期。

③ 郭爱军等：《“十三五”时期上海“四个中心”功能创新与开放战略研究》，《科学发展》2015 年第 77 期。

④ 杜海涛、王梦菊：《中小城市绿色交通发展之路》，《交通科技》2017 年第 5 期。

的结果。基于这样的监测，可以更早更精准地发现长江水系水资源的一些问题，从而更好地进行预防和治理。从另一角度来说，基于这一对水体质量的监测，也可以更好的检验中上游地区对于长江水系水体的保护和治理。监测的结果可以为中上游地区的水污染治理提供数据，也可基于这些数据建立更完善的水体质量标准体系。

2. 水资源优化分配

位于最下游的城市，通常会面临水资源分配的问题。虽然长江流域不存在严重的缺水问题，但是由于上海拥有巨大的城市规模，为保障整个城市的正常运转，确保城市的水资源持续合理利用，是十分重要的。长江流域水资源需要通过合理的优化分配，才能得到高效率的使用，同时也可以预防和避免水资源的浪费和污染。上海地区的工业用水、农业用水以及城市用水都需要事先进行一定的规划和预算，来确保水资源的高效使用。同时，由于上海巨大的城市规模对于水资源的巨大需求，也需要对中上游地区对长江水系水资源的使用以及相关排污行为进行一些限制。这在一定程度上，也对中上游地区的水资源的使用起到了限制的作用。

3. 上下游协作管理

不论是从水体的监测和标准体系的建立，还是从水资源优化分配的角度来看，要想站在上海的角度对长江水系的水资源进行保护，就必须协同中上游地区，共同对长江水系的水资源进行相应的保护和管理。上海作为我国的经济中心，能够为上下游地区协作提供更多的人力以及物力。例如，依托上海的高校，可以找到更多的水资源方面的专家对解决上下游协作中出现的问题进行出谋划策。同时，上海作为金融中心，也能够为上下游协作中与资金有关的议题提供更好更多的机会。在上下游的水资源协作中，上海作为东部发达地区的代表，也可以借此与我国西部贫困地区建立更为紧密的联系，进一步推进其他方面的合作，从而促进我国东西部地区发展的平衡。

4. 河流保护与海洋保护相衔接

上海位于长江最下游，长江水系的水资源保护与上海的近海环境保护息息相关。长江的水体质量会直接影响到近海的海水质量，对于近海的生态系统有非常重要的影响。如果长江的水体受到了严重的污染，那么上海的近海生态环境也会被破坏。而上海作为长江和海洋的连接者，对于保障入海水资源质量，预防近海环境被破坏的作用是大于所有其他城市的，由此可见上海在长江经济带水资源保护中的重要地位。

（三）上海基于推动绿色消费模式对水资源进行保护的阻碍因素

1. 推动绿色消费过程中可能产生的障碍

影响绿色消费的因素，从主体上来看，主要是消费者、生产者以及消费外部的调控者，即政府。从这三大主体入手，我们可以清晰地看到绿色消费推进过程中存在哪些障碍。在消费者方面，有意识及知识障碍和市场需求障碍；在生产者方面，存在生产障碍；在政府方面，存在消费环境障碍和外部性障碍。

（1）意识及知识障碍

“人类文明经历了狩猎文明、农业文明、工业文明以及后工业文明，人们的消费方式也经历了原始生态文明消费、线性消费、循环消费而进入绿色消费。”[①]绿色消费的一个特殊之处在于，它是消费与环境可持续发展形成的一个良性的关系，而并非以牺牲环境为代价来促进消费增长。绿色消费的进一步实现在很大程度上都基于消费者的环保意识和社会责任感。[②]我国消费者的相关意识现今虽然有所提高，但依旧不能够实现绿色消费的要求。许多消费者依旧认为生态环境保护是政府的工作和责任。同时，由于我国不同地区之间存在发展不平衡，在我国经济不发达地区，这种意识的培养就愈发不足。短期内要实现全体消费者这类意识的提高，是难以实现的，这需要社会各个阶层共同努力，通过经济、法律、文化、道德对消费者进行引导、教育和管控。[③]与消费意识并列的，是消费者的消费认知，即对有关消费的知识的理解。消费者进行绿色消费，首先需要有足

① 武永春：《我国绿色消费的障碍因素分析》，《经济体制改革》2004 年第 4 期。
② 武永春：《我国绿色消费的障碍因素分析》，《经济体制改革》2004 年第 4 期。
③ 武永春：《我国绿色消费的障碍因素分析》，《经济体制改革》2004 年第 4 期。

够的关于绿色消费和绿色产品的知识作为指导。而我国有许多消费者，缺乏有关绿色消费的知识，或者说对绿色消费的认识是错误的，其在消费时具有盲目性，这也是推进绿色消费进程中会造成一定阻碍的一个因素。

（2）市场需求障碍

市场需求有三个基础：购买者、购买力以及购买意向。[①] 我国在绿色消费这一议题下的市场需求障碍，在这三方面都有体现。首先，基于前一点中已经叙述的内容，我们可以知道，我国的消费者在绿色消费意识上有所欠缺，这种欠缺会直接引发消费者在绿色消费上购买意向的缺乏；同时，由于这种绿色消费意识的缺乏，也会导致一部分消费者无法成为绿色消费者，从而使我国绿色消费的市场需求缺少绿色消费者。其次，消费会受到消费者对未来预期的影响。在对未来预期较好、风险较小的情况下，消费者更加愿意选择绿色消费。[②] 而我国仍旧是发展中国家，人均收入并不高，社会也处在转型时期，预期收入不稳定，教育、住房、医疗、养老等改革全面展开，而绿色消费的相关产品，大部分为高新技术产品，基于高科技和新型原材料而制造，其成本也较高，[③] 其定价通常都也比非绿色消费的产品高，因此也会造成消费者购买力的不足。

（3）生产障碍

前文提到的两点主要是从消费者的角度出发，消费者处于绿色消费过程的末端，而作为绿色消费前端的生产者，其生产绿色产品的过程也会对与绿色消费造成一定的阻碍。主要体现在三个方面。第一，绿色产品开发难、成本高、风险大，因此很多生产者会避免选择生产这类产品，转而选择开发较易、经济利益大、收益快的一般产品，这使绿色企业总量少、规模小，提供的绿色产品数量少、档次低。[④] 第二，我国绿色产业尚不完备。绿色产业是

① 武永春：《我国绿色消费的障碍因素分析》，《经济体制改革》2004 年第 4 期。
② 武永春：《我国绿色消费的障碍因素分析》，《经济体制改革》2004 年第 4 期。
③ 武永春：《我国绿色消费的障碍因素分析》，《经济体制改革》2004 年第 4 期。
④ 武永春：《我国绿色消费的障碍因素分析》，《经济体制改革》2004 年第 4 期。

推动绿色消费的重要条件，其提供绿色产品、建立绿色生产基地和“清洁生产”的完整体系。而我国在这方面的建设还处在一个滞后的状态中，大部分的绿色产业技术含量偏低，也不具备生产规模，难以满足消费者的绿色需求。第三，绿色产品开发研制不易。我国相关的技术不到位，技术人才也缺乏，因为存在较大风险，从而导致相关的投资十分紧缺。这也使我国的绿色消费不具备基础层面上的稳定性。

（4）消费环境障碍及外部性障碍

消费环境主要是基于政府的法律法规和政策建立的，政府为了推动绿色消费也会出台相关的法律法规以及政策予以支持。但在现实中，一些企业也会利用政府的这些倡导，进行一些违法违规的行动，利用虚假广告等手段冒充绿色企业，将自己的产品标榜为绿色产品，非法使用绿色标志，这最终导致消费者对于绿色产品的不良体验和不信任，也使真正的绿色企业的生存步履维艰；消费者的消极与绿色企业的运转困难，会形成恶性循环，使整个绿色消费的环境也逐步恶化。[①] 对于这一障碍，究其原因，除了某些企业违法违规的行为之外，政府监管不力也是导致消费环境不完善的一大因素，政府需要积极作为，对此予以响应。

绿色消费的外部障碍，主要指的是在绿色消费之外的政府所采取的相关措施不够完善从而导致的障碍，这些措施主要包括政府通过价格、税收、收费、奖惩等手段对绿色消费进行促进。“绿色产品可分为公益型和私益型两种，前者主要体现为对大气、土壤及水资源等公共环境的保护，受益对象不具有排他性，受益人为社会公众，此类绿色商品如无氟冰箱、无磷洗涤剂及无铅汽油等；后者的受益对象则具有明显的排他性，只直接有利于消费者本人，例如绿色食品、绿色饮料、环保建材等。”[②] 消费者在对“公益性”产品进行消费时，会对他人以及整个社会都产生一定的影响，这并未在市场交易中体现，具有“外部性”。因此当消费者对“公益性产品”进行绿色消费

① 武永春：《我国绿色消费的障碍因素分析》，《经济体制改革》2004 年第 4 期。
② 武永春：《我国绿色消费的障碍因素分析》，《经济体制改革》2004 年第 4 期。

时，就能产生“正外部性”。政府应当采取激励或者约束的机制和措施，使绿色消费持续下去。而我国在这方面的调节力度不足，激励奖惩机制也不完善，造成绿色消费的“正外部性”失去了动力和约束力。[①]

2. 推动绿色消费从而保护水资源的阻碍因素

（1）基于水资源保护而进行的协调中的阻碍

在前文中，我们分析了上海对于长江经济带的水资源保护的重要作用；也认识到，基于水资源流动的特性，上海地区的水资源保护与中上游地区的水资源保护是紧密结合不可分割的。那么上海在推进长江经济带的水资源保护中，就必须加强与中上游地区的合作与对话。而这一过程中，也有着诸多阻碍。

首先，上海地区与中上游地区的经济发展水平不一致，会带来一些阻碍。经济基础决定上层建筑，不同的经济发展水平会导致不一致的发展策略。长江水系的上游地区，经济发展水平与上海之间存在差距。虽然秉承可持续发展的理念，要推进环境保护和经济发展的协调共进，但是在实践中，经济欠发达地区仍然存在着以牺牲环境为代价推动经济发展的现状。在对待水资源保护的问题上，上海其实对中上游地区难以造成影响，而上游地区的举动，却可以对上海的水资源质量、数量都造成影响。上海如果以自己经济发展水平下的标准去要求中上游地区，那么势必是难以成行的。这种协调还涉及我国不同地区（通常以省为单位）在解决自身问题时已经无暇自顾，对跨省的相关事宜更加无能为力的局面。[②]

其次，在这种同中上游地区协调合作的过程中，还涉及了与水资源相关部门之间的协调。由于我国在水资源保护方面实行的是“统分结合”的管理体制，因此除各级人民政府之外，我国与水资源保护直接相关的行政部门还包括各级环境保护部门和水利部门；与水资源保护间接相关的行政部门还包括国土资源、卫生、农业、渔业、林业等多个部门，从而形成了“多龙

① 武永春：《我国绿色消费的障碍因素分析》，《经济体制改革》2004 年第 4 期。

② 徐红霞：《论水资源保护法律制度的完善》，《湖南科技大学学报》（社会科学版）2010 年第 4 期。

治水”的局面。这种局面产生了许多弊端，因此对于上下游协调的进程而言，无疑又增加了难度。[①]

（2）基于相关法律法规不完善的阻碍

目前我国有关水资源保护的法律法规主要包括：《环境保护法》《水法》《水污染防治法》《防洪法》《水土保持法》《取水许可制度实施办法》《河道管理条例》等。这些立法还存在一定的缺陷：首先，这些法律规范的内容大多是原则性框架性的规定，其具体操作性不强；其次，这些规定的行政性较强，强调政府的主导地位，忽视了市场经济的调节作用，并未建立健全水权制度和水权交易市场，对于水资源的节约使用和水资源优化配置的作用并不明显；最后，未能建立良好的公益诉讼制度以及公众参与制度，限制了公众和水资源保护之间的进一步连接。[②] 除立法层面外，在执法层面上，也存在着一些不足，例如：立法管理体制混乱，存在环境、水利、农业、林业、渔业、土地管理部门的执法重叠、权限不清、职责不明、监管不力的情况同时也有地方保护主义，以及执法人员素质参差不齐的情况的存在。[③] 在司法层面，在与水资源保护相关的水污染案件中，也出现对跨行政区域案件的司法救济难以实现、取证困难、基于案件复杂性导致的审判上的困难、后续判决执行困难的阻碍。[④]

除了基于上述法律法规的不完善而导致的阻碍之外，上海在通过绿色消费推进水资源保护时，还应当考虑到相关经济性法律对于促进绿色消费的作用，也应当考虑到这部分法律法规的不健全会引发的阻碍。对于绿色消费能够起到促进作用的与之相关的法律法规主要包括：《循环经济促进法》《消费者权益保护法》《产品质量法》《政府采购法》《能源法》以及一些包含了相关税费制度的法律法规。目前关于绿色消费的法律法规仍旧存在碎片化

① 徐红霞：《论水资源保护法律制度的完善》，《湖南科技大学学报》（社会科学版）2010 年第 4 期。

② 田飞：《对我国水资源法律保护的思考》，《环境保护与循环经济》2012 年第 10 期。

③ 田飞：《对我国水资源法律保护的思考》，《环境保护与循环经济》2012 年第 10 期。

④ 田飞：《对我国水资源法律保护的思考》，《环境保护与循环经济》2012 年第 10 期。

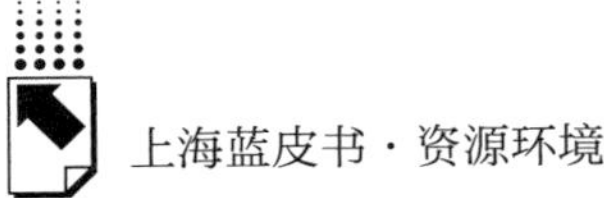

的现状，[①] 这也给上海进一步的布局造成了困难。

（3）基于发展循环经济的阻碍

循环经济以对资源进行高效率且可循环的利用为核心，遵循“减量化、再利用、再循环、可再生、可替代、恢复和再生”的基本原则，有着“低消耗、低排放、高效率”的特征。[②] 循环经济的基础是生态学，它建立了一种资源和产品之间的循环流通模式，即从资源出发，到产品，最后从产品中再衍生出再生资源的模式，从而使资源被高效利用并且能够更好地可持续发展。[③] 循环经济是一种兼顾发展经济、节约资源和生态环境保护的一体化战略。[④] 我国发展循环经济主要有以下四方面的阻碍因素：首先，在制度上缺乏奖惩机制来引导人们节约资源和保护环境，相关的环境税制度也并不完善；其次，相关的法律法规亦不够完善，现有的《循环经济促进法》已不能很好地适应现今的社会经济发展需要；[⑤] 再次，消费者以及企业的观念，对于我国循环经济的发展也有着重要的意义，现阶段这些观念仍旧没能有实质上得转变，加之政府的推进力度也不够，这对于循环经济的发展也会有阻碍作用；最后，发展循环经济所需的科学技术，也急需进一步开发，我国的环境科技水平比较薄弱，这也成为循环经济发展的一大阻碍。[⑥]

基于循环经济“资源—产品—再生资源”的这一基础模式，其中“产品”这一因素，使绿色消费与循环经济体系的建设密切相关；而其中“资源”这一元素也使水资源在发展循环经济中有了重要的地位。因此，考虑发展循环经济中会遇到的阻碍，对于上海通过发展绿色消费从而促进长江经济带生态共同体中水资源的保护也是至关重要的。

---

① 《绿色消费法律法规少管理碎片化》，《法制日报》2017 年 6 月 15 日。

② 于蕾：《当前我国发展循环经济的阻碍性因素其及其对策分析》，《资源与产业》2009 年第 11 期。

③ 于蕾：《当前我国发展循环经济的阻碍性因素其及其对策分析》，《资源与产业》2009 年第 11 期。

④ 范天森：《中国循环经济发展中的阻碍因素及对策分析》，《改革与战略》2008 年第 11 期。

⑤ 《循环经济促进法将修订》，《人民日报》2016 年 7 月 16 日。

⑥ 于蕾：《当前我国发展循环经济的阻碍性因素其及其对策分析》，《资源与产业》2009 年第 11 期。

三　上海推动绿色消费与保护水资源的建议

从前文的分析可知，推动绿色消费，对长江经济带生态共同体建设中水资源的保护是具有一定必要性的，同时，上海具有一定的优势，也会面临相应的阻碍。在将来展开进一步行动中，以更好的姿态应对这些可能出现的阻碍，是现阶段对这一议题研究的核心所在。通过对有可能出现的阻碍进行分析，我们可以看到，这些阻碍针对的主体主要包括：政府、企业、消费者以及第三方。我们从不同的主体出发，分析在这一议题下不同的主体应当做出哪些相应的完善和改进。由于前文已经分析了绿色消费对于水资源保护的积极作用和意义，鉴于这种具有连接性的关系，在这部分中，笔者主要针对绿色消费这一点来谈相应的完善和改进措施。

（一）政府应当发挥主导作用

政府的主导作用一方面体现在方针政策上，另一方面与法律法规的建立健全也相联系。政府通过方针政策可以塑造社会文化环境以及消费环境，这可以直接引导消费者的购买行为。① 首先，政府应当努力发起绿色教育，宣传绿色思想，打造绿色的社会文化环境，提高消费者的环保意识，从而促进绿色消费行为；其次，政府应当通过消费政策不断地提高绿色产品和绿色消费的正外部性；再次，应当进一步推进政府的绿色采购，使占国民生产总值比例很大的政府采购额度，用一种绿色的姿态影响某些产品的市场份额和消费者的意向，从政府层面给绿色消费以良好的基础和推动力。②

政府在立法层面的建立健全，对于促进绿色消费的发展和水资源保护都有着积极的作用。首先，在绿色消费方面，完善相关税收制度，推动环境税收的进一步发展，利用税收进行一定的激励和奖励；完善企业法律制度，促

① 徐盛国、楚春礼等：《“绿色消费”研究综述》，《生态经济》2014 年第 7 期。
② 徐盛国、楚春礼等：《“绿色消费”研究综述》，《生态经济》2014 年第 7 期。

进绿色营销从而推进绿色消费。在生产及经营过程中，应使企业将企业发展、消费者的发展以及环境发展协调统一起来，并基于此开发、生产和销售其产品。同时，对生产、销售假冒伪劣绿色产品的企业和个人进行严厉的法律制裁；完善《政府采购法》，促进政府的绿色采购，推进我国循环经济发展；完善《消费者权益保护法》，应当给予消费者一些回收利用的义务，从而使消费环节更加环保，也使所产生的废物更好地被减少、无害化以及循环利用；[①] 完善《循环经济促进法》，使其更好地适应现今的发展，将其内容中过于抽象的原则进一步具体化，提高可操作性、明确性。[②]其次，在水资源保护方面，应确立可持续发展为立法的指导思想；厘清现有的法律法规之间的联系，对其矛盾和冲突进行修改和补充，巩固它们之间原有的连接和协调；加强关于水权交易制度和公众参与制度的内容，促进水资源的依法合理配置，推动公众的合理合法监督。[③]

（二）企业的“绿”化促进绿色消费的实现

企业生产模式的绿色程度、产品价格、产品的绿色程度和产品性能，这四个因素对绿色消费有重要影响。[④] 在此基础上，首先，企业应当大力发展绿色营销的理念。绿色营销需要企业在生产经营过程中，将企业发展、消费者发展和环境发展协调统一起来，并基于此，对产品和服务进行研究、开发、生产及销售。[⑤] 具体内容包括：以可持续发展为指导、进行绿色开发、绿色生产、绿色定价、绿色服务、绿色销售等。其中绿色生产是绿色营销的重点。[⑥] 绿色营销以市场为导向，可以让企业调整其产品的结构和种类，推动绿色产品的生产，满足消费者的需求，这也可以使绿色消费中的生产障碍

① 付新华：《完善绿色消费法律制度的设想》，《北京交通大学学报》（社会科学版）2010 年第 3 期。

② 李玉基：《论我国循环经济基本法律制度的完善》，《甘肃政法学院学报》2010 年第 3 期。

③ 田飞：《对我国水资源法律保护的思考》，《环境保护与循环经济》2012 年第 10 期。

④ 徐盛国、楚春礼等：《“绿色消费”研究综述》，《生态经济》2014 年第 7 期。

⑤ 李玉基：《论我国循环经济基本法律制度的完善》，《甘肃政法学院学报》2010 年第 3 期。

⑥ 李玉基：《论我国循环经济基本法律制度的完善》，《甘肃政法学院学报》2010 年第 3 期。

得以减小。其次，企业应当在绿色技术方面进行更多的投入，积极开拓进取，研发引进新的绿色技术，同时通过技术提高绿色产品的性价比，使更多的消费者愿意接受和购买这些绿色产品。最后，企业在市场经济中，还应当遵守市场经济中的基本秩序，坚持诚信原则，不违反相关法律法规，提高消费者对其的信赖，进而扩大自己的影响力。[①]

（三）消费者的积极转变和第三部门的推广宣传

基于消费者面对绿色消费可能产生的阻碍主要来自消费者的绿色消费意识和知识这两方面。在绿色消费意识方面，消费者应努力培养自己的环境保护意识，转变自己的消费观念，能够更加正确地认识到绿色消费带来的积极影响，意识到绿色消费与可持续发展的紧密关系，从而主动选择绿色消费模式。在绿色消费的知识方面，消费者应该积极地了解和学习，懂得如何区别绿色消费与非绿色消费，能够对绿色产品的真伪做出常规的判断，从而更好地进行绿色消费的实践。在有关绿色消费的意识和知识培养过程中，积极主动接受政府部门的宣传和教育，配合相关的活动；同时也进行积极的公众参与，要求环保信息的公开，对政府和企业在绿色消费方面的行动进行一定的监督。

绿色消费中的第三部门主要包括环保组织和大众媒体。[②] 它们对于绿色消费的影响主要是从宣传和推广的角度进行的。这种宣传和推广不论是对消费者、企业还是政府，都有一定的影响力。第三部门作为一个积极推进者，应当努力协调推动其他各方的积极合作。同时，在公众参与机制中，第三部门也可以进行相关积极行动。

（四）小结

上述的内容，从绿色消费四个不同主体的角度，论述了应当如何行动，

① 徐盛国、楚春礼等：《“绿色消费”研究综述》，《生态经济》2014 年第 7 期。

② 徐盛国、楚春礼等：《“绿色消费”研究综述》，《生态经济》2014 年第 7 期。

才能更好地实现绿色消费，从而克服有可能出现的一系列问题。其中政府的主导功能是最重要的，其中相关的法律法规和方针政策，都直接影响着企业、消费者以及第三部门的后续行动。同时我们也需要注意到，这几个主体的行为之间是一种相互配合、良性互动的关系。因此，上海地区在推动这一议题时，除了关注政府的主导作用外，关注企业和消费者的行动，以及加强与第三方的合作，也十分有意义。

四　总结

笔者在本文中，对于长江经济带生态共同体建设这一背景下推动绿色消费，以及这种推动与水资源保护之间的关系进行了一些思考。首先，笔者指出，在这一背景下对绿色消费的推动，对长江经济带水资源的保护是具有重要的意义和作用的。也就是说对长江经济带的水资源保护而言，推进绿色消费是有必要的。接下来，笔者从上海的角度出发，分析了如果推动绿色消费模式发展从而对水资源进行保护的这一行动，具有哪些优势，同时又可能面临哪些阻碍。对于优势的分析，笔者主要从上海“四个中心”的地位和长江入海口的地理位置这两个角度进行。而在对于劣势的分析中，笔者又从两方面展开。首先分析了上海在推动绿色消费中可能面临的意识障碍、市场需求障碍、生产障碍、消费环境障碍以及外部性障碍；其次分析了上海面对长江水资源保护问题，作为最下游城市可能面临的上下游协调困难，立法、执法、司法不够完善以及基于循环经济体系构建的一些阻碍。在最后一个板块中，笔者基于前文中可能出现的阻碍，从政府、企业、消费者以及第三部门这些不同的角度提出相关建议，并指出政府在其中具有主导作用，但也不可忽视其他主体积极配合形成的良性互动。本文的几点思考，对于上海加快推动绿色消费模式，以及推动对长江经济带生态共同体建设中水资源的保护都有着一定的意义。相关建议对于上海市政府、企业、消费者以及环保组织和大众媒体也具有一定的参考价值。

制度协同篇

Part of System Collaboration

B.9 上海对接构建长江经济带跨界生态补偿机制研究

曹莉萍*

摘　要： 长江经济带发展战略是立足于我国区域协调发展的出发点，通过实施基础设施建设、产业布局优化、生态环境保护等一批重大工程，来解决地区发展不平衡问题的新战略；而生态环境公平问题是党的十八大提出“五位一体”总体布局中生态文明建设重要战略思想的题中之意。生态补偿机制则是协调长江经济带区域内各地方生态发展权和生态资源重新配置的经济手段，是实现长江经济带生态公平的重要机制。本文通过揭示现象背后的原因，从构建跨界生态补偿机制的设计

* 曹莉萍，博士，上海社会科学院生态与可持续发展研究所助理研究员，研究方向为可持续发展与管理、气候治理与低碳发展。

要素出发，在跨界生态补偿标准核算、市场化补偿依据和市场主体培育以及制度保障方面提出构建长江经济带跨界生态补偿机制的路径。同时，结合上海自身优势提出上海对接构建长江经济带跨界生态补偿机制的对策建议，以期形成地方经验和长三角经验推广至长江经济带。

关键词： 长江经济带　跨界　生态补偿机制

引　言

2014 年，我国对长江经济带发展提出了依托黄金水道的指导方案，提出将长江经济带打造成为“东、中、西部互动合作的协调发展带”，明确了长江经济带上中下游城市群之间联动发展的总体方向。长江经济带发展战略是我国依托黄金水道这一交通运输载体而实施的贯穿国土东西空间的区域发展战略，与我国的“一带一路”建设、京津冀协调发展一起，成为引领“十三五”期间区域发展的“三大战略”。其中，长江经济带发展战略是立足于我国区域协调发展的出发点，通过实施基础设施建设、产业布局优化、生态环境保护等一批重大工程，来解决地区发展不平衡问题的新战略；而生态环境公平问题是党的十八大提出“五位一体”总体布局中生态文明建设重要战略思想的题中之意。从可持续发展视角出发，采用经济学方法在长江经济带这个空间范围内解决生态环境公平问题就是要探索上中下游各利益相关主体之间如何协调、公平分配跨界的自然资源、生态环境利益和生态环境容量，从而使长江经济带区域内自然资源和生态环境利益主体公平地承担因跨界环境破坏和自然资源枯竭而造成区域生态环境不可持续的后果、分担生态环境保护和修复的成本。跨界生态补偿机制则是协调长江经济带区域内各地方生态环境优化配置、化解地方经济发展与生态环境保护之间矛盾的重要经济手段。我国最新修改的《环境保护法》（2014 年）第 31 条明确“国家建立、健全生态保护补偿制度"，提出"国家指导受益地区和生态保护地区人民政府通过协商或者按照市场规则进行生态保护补偿"。基于省域中观视角，长江经济带区域的生态补偿机制既存在已经建立的有关森林、草地、湿地、重点生态功能区等范围的纵向生态保护补偿体系，又存在城市群区域内具有明显跨界特征的横向生态补偿机制。然而，本文所研究的跨界生态补偿机制中的"跨界"是指在生态补偿模式上需要跨行政区域界线，包括不同层级的行政地区，如省界、市界、县（区）界、省市界、市县（区）界、省县（区）界。因此，跨界生态补偿机制一定包含横向补偿机制，同时，由中央或省级政府通过财政转移支付、项目对接等形式对地方政府实施的纵向生态保护补偿机制也属于跨界生态补偿机制。构建跨界生态补偿机制对于协调长江经经济带上中下游生态环境治理、自然资源开发和生态工程建设产生的生态效益，统筹上中下游地区生态环境保护公平具有积极的作用。

自 19 世纪中后叶上海成为长三角城市群中心城市以来，其国际化和城市化水平不断提高并逐步向全球城市迈进。通过自身的辐射作用，上海不断拓展发展空间和资源环境承载压力，建立与城市化水平相适应的高生态环境发展水平。长三角城市群形成了以上海为核心的沿海沿江生态文明先行示范带，上海在先行示范带中起龙头作用。然而，由于空间距离的衰减效应，虽同处一条江岸，长江经济带上中下游地区经济发展的梯度差较大，上海需要不断提高对长江中上游地区特别是上游地区的经济、制度辐射作用；同时，由于我国自西向东地理构造不同，长江经济带上中下游地区的生态环境功能和自然资源禀赋也存在明显的地区差异，但中上游地区的生态保护建设对上海及其下游的生态环境影响大，因此，对于长江经济带中上游地区生态环境保护建设需要通过补偿机制来发挥下游以上海为核心的长三角地区龙头带动和示范引领作用，同时发挥上海基于国际金融中心建设的补偿资金筹措机制的辐射作用。

一 长江经济带构建跨界生态补偿机制的紧迫性

根据 2016 年度国家和地方社会经济发展统计公报数据，2016 年，长江

经济带所涵盖的11省市面积占全国的21%，人口占全国的43%，区域生产总值占全国的45%，是创造我国社会经济财富的重要区域。与此同时，长江流域的生态保护面临着严峻的挑战，长江经济带的自然生态环境不容乐观。虽然长江经济带11省市的大气污染物排放强度与人均排放量低于全国水平且呈逐年下降趋势（见图1、图2），但是人均废水排放量、人均工业废水排放量均高于全国水平（见图3），呈逐年上升趋势（见图4）。长江经济带废气与废水排放中二氧化硫（SO_2）、氮氧化物（NOx）、烟（粉）尘、化学需氧量（COD）、氨氮、总磷、总氮等主要污染物排放量均占到全国排放量的1/3强及以上（见图5）。饮用水源地保护方面，截至2017年6月底，长江经济带饮用水源保护区内仍有107个环境违法问题未完成整治，其中四川省相关地市占30个，问题数量居全国之首。[①] 因此，长江经济带生态环境治理刻不容缓。

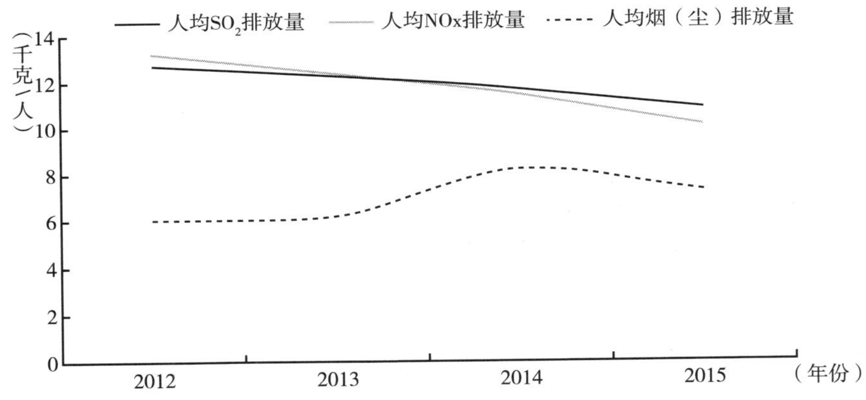

图1　长江经济带大气主要污染物排放趋势

资料来源：国家统计局。

同时，根据国家、地方统计和水利部门最新数据，2016年，长江经济带的水资源总量占全国水资源总量近一半，森林面积约为8466.02万公

---

① 《保护长江水源地：让5亿人喝上干净水》，中华网，http：//finance. china. com/news/11173316/20170917/31447055_ all. htm#page_ 2。

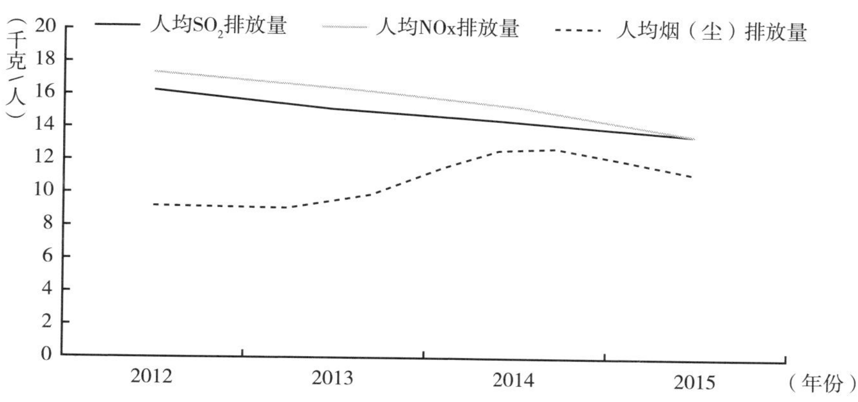

图 2　我国大气主要污染物排放趋势

资料来源：国家统计局。

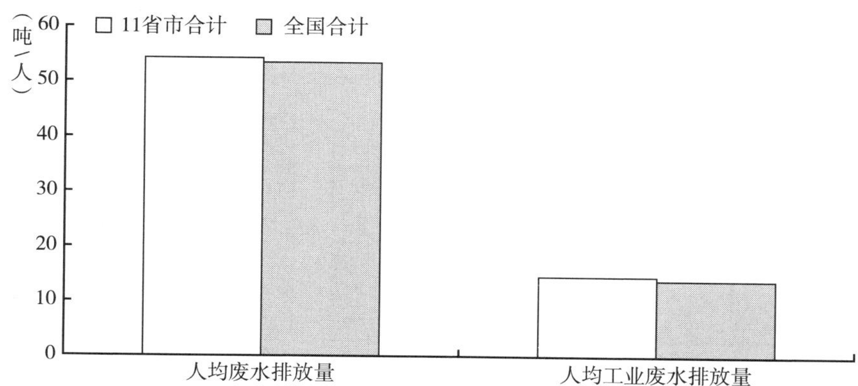

图 3　2015 年长江经济带与全国的人均废水排放量和人均工业废水排放量

资料来源：国家统计局。

顷，约占全国的41%，平均森林覆盖率为36%，因此，水资源和森林资源是长江经济带重要的自然资源和生态保护屏障。在造林生态工程建设方面，长江经济带造林总面积逐年增加（见图6），造林总面积占全国比重也不断提高（见图7），2016 年占全国的65.6%。长江经济带在“不搞大开

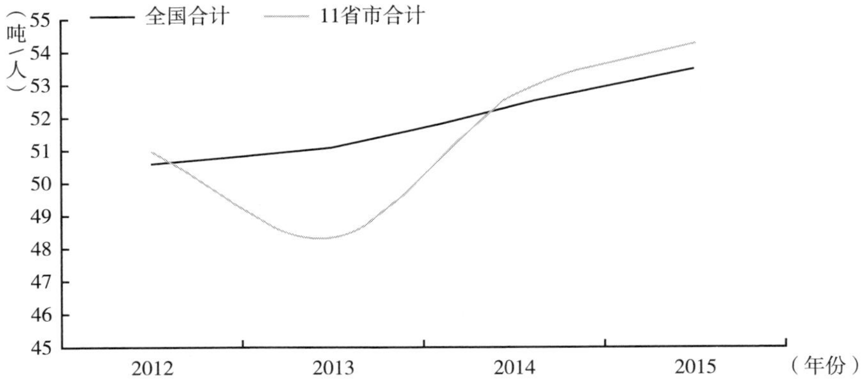

图4　长江经济带与全国的人均废水排放趋势

资料来源：国家统计局。

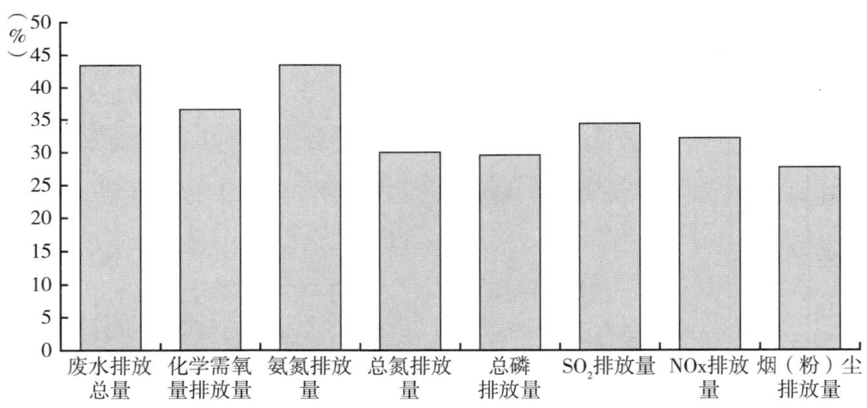

图5　2015年长江经济带大气与水污染物排放量占全国排放量比重

资料来源：国家统计局。

发、共抓大保护”发展战略指导下，其生态保护建设既要有生态效益增量，又要盘活现有生态效益的存量，跨界生态补偿机制将成为推动生态环境治理、自然资源合理开发和生态工程建设产生生态效益及效益均衡化的重要手段之一。

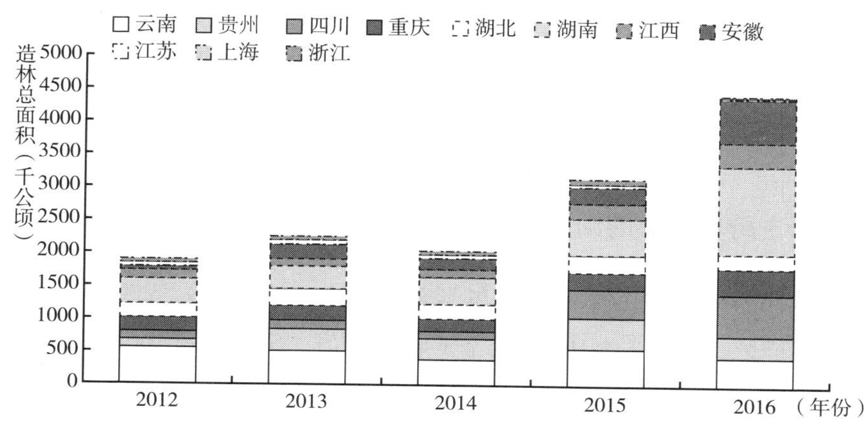

图6　长江经济带造林生态工程建设发展趋势

资料来源：国家统计局、国家和地方林业局。

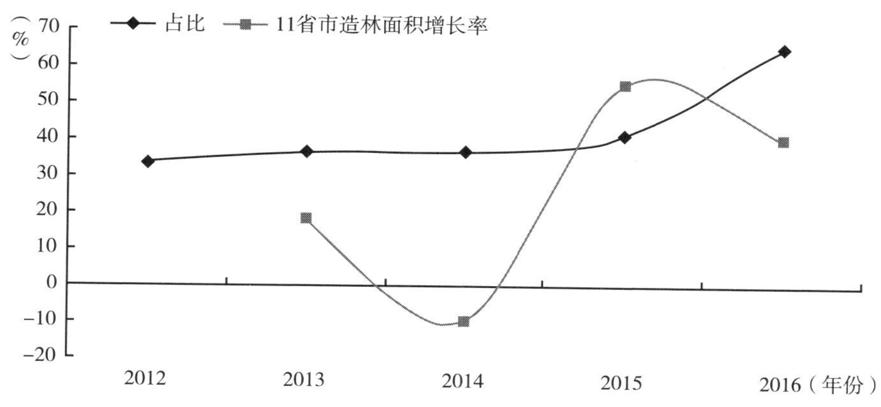

图7　长江经济带造林总面积占全国比重与增长率

资料来源：国家统计局、国家和地方林业局。

二　构建长江经济带跨界生态补偿机制面临的困境

我国关于生态补偿政策的制定，可以追溯到1997年原国家环保总局发布的《关于加强生态保护工作的意见》，之后经过20年的发展，从2014年中央政府工作报告首次提出“推动建立跨区域、跨流域生态补偿机制”以来，跨界生态补偿机制成为流域和经济区生态补偿政策的重要关注点。然而，由于长江经济带上中下游自然资源、地理区位、社会经济条件差别较大，构建跨大型区域的生态补偿机制设计面临诸多困境。

（一）跨界补偿的动因是补偿主客体生态、经济发展不均

虽然我国从1997年就将森林生态补偿写入《森林法》，2007年开始试点自然保护区、重点生态功能区、矿产资源开发、流域水环境保护的生态补偿机制，到2016年国务院正式发文提出健全森林、草原、湿地、荒漠、海洋、水流、耕地等分领域生态保护补偿机制，补偿模式主要为分领域的纵向生态补偿机制，但是具有典型跨界特征的横向生态补偿机制只是近两年才发展起来，尤其是在生态环境问题突出领域与流域水环境保护领域，长江经济带的跨界横向生态补偿机制就是集中在流域水环境保护领域。从长江经济带目前已经实施的跨界生态补偿机制补偿主体和对象（见表1）来看，补偿主体一般为经济收益较高或生态环境发生恶化的省、市、县（区）地区的政府、企事业单位、居民、社会团体、非政府组织（NGO）等，补偿对象一般为经济收益较低或生态环境保护较好地区的政府、企事业单位、居民、社会团体、非政府组织等。因此，补偿主体与对象所在地区生态环境、社会经济发展的不平衡是跨界生态补偿机制形成的重要原因。

表1　长江经济带部分跨界生态补偿项目及其补偿主体和对象所在地区与分类

项目名称	起/讫时间	补偿主体(补偿给付者)地区	补偿对象(补偿受偿者)地区	纵(丨)横(一)属性	依据参与主体分类补偿模式
金磐扶贫经济技术开发区(“飞地经济”模式)	1996年	浙江金华市	浙江金华市磐安县	丨	政府
洞庭湖区湿地洪水调蓄重要区生态补偿	1999年	国家、湖北、湖南	湖南岳阳市、常德市、益阳市、长沙市	丨一	政府

续表

项目名称	起/讫时间	补偿主体(补偿给付者)地区	补偿对象(补偿受偿者)地区	纵(丨)横(—)属性	依据参与主体分类补偿模式
东阳—义乌水权交易生态补偿	2002 年	浙江义乌	浙江东阳	—	市场
成阿共建工业园("飞地经济"模式)	2009 年	四川成都市	四川阿坝州	丨—	政府
新安江流域生态补偿试点	2011 年	中央财政、浙江省、浙江省杭州市	安徽省、安徽黄山市	丨—	政府、市场
湖州、仪征等地方生态补偿	2009 年至今	地方所在省	生态红线区域内地区	丨	政府
太湖流域生态补偿(江苏省流域生态补偿的第一时期)	2007～2014 年	太湖流域下游城市	太湖流域上游城市、江苏省	丨—	政府、市场、社会
淮河流域通榆河地区生态补偿(江苏省流域生态补偿的第一时期)	2010～2014 年	苏南地区城市	苏中、苏北地区城市	丨—	政府
江苏省所有流域"双向补偿"机制	2014 年至今	江苏省或江苏省所有流域下游城市	江苏省所有流域上游城市	—	政府、市场
湘江流域水生态保护横向补偿(依托河长制)	2017 年	湘江流域下游市(县)	湘江流域上中游市(县)	—	政府
赤水河流域云贵川三省生态补偿方案	2017 年	四川省	云南省、贵州省	—	政府、企业

注：笔者根据相关文献与资料整理。

(二)跨界生态补偿模式仍以行政手段为主，其他手段缺乏

根据生态补偿主导力量不同，在长江经济带已有的跨界生态补偿模式中，2016 年之前以政府行政手段占据主导地位，补偿方式多以财政直接或间接转移支付、对口援建等行政手段为主，且多采用资金补偿方式；技术和

项目支持，如浙江德清县生态补偿专项基金、异地共建即“飞地”开发的补偿方式较少。然而，以行政手段主导的纵向生态补偿模式存在效率低等缺点（见表2），地方政府常因体制不灵活、补偿标准难以确定、信息不对称、管理和运作成本高等局限很难掌握每一种自然资源环境的生态系统服务价值，从而使财政转移资金下拨受阻或者不合理；当涉及跨界横向生态补偿问题时，协商成本的增加将使跨界生态补偿模式效率和整体效应变得更低且有失公平。

表2　长江流域跨界生态补偿模式比较

按参与主体分类的补偿模式	主体与对象地位	资源与生态环境产权	补偿资金来源	补偿依据和标准	补偿方式	管理成本/补偿效率
行政补偿模式	不一定平等	模糊	稳定	统一、不明确	固定	高/低
市场补偿模式	平等	明晰	稳定	不统一、明确	灵活	低/高
社会补偿模式	平等	明晰	不稳定	不统一、明确	灵活	低/低

注：笔者根据相关文献整理。

而长江经济带市场补偿模式，如太湖流域的排污权交易、新安江流域的水权交易、长江流域上下游碳汇交易等，虽然具有补偿效率高的优点，但因市场范围的局限发展缓慢；又如类似于农夫山泉品牌的生态标记虽然已经普及化，但也因在长江经济带的销售量有限，生态补偿资金的规模效应难以显现。社会补偿模式作为政府补偿模式和市场补偿模式的重要补充，主要包括NGO参与型补偿模式、环境责任保险等方式，在长江经济带区域目前也仅有世界自然基金会（WWF）长沙项目部在洞庭湖区域开展的生态补偿项目；而我国2013年才开始试点环境责任保险，实施领域主要在化工行业，2015年中国行业保险协会发布了《环境污染责任保险示范条款》，2017年5月，中国保监会正式发布实施《化学原料及化学制品制造业责任保险风险评估指引》，作为首个环境责任保险金融行业标准，但目前的环境污染责任保险都为自愿参保性质，尚未立法进行强制保险，因而参与环境污染责任保险的社会主体单一且数量较少，补偿效果不明显。

（三）横向跨界生态补偿机制刚起步，长效机制亟待建立

2013 年，在我国政策文件中首次出现“横向生态补偿”概念，即《中共中央关于全面深化改革若干重大问题的决定》第十四部分专门就“加快生态文明制度建设”中，在关于自然资源与生态保护制度建设方面，明确要求“推动地区间建立横向生态补偿制度”。2016 年国办正式出台文件《关于加快建立流域上下游横向生态保护补偿机制的指导意见》，流域横向补偿机制得以在我国落地。这一文件对支持构建长江经济带跨大区域生态补偿机制具有明确、分时段的指导作用，并且在生态补偿原则和核算标准上做出了具体规定，在监督、补偿资金筹措、责任区分、协作机制等方面也给予具有可操作性的指导。目前，长江经济带横向跨界生态补偿的实践多存在于行政区交界的城市群内或区县之间。横向跨界生态补偿机制存在补偿主体和对象之间不具有行政隶属关系但利益关系明确、多采用市场化补偿模式、补偿参与主体相对较少等特点，因此，长江相邻跨界生态补偿主体和对象协商成本较低，补偿机制较易开展，同时也形成了在水环境领域生态补偿集群式的空间分布且补偿标准核算方法存在多样化（见表 3）。但是对于长江上下游非相邻地区之间的生态补偿机制，由于补偿标准不统一、协商成本较高，生态补偿长效模式较少。

表 3　长江经济带水流跨界横向生态补偿集群式空间分布与补偿标准核算方法

序号	补偿标准核算方法	涉及省份及流域
1	通过考核断面特征污染物浓度、按照超标倍数梯度性扣缴固定金额的补偿金	江苏、四川、湖南
2	通过考核断面特征污染物，按超标倍数及倍数的单位补偿金核算补偿资金	云南
3	根据考核断面的污染物通量以及固定的污染物治理单位成本计算补偿资金	湖南、贵州、江苏、湖北
4	按考核断面与上游来水水质比较或与以往水质比较的水质改善或降低情况，梯度性奖惩固定金额的补偿金	浙江、江苏、安徽—浙江（新安江流域）
5	根据生态功能区域设定补偿标准或系数	江西、江苏、上海
6	补偿资金规模固定，根据断面水质达标情况确定资金流向	安徽、安徽—浙江（新安江流域）

资料来源：《关于推进流域上下游横向生态保护补偿机制的思考》，2016。

三 长江经济带构建跨界生态补偿机制存在问题的原因

长江经济带跨界生态补偿机制面临的困境表面上看似由地区发展不均、补偿模式固化和横向跨界补偿机制起步较晚等原因造成，但究其背后原因主要有三点：一是区域生态补偿机制中生态系统服务价值难以确定；二是市场化生态补偿模式依据不统一，补偿方式单一；三是横向跨界生态补偿机制缺少制度约束和资源保障。

（一）区域生态补偿机制中生态系统服务价值难确定

根据市场经济学原理，市场供需的不均衡问题可以通过市场价格的调整来解决，而市场价格需要以商品价值为基础。区域、流域生态补偿项目中生态系统服务价值的科学评估一直是确定生态补偿标准和优先级的关键。目前，国内外学者对于生态补偿标准的核算与方法争议颇多，归纳起来主要有3种方法，一是根据生态环境服务功能和自然资源资本化价值来确定生态补偿的标准，即对补偿产权主体因保护生态环境和增加自然资源资本行为产生的生态环境和自然资源效益进行补偿；二是对补偿产权主体治理、修复生态环境和投入增加自然资源的成本（包括直接成本和间接成本，或保护成本和机会成本）和收益进行补偿，即根据生态环境治理、修复的成本收益分析确定补偿标准，并且还要根据区域内不同主体的自然资源条件等因素制定差别化区域补偿标准；三是采用生态足迹核算的方法确定补偿标准，这一方法是较为成熟的方法，不同的学者对生态足迹核算补偿标准的方法进行了改进和深化，在理论上获得广泛运用。但是上述三种方法在实际操作上仍存在优缺点（见表4），更多的学者比较认同在计量方法和实际操作上具有一定难度的功能价值法。也有一些学者建议将这三种方法结合运用，形成更复杂的生态环境服务价值和自然资源资本核算方法来提高生态补偿标准的精确度，因为只有科学评估生态环境服务价值和自然资源价值才能合理确定长江经济带生态补偿标准。

表 4　生态补偿标准核算方法比较

方法名称	功能价值法	成本—收益法	生态足迹法
评估内容	根据生态环境服务功能和自然资源资本化价值来确定生态补偿的标准，即对补偿产权主体因保护生态环境和增加自然资源资本行为产生的生态环境和自然资源效益进行补偿	根据生态环境治理、修复的成本收益分析确定补偿标准，并且还要根据区域内不同主体的自然资源条件等因素制定差别化区域补偿标准	首先，构建不同生态环境领域的生态足迹模型；其次，计算出地区生态足迹的面积收益；最后，核算出生态盈余或生态赤字地区的生态补偿标准和优先等级
主要方法和模型	1. 能值分析法 2. 突变级数法 3. 条件价值法（CVM） 4. 选择实验法（CE 法） 5. 基于 NSE 生态系统服务功能分类体系的市场价值法	1. 流域生态补偿机会成本实物期权测算模型或成影戏工程法 2. 直接成本 + 间接成本法 3. 环境治理成本 + 环境价值损失成本和生态修复成本法 4. 市场价值法 5. 旅行费用法	目前，运用较多生态足迹核算方法的领域是碳足迹和水足迹，结合碳交易价格和水权交易价格，核算出碳排放和水资源生态补偿的上限和下限
优点	可以核算生态服务价值难以估算的生态补偿价值	成本、收益确定简单易行，较易反映市场供应情况	较易反映市场供需情况，生态价值的影响因子简单
缺点	不易反映市场供需情况	成本、收益认定不准确	易出现遗漏或重复核算

资料来源：笔者根据近 5 年研究动态整理。

（二）市场化生态补偿模式依据不统一，补偿方式单一

通过比较行政、市场、社会三种主导补偿模式的异同，可发现长江经济带引入市场化补偿模式势在必行。然而，从目前长江经济带横向跨界生态补偿实践和研究文献中对于区域、流域生态补偿标准核算方法的运用与研究来看，市场化生态补偿模式的依据不统一，即使在同一省域、流域范围内也存在两种以上补偿标准核算方法，从而造成一些新纳入生态补偿机制的补偿对象对补偿依据不认可，甚至拒不执行补偿协议的现象，市场化补偿机制形同虚设。同时，跨界市场化补偿主体所在下游地区或生态服务需求地区，不论

是通过纵向补偿方式还是横向补偿方式，多是以地方政府或以政府牵头的国企居多，民营企事业单位的参与度不高，居民的参与度更低，因此补偿方式多以货币化形式，如政府财政转移支付、吸收社会资本投资、资源税、异地开发、资源环境权交易、项目支持、专项基金、公益捐赠等；许多非货币化形式跨界生态补偿项目，如采用实物补偿、人才技术和政策支持、社区共建等补偿方式的项目，因生态补偿标准难以量化、生态效益难以评估、管理复杂等原因缺乏可行性。

（三）横向跨界生态补偿机制缺少制度约束和资源保障

资源环境权交易补偿手段是最重要的市场化生态补偿手段。长江经济带以市场化手段为特征的横向跨界生态补偿机制虽然起步较晚，但是，借鉴国外经验和依托国内最早启动的碳交易（2014 年开始）、水权交易（2014 年开始）、排污权交易（2007 年开始）试点，已在湖北、重庆、江西、江苏、浙江、上海、湖南等长江经济带省市开展了资源环境有偿使用和交易的跨界生态补偿实践。然而，基于这几个交易试点的生态补偿市场并不活跃，交易主体和对象基本是排污企业与政府，即多为企业从政府那里购买资源环境权配额或在当地政府环保部门、水利部门协调下完成交易，资源环境权交易在行政干预下，市场的价格机制没有充分发挥作用。同时，由于缺少生态补偿机制的立法和管理条例，许多非临界跨界补偿机制的主体和对象联系较为松散，机制的时间连续性难以保障；当补偿主体生态环境发生变化时，生态补偿奖惩制度和信息公开制度的缺失使补偿对象生态保护治理努力和行动缺乏动力和约束性，补偿主体的支付意愿不高。此外，虽然长江经济带生态补偿机制多有设立补偿专项基金，但是横向跨界生态补偿机制建立多源于补偿主体和对象双方自愿行为，且补偿主体的资金、人才、技术受补偿主体自身经济发展影响较大，缺少补偿资源保障制度，补偿资源的可持续性难以保障。因此，短期内难以构建以资源环境权交易为手段的横向跨界生态补偿长效机制。

四 构建长江经济带跨界生态补偿机制的路径

基于长江经济带跨界生态补偿机制困境及其原因分析，本文从构建跨界生态补偿机制的设计要素出发，在跨界生态补偿标准核算、市场化补偿依据和市场主体培育以及长江经济带生态补偿机制制度保障方面提出构建路径，更好地为上海制定对接政策提出明确方向。

（一）基于资源环境承载力评估核算跨界生态补偿标准

科学核算长江经济带生态补偿标准需要以区域内生态环境服务价值和自然资源价值为基础，采用多种核算方法综合确定不同生态领域的跨界生态补偿标准。我国最新发布的《关于建立资源承载力监测预警长效机制的若干意见》（2017 年 9 月）中将资源承载力分为超载、临界超载、不超载 3 个等级，对于不超载等级，要求“研究建立生态保护补偿机制和发展权补偿制度”。由此，可为长江经济带生态补偿机制的构建提出一个新的补偿标准核算方法，即基于长江经济带资源环境承载力评估核算生态补偿的标准。而长江经济带 11 省市最重要的自然资源环境承载体就是水资源环境和森林资源环境；最重要的社会经济条件就是工业基础好，人均 GDP 高于全国水平 2490 元（2016 年数据）。[①] 2016 年长江经济带 11 省市工业增加值之和为 122062 亿元，占全国比重的 49.2%，比上一年增加 6.3%。因此，可将长江经济带各地区的资源环境承载力评估要素作为跨界生态补偿标准核算的主要内容，并结合国家试点地区编制自然资源资产负债表的要求，形成科学的生态系统服务价值测算方法。首先，在分属于长江流域上中下游的贵州、湖南、浙江三地城市群分别确定适合上中下游区域生态系统服务价值总量；其次，在总量确定的情况下，对区域内每一种自然资源环境制定区域

① 《长江经济带激发活力 沿江高铁将串起三大城市群》，搜狐财经，http：//www. sohu. com/a/198417297_ 115124？ _ f = index_ businessnews_ 0_ 0。

内、外两种价格，以利于长江经济带形成既有统一又有差别的跨界生态补偿标准。

（二）分类统一市场化补偿依据，培育多元化市场主体

不同类别的自然资源环境在市场化补偿模式中需要形成统一的补偿依据，例如同样是水资源，内陆、海洋的水环境补偿依据是不同的，长江经济带区域既有内陆水环境，包括江河、湖泊、湿地，又有海洋水环境；同样是森林资源，长江经济带区域既有天然林又有人工林，每种森林又分为公益林和商业林的，这两类森林补偿依据也因其生态系统服务价值不同而不同。因此，若要提高市场化生态补偿模式中补偿主体和对象，如自然中资源环境权交易补偿手段中交易双方的交易意愿，就必须使同一自然资源环境权在长江经济带上中游城市群市场形成统一的交易价格、交易制度，而不是形成多个交易制度互不衔接、交易价格相差较大的城市群自然资源环境权市场，从而为其他城市群自然资源环境权市场的构建提供参考，并为构建不同类别全国自然资源环境权市场奠定区域性基础。

同时，提升长江经济带区域跨界生态补偿市场活跃度需要培育和多元化生态补偿参与主体，而目前以政府为主的生态补偿主体占据市场化跨界生态补偿模式的诸多领域，导致跨界市场化生态补偿模式的灵活性不够，尤其体现在自然资源环境交易市场补偿模式中资源环境权的定价。因此，首先，地方政府要转变角色和明确职能，在纵向跨界生态补偿模式中地方政府成为生态补偿的主体或客体，地方政府的上一级区域政府或中央政府将在纵向跨界生态补偿模式中起到机制监管作用和财政转移的第三方支付作用；而在横向跨界生态补偿模式中政府仅作为生态补偿的主体或客体，其行为在生态补偿资源环境权市场上变得更为自由，但仍需要上一级区域政府或中央政府起到监管作用。其次，企事业单位、居民和 NGO 在横向跨界生态补偿机制中作为纯粹的补偿主体和对象，目前数量较少，需要我国在顶层设计上制定跨界生态补偿奖惩机制约束生态补偿中企事业单位、居民和 NGO 主体和激励补偿对象积极参与市场化跨界生态补偿项目。

（三）建立长江经济带府际联席会制度，完善制度保障

构建跨界生态保护和治理补偿机制实质是一个府际合作与治理问题，其中包含着中央政府与省级、市级、区县级地方政府间，不同层级地方政府和部门间，横向地方政府间，以及政府与非政府力量间的多重利益博弈关系协调。在市场经济和法治环境下，建立包含不同层级政府的长江经济带府际联席会议制度，使其成为协调跨界生态补偿机制的重要平台制度。这一平台制度基于明确的政府角色定位，针对跨界生态补偿问题使不同层级和类型的相关主体处于同一地位参与跨界生态补偿机制的协商，有利于形成利益共享的激励机制和责任共担的约束机制。具体包括以下三个方面。

首先，要建立跨界生态补偿组织制度约束。良好的协作治理制度需要相应的组织及其制度进行保障，长江经济带府际联席会议制度，不仅可以解决跨界生态补偿机制设计中存在的问题，对其他跨界环境污染协作治理机制，如污染赔偿机制、第三方治理机制以及非生态环境问题的协作机制的构建也具有积极作用。那么，长江经济带府际联席会议将成为一个功能多元的组织体系来执行和维护长江经济带跨界生态补偿机制的日常工作，包括协商确定上中游跨界生态补偿机制的原则、标准，以及对于补偿方式创新、补偿资金使用进行评估和监管。在长江经济带府际联席会议中设立的环保专项委员会需要由中央和高层政府、环保企业、环保 NGO、环保专家和学者、环保公众代表担任组织中的领导层和管理层，并制定管理制度保障组织体系的事权和财权能够对跨界生态补偿主体和对象行为进行管理，同时对补偿主体之间、对象之间、主体和对象之间的责任义务界定不清、利益分配不均以及矛盾纠纷等问题进行仲裁。

其次，自上而下和自下而上“双向”改革政府绩效考核体系。在生态文明建设战略思想指引下，对于涉及生态环境治理的工作任务将纳入政府绩效考核体系，其中生态补偿机制绩效的考核就必须纳入地方政府绩效考核体系中，而涉及跨界的生态补偿机制考核，则需要对长江经济带府际联席会议中环保专项委员会的工作绩效进行考核。然而，对于跨界生态补偿

机制的绩效考核既需要自上而下地改革政府绩效考核体系，并建立跨界生态补偿机制绩效的奖惩机制，同时也需要自下而上地改革形成“双向”改革方案来纠正中央与地方之间的绩效考核制度偏差，这样才能加快推进长江经济带跨界生态补偿机制的实施并构建长江经济带跨界生态补偿机制的制度体系。

最后，发展多元化生态补偿方式，完善政策规制。在科学评估长江经济带生态系统服务价值的基础上，发展市场化跨界生态补偿机制更需要多元化补偿方式。虽然现有以货币形式的补偿方式能够体现时间价值、易于操作，但是，不能完全反映生态系统服务的价值，需要更多地采用衡量物质和能量价值的补偿方式，如水权、采矿权、排污权、碳排权等交易手段来构建长江经济带跨界生态补偿机制。同时，在生态环境治理方面，环保政策尤其是区域性生态补偿政策，如法国生物多样性抵消制度有时候往往比资金更高效、更具导向性；而地方生态补偿政策能够引导公众参与跨界生态补偿机制，并与政府、企业主体形成合力落实跨界生态补偿机制。此外，国外的市场化生态补偿模式，如美国的湿地缓解银行制度通过私人市场补偿主体自给自足的补偿方式实现区域跨界生态补偿，补偿主体通过从缓解银行购买“信用”来履行补偿义务。若长江经济带区域跨界生态补偿机制采用缓解银行制度这种第三方补偿机制，则不仅需要长江经济带府际联席会议制定市场规则促进生态系统服务产品市场的发展，还需要制定跨界生态补偿法律制度，如问责制和终生追究制来规避由市场所带来的道德风险。

五　上海对接构建长江经济带跨界生态补偿机制的对策建议

作为依托长江生存和发展的城市有责任也有义务做好与长江经济带各省市的合作和对接发展。因此，上海要做好构建长江经济带跨界生态补偿机制的对接，需要发挥自身优势，形成具有示范意义的地方经验和长三角经验推广至长江经济带。

（一）积极构建多元化生态补偿资源环境产品交易平台

在市场化跨界生态补偿机制设计的趋势下，构建多元化生态补偿资源环境产品交易平台，成为构建跨界生态补偿机制的基础建设。然而，多元化交易平台包含两层含义。一是跨界的生态补偿机制具有跨临界和跨非临界之分，其构建难度不同。因此，建议上海在构建跨临界的生态补偿机制，如在设计上海与长三角周边城市在水资源环境生态补偿机制时，形成城市群内的区域交易平台——长三角城市群跨界生态补偿机制资源环境交易平台，并可以将平台设立在具有“贸易中心”和“金融中心”战略定位的上海；类似的长江中游城市群、成渝城市群、上游城市群可以将跨临界的生态补偿机制资源环境交易平台设立在城市群核心城市。而对于构建跨非临界甚至是跨城市群的生态补偿机制，上海作为长江入海口城市，建议首先针对长江经济带最重要的水、森林资源环境设立跨非临界生态补偿机制生态产品交易平台，利用上海已成立的能源环境交易所将水权交易平台、森林碳汇交易平台、二氧化硫（SO_2）、氮氧化物（NOx）等排污权交易平台包括在内，使上海成为长江经济带跨界生态补偿机制主要资源环境权交易中心。二是交易的资源环境产品的多元化。市场化跨界生态补偿机制需要更多的资源环境产品交易作为补偿方式，以培育多元化的生态补偿市场，上海作为长江经济带经济最发达城市，有能力也有责任率先构建多元化的资源环境产品交易平台，既有利于对接构建长三角城市群跨界生态补偿机制，又有利于对接构建长江经济带跨界生态补偿机制。

（二）率先制定长三角水资源环境生态补偿原则和标准

上海作为生态补偿资源环境产品交易中心，要发挥好市场化生态补偿平台作用，推进平台上各种资源环境产品顺利地交易，需要制定统一市场规制的跨界生态补偿机制设计原则和标准。根据长江经济带自然资源环境治理问题紧迫性等级分类，构建水资源环境的跨界生态补偿机制成为上海这个既有江河、湖泊、湿地资源，又有海洋资源城市的当务之急。因此，作为下游城市，建议上海对于长三角江河、湖泊、湿地等陆上水资源采用最严格的水资源考核原则，按考核断面与上游来水水质比较或与以往水质比较的水质改善或降低情况，在梯度性奖惩固定金额的补偿金或在上游来水3～5年水质平均值基础上，根据流域生态环境现状、保护治理成本投入、水质改善的收益、下游支付能力、下泄水量保障等因素，提高或降低水权和排污权价格；作为入海口城市，上海更加需要建立长三角湾区海洋联防联控机制，率先协商构建排污权交易方式的湾区海洋跨界生态补偿机制，并制定严格补偿的原则，如根据湾区海洋排污权配额，受益多、消耗资源多、排放污染多的补偿主体应需购买相应多的治理污染和修护环境的排污权额度。对于排污权的价格，也需要根据海洋水环境质量标准严格评估水质变化来制定。

（三）加快探索黄浦江水源地和崇明跨界生态补偿机制

上海地区生态补偿机制设计需更多聚焦于水源地与海岛资源的保护。在水源地生态保护补偿机制设计方面，上海黄浦江上游水源地生态补偿机制存在区域内生态补偿和跨界生态补偿两种类型，其中跨界生态补偿要求上海与江苏、浙江之间构建跨界生态补偿制度。那么，建议上海从跨界生态补偿制度的补偿原则、主体、对象、标准、方式、监督机制和争端解决机制等方面入手进行设计。首先，要利用好基于长三角城市群的跨界生态补偿联席会议协调平台和市场化生态补偿方式的资源环境交易平台制定跨界生态补偿的原则。其次，补偿主体仍是以政府为主，但企业和社会组织（如保险企业、社区）将逐渐成为市场化跨界生态补偿主体的新生力量；补偿对象则包括对生态保护的贡献者、污染治理者、生态环境遭受破坏者。再次，在补偿标准方面，建议采用上述长三角水资源环境新标准进行确定。最后，在补偿方式方面，建议采用横向市场化的补偿方式以利于培育多元化跨界生态补偿主体。

在海岛生态保护补偿机制设计方面，上海崇明世界级生态岛的地理范围归属于上海和江苏南通两个行政区，该海岛生态保护建设投入应该由海岛生态效益获得者的上海和江苏南通两个主体进行补偿。因此，崇明生态岛跨界生态保护补偿机制需要在不同层级的行政区域之间构建，建议上海与南通基于城市群协调交易平台就崇明岛生态补偿问题构建协调治理机制和水资源环境权交易机制，并制定相应的制度落实补偿办法。同时，崇明岛所处的东海海岸，在建立跨界生态补偿机制时更需要考虑国内海洋生态保护补偿，建议国家加快出台我国海洋跨界生态补偿机制的指导意见，使上海崇明岛成为国内海洋生态保护补偿政策首批试点地区，形成地方经验推广至其他湾区，构建海洋跨界生态补偿机制。

参考文献

刘桂环、谢婧、文一惠、金陶陶：《关于推进流域上下游横向生态保护补偿机制的思考》，《环境保护》2016 年第 13 期。

高玫：《流域生态补偿模式比较与选择》，《江西社会科学》2013 年第 11 期。

柳荻、胡振通、靳乐山：《生态保护补偿的分析框架研究综述》，《生态学报》2018 年第 2 期。

米卿、师法起、王东方：《苏浙沪海洋生态补偿区域立法协作探析》，《前沿》2013 年第 9 期。

刘桂环、文一惠、张惠远：《流域生态补偿标准核算方法比较》，《水利水电科技进展》2011 年第 6 期。

杨爱平：《构建跨界水污染防治的府际协作机制》，《中国社会科学报》2011 年 11 月 29 日。

曾娜：《跨界流域生态补偿机制的实践与反思》，《云南农业大学学报》（社会科学版）2010 年第 4 期。

曹莉萍、周冯琦：《我国生态公平理论研究动态与展望》，《经济学家》2016 年第 8 期。

张君、张中旺、李长安：《跨流域调水核心水源区生态补偿标准研究》，《南水北调与水利科技》2013 年第 6 期。

B.10
上海对接推进长江经济带自然资源资产产权制度建设研究

程　进*

摘　要： 产权制度关系到自然资源资产的价值实现，长江经济带现行的自然资源资产产权制度存在产权权利不完备、产权边界不清晰、产权流转不通畅等问题，需要加以改进和完善。上海位于“一带一路”和长江经济带的交汇点，在长江经济带处于龙头地位，在对接推进自然资源资产产权制度建设中具有制度优势、管理优势。上海应落实自然资源统一确权登记，建立分级行使所有权的运营机制，健全自然资源资产权利体系。探索自然资源资产产权交易，构建由一级市场交易和二级市场交易组成的自然资源资产市场交易体系，采用政府定价和市场定价相结合的定价机制，探索构建跨区域自然资源资产交易市场。

关键词： 自然资源资产　产权制度　长江经济带

自然资源是在一定时空条件下，能够产生经济价值，为人类提供各种生态产品和生态调节服务的各类自然环境因素和条件的总称。在过去很长一段时期内，区域在经济社会发展过程中过于追求经济增长，对自然资源的利用

* 程进，上海社会科学院生态与可持续发展研究所博士。

长期处于低水平，而且偏重自然资源的经济价值，自然资源的生态价值和社会文化价值没有得到充分的体现。随着绿色发展的不断推进，自然资源资产管理开始得到重视，构建完善的自然资源资产产权制度，对促进自然资源资产的合理开发利用和有效保护具有重要作用。因此，国家提出要健全自然资源资产产权制度和用途管制制度，对自然资源进行统一确权登记，形成归属清晰、权责明确、监管有效的自然资源资产产权体系，并探索建立分级行使所有权的体制。

我国自然资源资产产权制度尚不完善，存在所有者不到位、所有权边界模糊等问题，这在很大程度上影响自然资源资产管理，阻碍了自然资源资产价值的实现。长江经济带横贯我国东西，生态系统类型多样，以占全国20%的国土面积承载了全国40%以上的人口和GDP，在我国区域发展格局中占有重要地位。近年来，受经济活动和全球气候变化等多重因素的作用影响，长江经济带自然资源和生态环境面临不同程度的挑战和威胁，自然资源管理制度亟须改革，构建完善的自然资源资产产权制度体系，以与“生态优先，绿色发展”的战略定位相匹配。上海作为长江经济带的龙头，应积极对接长江经济带自然资源资产产权制度建设，推进自然资源资产管理的制度化和规范化，并积极发挥示范作用。

一　产权制度是自然资源资产管理的制度基础

健全自然资源资产产权制度和用途管制制度，目的是给予自然资源开发主体以激励和约束，必须要明确界定自然资源资产产权体系，明晰各类权益范围，提高自然资源可持续管理的动力。

（一）自然资源产权与自然资源资产产权的辨析

产权具有产权主体、产权客体和产权权利三个基本要素，其中产权权利是产权的核心，产权正是基于所有权，并涵盖使用权、经营权和管理权的一

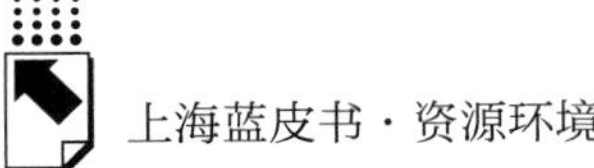

套权利关系[①]。自然资源是自然界中天然存在的、对人类有用和有价值的一切物质和能量的总和。在开发利用自然资源、发挥其价值的过程中涉及权利归属，这就需要相应的自然资源产权制度加以保障，自然资源产权可以理解为与自然资源权利和义务关系有关的法律表现形式，是有关自然资源所有和使用关系以及所有人、使用人对自然资源所享有一系列权利的总称[②]。自然资源产权包括所有权、使用权、收益权、转让权等。正是基于产权制度在发挥自然资源价值过程中的重要作用，自然资源产权制度成为我国整个生态文明制度最基础的制度，目前我国的自然资源产权分为全民所有和集体所有两种类型，更加关注资源的所有关系，产权权利总体上并不完善。

由于我国自然资源的产权权利界定不清晰，直接造成两个方面的负面影响，一是全民所有的自然资源的产权主体不明确，责任主体缺位，所有者权益难以落实，往往造成自然资源被过度开发，使生态环境受到一定程度的侵害。二是自然资源的市场交易机制不完善，其使用权、经营权难以得到合理流转，造成自然资源的利用效率不高。

近年来，在可持续发展背景下，自然资源资产管理理念和实践逐渐成为研究热点，而具有明确的产权成为实施自然资源资产管理的基础条件。随着自然资源稀缺程度的上升，自然资源的资产属性愈发明显，自然资源资产的概念也被频繁提起。自然资源资产就是具有稀缺性，能够提供经济效益、社会效益、生态效益，并且产权明确的自然资源。当前随着资源资产化和高效化利用不断得到发展，产权理论也开始由关注资源的所有关系转向关注资源的利用关系。因此，与自然资源产权有所区别的是，自然资源资产产权是自然资源资产化后的产权，强调自然资源的经济价值、生态价值及其稀缺性，自然资源资产产权在本质上是依附于自然资源所有权而派生出的自然资源财产权[③]。

① 谢高地、曹淑艳、王浩：《自然资源资产产权制度的发展趋势》，《陕西师范大学学报》（哲学社会科学版）2015 年第 5 期。

② 封志明：《资源科学导论》，科学出版社，2004，第 404 页。

③ 康京涛：《自然资源资产产权的法学阐释》，《湖南农业大学学报》（社会科学版）2015 年第 1 期。

可见，自然资源资产产权是在原有产权制度的基础上，丰富了自然资源的生态保护、市场流转、资产化管理、可持续性开发利用、生态环保责任界定等领域的权利义务内容，是当前基于自然资源资产管理趋势而形成的产权体系。

（二）产权制度关系到自然资源资产的价值实现

只有解决了自然资源的产权归属问题，才能避免产权结构的混乱局面，既有效保护自然资源，又充分利用自然资源。作为我国生态文明制度体系的基本制度，自然资源资产产权制度的重要性体现在三个方面。

首先，关系到清晰界定自然资源资产产权主体的权利与责任。自然资源资产产权制度能够清晰地界定各类型自然资源资产的归属关系，能够明确各产权主体的权利、责任与利益，规范相关行为主体对自然资源的开发、利用和保护行为，做到有法可依和有序管理，使自然资源资产能够得到有效保全和合理利用，维系和加强经济社会发展所必不可少的自然资源基础。

其次，关系到自然资源资产的合理定价和有偿使用。自然资源资产的价值包括经济价值、生态价值和社会文化价值，通过合理的自然资源资产产权界定，在明晰产权的基础上充分发挥市场在自然资源配置中的基础性作用，对自然资源进行合理定价，构建合理的自然资源资产产权交易市场，并配套完善的生态补偿机制等，提高自然资源的使用效率，促进自然资源资产增值。

最后，关系到自然资源的有效保护和可持续发展。自然资源资产产权制度能够明确自然资源系统的责任主体，督促各责任主体在各种可能的自然资源利用方式之间做出最优选择，实现自然资源的合理开发利用。通过完善自然资源资产产权制度，实现自然资源的节约利用，提高资源配置效率，改善生态环境质量。

二　长江经济带自然资源资产产权制度现状和改革方向

长江经济带横跨我国东中西部，在空间上涵盖 11 个省市，区域面积占全国的21.38%，拥有丰富多样的自然资源类型，是我国的生态宝库。鉴于长江经济带重要的生态地位，构建完善的自然资源资产产权制度，是长江经济带实施生态优先、绿色发展战略的重要组成部分。

（一）长江经济带自然资源在全国的地位与作用

长江经济带自然资源在我国自然资源格局中占有重要地位，长江经济带区域范围内拥有森林、草原、湿地、农田、河流、海洋、荒漠等多种类型的生态系统，自然资源丰富，生态功能重要，是国家生态安全战略的重要组成部分。长江经济带区域面积占全国的比重为21.38%，而其所拥有的主要自然资源类型占全国的比重大大高于区域面积占比，如水资源量占全国的48.7%，森林面积占全国的40.8%，湿地面积占全国的21.5%，天然气储量占全国的29.6%（见图1），此外还有其他数量众多的自然资源，对保护国家生物多样性和维护国家生态安全具有举足轻重的作用。

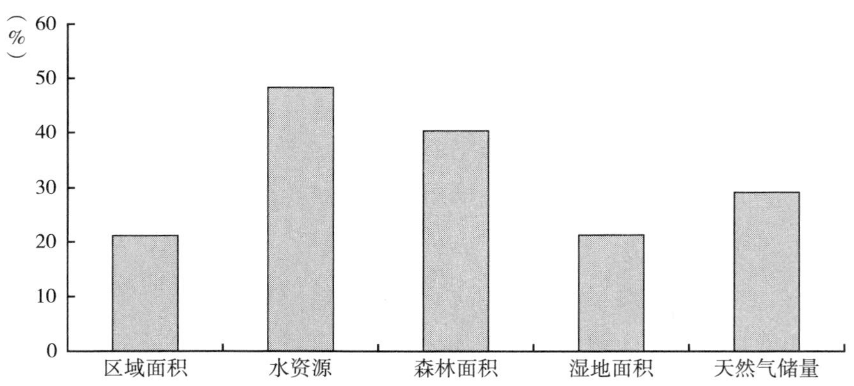

图1　2015年长江经济带部分自然资源占全国比重

资料来源：《中国统计年鉴》（2016）。

长江经济带矿产资源探明储量在全国范围内也具有很重要的地位，如锰矿储量占全国的比重为37.3%，钒矿储量占比为68.5%，原生钛铁矿储量占比为94.3%，铜矿储量占比为43.5%，锌矿储量占比为36.8%，磷矿储量占比为88.8%（见图2），长江经济带矿产资源的开发利用有力地支撑了全国的经济社会发展，但不合理的矿产资源开发也容易对生态环境造成侵害，再加上矿产资源具有不可再生性和稀缺性，必须加强矿产资源管理，实现矿产资源的可持续发展。

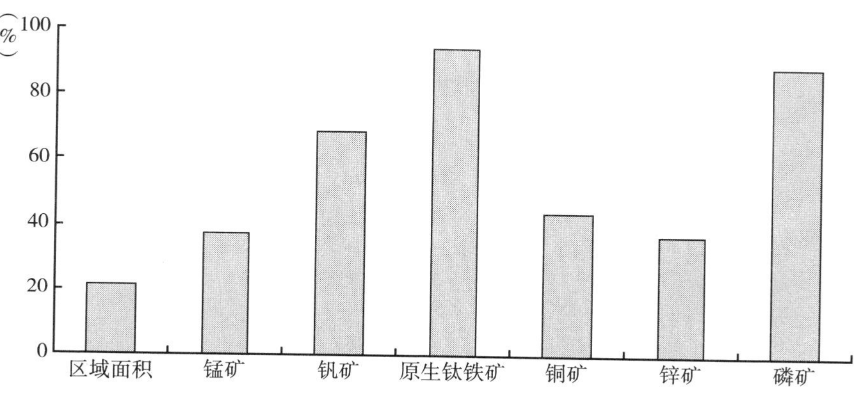

图 2　2015 年长江经济带部分矿产储量占全国比重

资料来源：《中国统计年鉴》（2016）。

长江经济带范围内丰富的自然资源类型，不仅为经济社会发展直接提供各种原材料产品，更为维护国家生态安全做出贡献。2016 年 9 月，国务院同意新增 240 个县纳入国家重点生态功能区，其中 109 个县位于长江经济带范围内。随着全社会对自然资源重要性的认识不断加深，除了自然资源的经济价值外，自然资源的生态价值和社会文化价值也逐渐得到同等重视。为了实现长江经济带自然资源价值的最大化，落实自然资源管理利用的主体责任，实现自然资源资产开发与管理的协调发展，必须构建适应新时期生态文明建设要求的自然资源资产产权制度。

（二）长江经济带自然资源资产产权制度发展现状

长江经济带现有的自然资源产权制度主要还是在国家相关的法律框架下推进的，我国法律体系中有关自然资源产权的相关条款散落分布在《宪法》《水法》《土地管理法》《森林法》《渔业法》等法律法规和相关的行政规章中。整体来看，自然资源的类型不同，其相配套的产权制度在所有权、使用权和转让权方面有所差异。以常见的水资源、土地资源和森林资源为例，相关产权制度内容如表1所示。

表1　我国部分自然资源产权制度的现状

自然资源	所有权			使用权	转让权
	国家所有	集体所有	个人所有		
土地资源	1. 城市市区的土地 2. 法律规定属于国家所有的农村和城市郊区的土地	1. 除由法律规定属于国家所有以外的农村和城市郊区的土地 2. 农村宅基地和自留地、自留山	无	1. 土地承包经营权 2. 建设用地使用权 3. 宅基地使用权	土地使用权可以依法转让
水资源	属于国家所有，由法律规定属于集体所有的除外	农业集体经济组织所有的水塘、水库中的水	无	1. 法定享有的取水权和通过取水许可证取得的取水权 2. 通过养殖使用证取得的水面养殖使用权 3. 通过捕捞许可证取得的渔业捕捞权 4. 与水利用相关的其他权益	渔业捕捞许可证不可转让
森林资源	由法律规定属于集体所有除外的森林、林木、林地属国家所有	集体所有制单位营造的林木归集体所有	1. 农村居民在房前屋后、自留地、自留山上个人所有的林木 2. 城镇居民在自有房屋庭院内种植的林木 3. 承包造林者享有的林木所有权	1. 由主管部门核发确认的林地使用权 2. 用材林、经济林和薪炭林的经营者，依法享有经营权、收益权和其他合法权益	下列林木、林地使用权可以依法转让，也可以依法作价入股等，但不得将林地改为非林地： • 用材林、经济林、薪材林及其林地使用权 • 用材林、经济林、薪材林的采伐迹地、火烧迹地的林地使用权 • 国务院规定的其他森林、林木和林地使用权

1. 自然资源资产产权主体

自然资源资产产权主体是指拥有所有权以及享有与所有权有关的财产权利的责任主体。目前我国自然资源资产所有权包括全民所有、集体所有和个人所有等不同形式，其中全民所有的自然资源资产产权实现形式主要由国务院及地方各级人民政府相关行政主管部门代行所有者权利，因而长江经济带自然资源资产产权主体涉及国家、地方政府、集体组织、企业和个人等不同层级主体。其中，全民所有的自然资源资产占比较大，但全民所有自然资源资产的产权主体代表并不具体，各项法律一般规定全民所有的自然资源由国务院相关部门负责管理，如国务院土地行政主管部门统一负责全国土地的管理和监督工作，全民所有的森林、林木和林地由国务院和各级政府林业主管部门负责管理其使用权。一方面，在法律上全民所有的自然资源资产所有权缺乏具体明确的主体代表，现有的法规中更多的是规定了行使自然资源资产管理权的主体代表，存在自然资源全民所有权与行政管理权行使主体重合问题。另一方面，现有的制度安排授权各级政府部门代为行使全民所有权，存在一定程度的部门利益和区域利益倾向，不利于自然资源的协调保护和合理开发利用。

2. 自然资源资产产权客体

产权客体是指产权主体可支配的具有各种利用价值的物质资料以及各类无形资产，而且产权客体一般随着经济社会的发展而变化。根据自然资源资产管理的发展要求，当前自然资源资产按照形态可以分为有形资产和无形资产。有形资产一般是固定资产，如耕地、附着在土地上的林木等，这类资产的流转和服务范围有限，而无形资产在多数情况下是一种流动性资产，如生态服务价值，这类资产的服务范围较广，流转方式也能超越传统的地理空间限制。

目前自然资源资产产权制度中的产权客体主要为各类型的有形资产，如土地、林木、草场、水资源等，明确规定土地、林木、矿产、水域等自然资源实物的所有主体和使用主体，以及产权主体通过合法途径经营自然资源所获得的经济收益。产权制度对依附于自然资源上的生态系统服务价值和社会文化价值等无形资产还没有明确规定，还没有涉及产权主体从自然资源中所能获得的生态收益和社会收益。

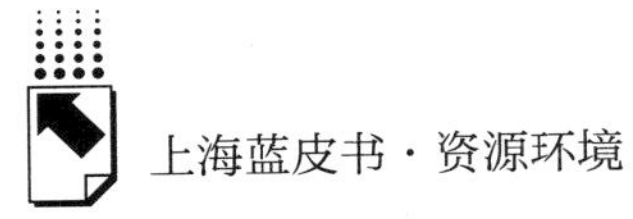

3. 自然资源资产产权权利体系

产权权利是指产权主体依法对产权客体享有的一系列权力和利益的总称。以长江经济带常见的水资源、土地资源和森林资源为例，依据自然资源类型不同，在所有权、使用权和转让权方面的安排也有所差异，相关的产权权利内容如表 1 所示。

从表 1 中的产权结构可以看出，在所有权上，国家和集体所有的公有产权占主体，而且属于国家、集体和个人所有的自然资源基本界定清楚。依据自然资源类型和用途不同，自然资源使用权可以分为承包经营权、开采权、收益权等不同类型，一般通过法律规定、承包经营、使用证、许可证等方式取得。

自然资源的所有权和使用权是分离的，自然资源所有权主体可以将使用权转让给其他产权主体享有；自然资源的使用权和转让权也是分离的，使用权可以依法流转给其他产权主体，相应的权利与责任也随之转让，但拥有使用权的产权主体不一定同时拥有转让权，如渔业捕捞权等自然资源使用权的转让为法律所禁止。

（三）长江经济带自然资源资产产权制度存在的问题

虽然在国家相关产权制度框架下，长江经济带已初步构建了自然资源资产产权制度，但从自然资源开发利用以及生态环境质量改善程度来看，长江经济带现行的自然资源资产产权制度仍存在产权权利不完备、产权边界不清晰等问题，需要加以改进和完善。

1. 自然资源资产的产权权利不完备

产权是由各种不同权利类型构成的权利束，各种产权权利缺一不可，自然资源只有在具有完备的产权条件下，才能有效地转化为资产。长江经济带现行产权制度着重关注所有权，对自然资源资产的归属关系进行划定，但自然资源资产的用益物权还存在一些不完备的地方，不同程度地存在自然资源资产的处分权、收益权、转让权等权利清单缺失或错位等问题，造成自然资源资产产权发展不平衡。未来需要改革自然资源资产产权制度，明确自然资源所有、使用、转让、收益、处分等权利归属及权责关系。

2. 自然资源资产的产权边界不清晰

当前长江经济带范围内不同类型的自然资源资产之间以及不同的产权主体之间，不同程度地存在产权边界不清晰的问题。如由于法律上国有自然资源产权缺乏具体的主体代表，自然资源资产国家所有和集体所有之间的边界、不同集体所有者的边界、不同类型自然资源资产之间的边界尚未完全划清。其中的原因在于多数自然资源具有稀缺性、空间分布叠加性、不可再生性以及较强的公共性等特征。而且各级政府自然资源的行政监管和资产管理职能交叉重合，既履行行政管理职能，又代行资产管理职能。自然资源资产的产权边界不清晰，容易造成自然资源资产产权主体之间的利益矛盾，以及不同类型自然资源之间权利与责任的重叠、错位或缺失等，派生出自然资源管理上的系列问题，最终影响自然资源开发利用效率。

3. 自然资源资产的价值认识不到位

自然资源资产的经济价值、生态价值与社会文化价值是不可分割的统一体，其中生态价值和社会文化价值更是实现其经济价值的前提和基础，并具有明显的制约和影响作用，直接影响到经济社会的可持续发展。自然资源资产产权制度的目标之一就是实现其价值最大化。现有的长江经济带产权制度过度强调自然资源资产的经济价值，追求短期的经济利益，对自然资源资产的生态价值、社会文化价值等非经济价值认识严重不足，无法客观反映自然资源资产的价值变化，不利于合理确认自然资源资产的收益或补偿标准等，由此导致自然资源资产过度消耗和浪费，进而削弱了资源环境承载力。因此，必须正确认识和评价自然资源资产价值，确保自然资源资产产权主体能够获得公平收益。

4. 自然资源资产的产权流转不通畅

自然资源资产产权流转关系到自然资源资产的利用效率。受体制、机制和流转媒介等因素的制约，自然资源资产产权在不同产权主体之间、不同区域之间的转移并不顺畅，如自然资源资产使用权的出让、转让、抵押、担保、入股等还没有完全实现，已有的转让权也只涉及部分资源，难以确保自然资源资产产权的合理配置，不利于自然资源的可持续开发和利用。

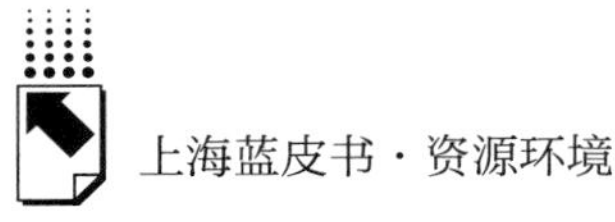

5. 自然资源资产的基础管理不配套

当前长江经济带自然资源资产的基础管理制度建设滞后，各省市自然资源管理呈现明显的多头管理特点，没有形成统一的自然资源确权登记体系，自然资源资产的整体状况不明，自然资源资产的核算体系也有待建立。统一确权登记等基础管理制度不配套，不同类型自然资源的边界难以厘清，不同责任主体行使所有权的边界难以划清，容易产生自然资源所有者不到位等问题，不利于落实自然资源的保护责任。未来需要加强自然资源资产的基础管理制度建设，以强化对自然资源资产的保护与监管。

（四）长江经济带自然资源资产产权制度改革方向

针对当前长江经济带自然资源资产产权制度存在的问题，需要将产权完备、权属清晰、流转通畅、以点带面作为自然资源资产产权制度发展方向。

1. 完备的产权权利体系

健全涵盖所有权、使用权、支配权、收益权、处置权的自然资源资产产权权利体系，克服传统产权制度中对自然资源资产产权的束缚，以保障自然资源资产处置权和收益权为核心，逐步形成较为完备的自然资源资产产权权能。

2. 清晰的产权归属关系

厘清不同类型自然资源资产之间、不同产权主体之间的产权边界，重点厘清自然资源资产的国家所有和集体所有边界，厘清界定使用权边界，保护自然资源资产使用者的合法权益。明晰自然资源资产开发利用的权利义务关系，明确各产权主体在行使使用权时所须履行的责任义务，实现权责利相匹配，使自然资源资产获得高效利用的同时得到有效保护。

3. 顺畅的产权流转机制

流转顺畅是新时期自然资源资产产权制度的内在要求，在明确自然资源资产使用权的基础上，尽可能地细化自然资源资产的承包权、经营权、转让权、收益权等各项权利，消除自然资源资产产权流转的体制机制障碍，促进自然资源资产产权的顺畅流转和经营，实现自然资源的高效利用。

4. 有效的产权试点示范

自然资源资产产权制度涉及面广，内容繁杂，短时期内在长江经济带全面推行难度较大。针对自然资源资产产权归属不清、权责不明、流通不畅、监管不力等问题，选择拥有良好制度创新环境和社会治理水平、自然资源资产类型多样的省市作为自然资源资产产权制度改革试点单位，鼓励先发地区先行试点，重点推进，总结经验再逐步推广，以点带面构建符合生态文明体制改革要求的自然资源资产管理新机制。

三　上海对接推进长江经济带自然资源资产产权制度建设的优势

上海身处改革开放先行先试地区，区域影响力和辐射力不断提升，具有一定的区域制度协同发展基础，再加上自身生境类型多样，在对接推进自然资源资产产权制度建设中具有独特优势。

（一）产权制度创新符合先行先试要求

上海作为全国改革开放排头兵、科学发展先行者，承担着先行先试的制度创新任务，统筹推进各项重大改革任务。上海新一轮改革目标的突出点主要体现在制度创新上，自然资源资产产权制度是我国生态文明体制改革的重要基础性制度，在自然资源资产产权制度建设领域先行先试，符合上海市制度创新发展要求。“十三五”及未来一段时间，上海可在自然资源资产产权制度规范方面形成更多可复制、可推广的创新成果，充分发挥上海作为生态文明体制改革的示范者、引领者和试验田作用。

（二）生境类型多样利于制度推广复制

上海滨江临海，生境类型多样，农田、河流、湖泊、海洋、森林、湿地

等分布其中，自然资源丰富。2016 年上海市森林覆盖率达到 15.6%，拥有 4 个自然保护区，其中 2 个为国家级自然保护区。全市共有河道 43424 条（段），面积 494.32 平方公里，河网密度为 4.54 公里/平方公里。共有湖泊 40 个，面积 72.64 平方公里①。此外，上海市管辖海域面积约 10000 平方公里，上海市第二次湿地资源调查结果显示，上海市湿地总面积为 37.70 万公顷，湿地类型包括近海与海岸湿地、河流湿地、湖泊湿地、沼泽湿地、人工湿地 5 种类型（见图 3），各类自然资源的开发利用为服务上海经济社会发展发挥了重要作用。

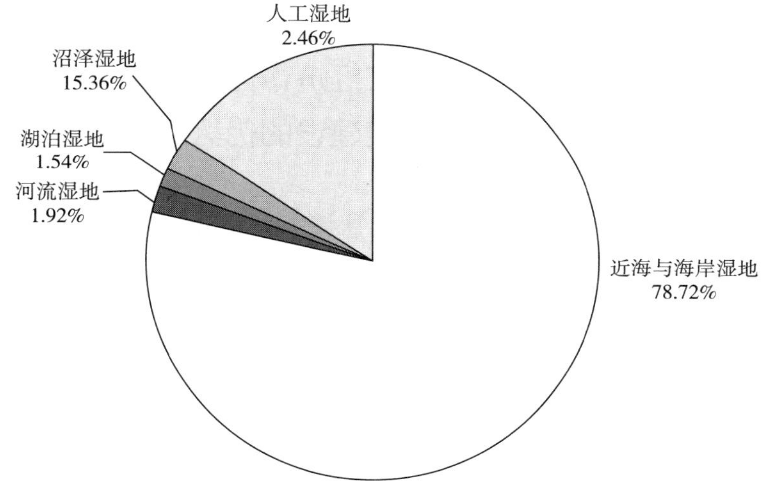

图 3　上海市湿地类型面积与比例结构

长江经济带横贯我国东中西地区，自然资源类型丰富多样，相应的自然资源资产产权客体多样。上海市自然资源类型同样丰富多样，有利于探索不同类型自然资源资产产权制度的发展模式，摸清不同类型自然资源资产产权管理的共性和个性特征，能够为长江经济带多数地区自然资源资产产权管理提供借鉴，有助于对接推进长江经济带自然资源资产产权制度协同发展。

① 陈玺撼：《崇明青浦摘得“最长”和“最大”》，《解放日报》2017 年 9 月 4 日。

（三）区域合作基础改善制度协同环境

上海作为长三角的核心城市，一直发挥着引领长三角城市群联动发展的作用。近年来，由于雾霾、流域水污染等区域性环境问题日益严峻，长三角地区开展了系列区域环境治理合作，先后构建了长三角区域大气污染和水污染防治协作机制，并不断完善区域生态环境保护联动制度，推进长三角生态环保合作朝着制度化、规范化方向不断完善，为推进区域环境保护合作进程提供了有力的制度保障。

经过长期的实践探索，长三角地区已具备良好的生态环境治理合作基础。上海作为长三角地区的龙头城市，一直致力于建立健全区域间的协调机制，在创新区域合作方式领域做出了重要贡献，并积累了大量的对接推进区域环保制度协同发展的经验。区域内良好的合作基础，为上海对接推进长江经济带自然资源资产产权制度协同发展提供了良好的发展环境和前期条件，有助于上海对接推进长江经济带自然资源资产产权制度建设的顺利开展。

四　上海对接推进长江经济带自然资源资产产权制度建设的策略

上海位于“一带一路”和长江经济带的交汇点，城市规模能级、经济社会发展水平等方面在长江经济带处于龙头地位，上海应发挥自身在制度、管理方面的优势，积极对接推进长江经济带自然资源资产产权制度建设，在探索和实践自然资源资产产权制度创新的过程中服务好国家战略。

（一）落实自然资源统一确权登记

自然资源资产确权登记是构建自然资源资产产权制度的基础。当前国家正在实施《自然资源统一确权登记办法（试行）》，部分地区已开始相关试点工作。从自然资源管理发展趋势来看，上海也需要启动相关工作，为在长江经济带及全国范围内推广自然资源统一确权登记工作发挥示范作用。

1. 分步推进自然资源统一确权登记工作

《自然资源统一确权登记办法（试行）》详细规定了自然资源登记簿、自然资源登记一般程序、不同类型自然资源登记方案、登记信息管理与应用等内容，从而达到界定各类自然资源资产的所有权主体的目的。在该登记办法的指导框架下，上海市自然资源资产统一确权登记工作需要分三步进行。

首先，建立上海市自然资源资产统一确权登记实施方案，开展上海市辖区内自然资源专项调查，基本摸清辖区内水流、森林、滩涂湿地等自然资源的权属、位置、数量等基本信息，明确自然资源登记范围，建立上海市自然资源资产基础数据库。

其次，构建上海市自然资源资产确权登记体系，划定自然资源资产登记单元，开展自然资源资产确权登记工作。可以选择崇明岛为先行试点地区，重点探索滩涂湿地登记单元边界如何与土地所有权边界、土地使用权边界等边界做好衔接，合理确定自然资源资产国家所有权和集体所有权代表行使主体及行使范围。

最后，根据国家登记办法的相关要求，将自然资源资产确权登记信息纳入不动产登记信息管理基础平台进行统一管理，并实现自然资源资产确权登记信息在相关管理部门间依法依规互通共享，依法推动建立自然资源资产确权登记信息社会化查询服务系统，使各类自然资源利益相关方的权益得到保护。

2. 协同推进跨区自然资源资产确权登记

上海与江苏、浙江接壤，一些自然资源资产存在跨界管理问题，其中跨界水资源资产最为典型。上海应联合江浙，协同推进跨区水资源资产使用权确权登记工作，充分考虑水资源资产的流动属性，研究跨界水资源资产登记单元边界划定的方法和原则，以及跨界水资源使用权确权登记方法，明确水域、岸线等水生态空间的边界范围和权属关系。在长江经济带范围内同样存在许多跨界自然资源资产，上海与周边区域协同推进跨区自然资源资产确权登记工作，能够为长江经济带开展相关自然资源资产确权积累经验，为长江经济带其他地区进行自然资源资产确权登记提供参考和意见建议。

（二）探索建立分级行使所有权机制

自然资源分为全民所有和集体所有两种形式，当前政府相关部门是自然资源的管理者，因此，集体所有的自然资源资产所有者和管理者是分离的，而全民所有的自然资源资产的所有权和管理权都集中在政府管理部门，需要将自然资源所有者权责从政府管理部门分离出来，探索建立分级行使所有权机制。

1. 设立统一行使所有权机构

紧密结合国家自然资源资产管理体制改革的最新动态，设立统一的机构组织，对河流、耕地、滩涂、森林等各类全民所有自然资源资产统一行使所有权权能，并明确相应责任，这也符合国际上国家所有资产管理模式的发展趋势。为了实现低成本的体制转化，不必单独设立统一行使自然资源资产所有权机构，可以通过国资委内设机构的方式加以实现，在国资委下设自然资源资产管理处，负责全民所有自然资源资产的所有者职责。

建立统一的全民所有自然资源资产所有权行使机构，是为了明晰全民所有自然资源资产产权关系，不代表全民所有自然资源资产与其他的政府管理机构没有关系，各类自然资源资产仍须接受与相关管理部门的职能管理。因此，明确自然资源资产所有机构和管理机构的权责分工，自然资源资产所有机构主要负责全民所有自然资源资产的资产登记、确权发证、统计核算、出让转让等工作，对自然资源资产营运情况进行监督和考核。自然资源资产管理机构主要负责监管全民所有自然资源资产的数量变化和开发保护情况，维护自然资源资产所有权主体的权益。

2. 分级行使自然资源资产所有权

现行的自然资源资产管理体制是国家统一所有、各级政府分级管理模式。国家行使对全民所有自然资源资产的最终所有权，各级政府则分别负有自然资源资产的管理权限。但是，国家和地方对各自所负有的自然资源资产所有权限和管理权限没有明确界定，权责利失衡，导致自然资源资产的保护和利用效率存在问题，需要探索构建“国家所有、分级行使所有权”的产权体制。

建立市、区两级政府行使所有权的自然资源资产清单，按照不同类型自然资源资产的重要程度，实行市、区两级分级行使自然资源资产所有权的管理机制。对于土地、淡水、具有重要生态功能的森林、水源地、自然保护区等自然资源，鉴于其公共性、稀缺性以及对经济社会发展的重要性，由国家和省级机构行使所有权；对一般的经济林地及其他可再生自然资源，可通过拍卖或授权的方式转让给区级机构，构造出多元分级的所有权结构，以充分调动各级产权主体的积极性，提高自然资源资产保护利用效率。

（三）健全自然资源资产权利体系

自然资源资产产权是指当事人对自然资源资产的一组权利，而不是一种权利，包括自然资源资产的所有权、使用权、收益权和处置权。当前自然资源资产使用权转让范围和规模均很小，而且自然资源资产产权转让很少发生，制约了自然资源利用率的提升。

根据我国自然资源资产管理特点，自然资源资产权利体系主要由自然资源资产的所有权衍生出来。根据自然资源资产保护、利用的协调发展要求，应着重建立健全基于自然资源资产所有权而衍生出的占有权、使用权、收益权和处置权等权利体系（见图4）。占有权是产权主体对自然资源资产的实际管控权利，占有权可在一定条件下与所有权分离，是对自然资源资产享有使用权、收益权和处置权的基础。使用权的行使一般以对自然资源资产的占有为基础，享有自然资源资产使用权同时享有其占有权。收益权是指所有权主体有权获取由自然资源资产所产生的利益，包括经济利益、生态利益、社会利益等。收益权可以随着使用、经营、转让等行为的变化，全部或部分由非所有权主体享有。处置权是所有权主体对自然资源资产进行处置，改变自然资源资产的存在方式或权利归属的一种权利，主要体现在转移自然资源资产部分支配权，如市场交易、抵押等。

自然资源资产各项权利一般相互独立，也可以同时被产权主体享有，但产权主体通常很难享有全部的产权权利。自然资源资产的各项权利可以在不

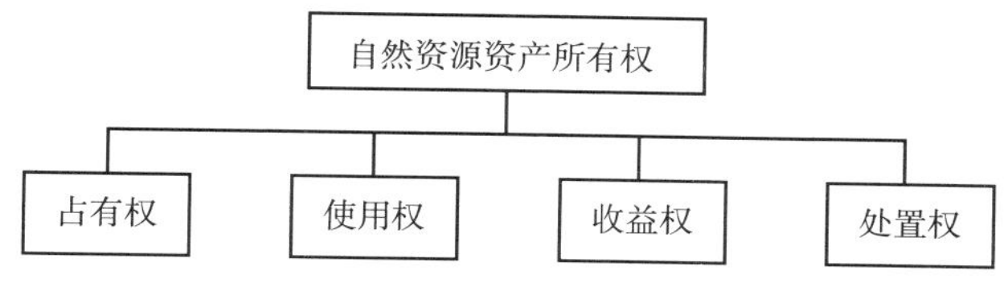

图 4　自然资源资产权利体系

改变所有权的前提下通过自然资源资产市场进行转让和配置。当前产权制度建设的核心内容是实现自然资源资产所有权衍生出的收益权和处置权，应依法赋予产权主体对自然资源资产的处置权、收益权，限制政府相关部门的管理行为对自然资源资产合法权益的损害，保护产权主体的合法权益，提升产权主体参与自然资源资产保护和开发的积极性。

（四）探索自然资源资产产权交易

自然资源资产产权交易的内容主要集中在对使用权进行交易。对自然资源的使用可分为直接使用和间接使用，直接使用是指自然资源直接进入消费和生产活动，以满足人类发展需求，间接使用是指自然资源以间接的方式参与消费和经济活动过程，如自然资源的生态功能、美学功能等。

1. 构建两级市场交易结构

对自然资源直接使用权的交易可以分为一级市场交易和二级市场交易（见图 5）。一级市场主要是自然资源的所有者将法律允许的自然资源使用权转让给符合一定资质的最初购买者的市场。具体表现是政府相关部门与自然资源使用者之间的交易，使用者有偿取得自然资源使用权，由政府部门控制交易规模和交易价格。如国有土地使用权的初次出让、排污权的初始分配等。二级市场是指自然资源使用者之间的交易，是通过市场主导实现自然资源资产优化配置的重要环节。对自然资源间接使用权的交易主要通过生态补偿的模式进行。

2. 采用政府定价和市场定价相结合的定价机制

自然资源资产使用权交易价格的形成应当基于自然资源的直接使用价值

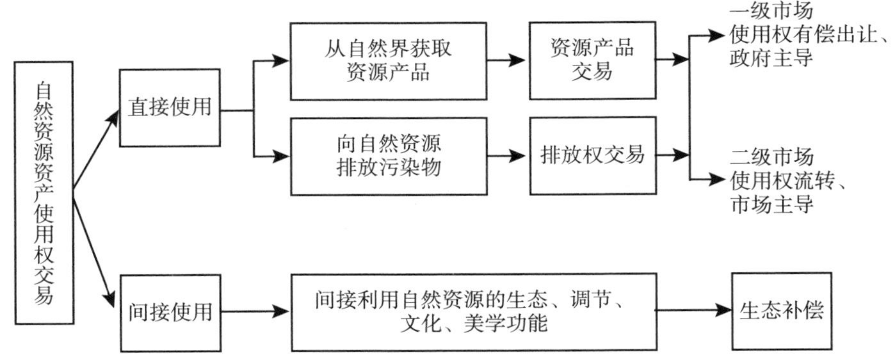

图5　自然资源资产使用权交易结构示意

和间接使用价值，遵循政府定价和市场定价相结合的原则（见图6）。采用政府定价的原因在于自然资源的开发利用和市场交易关系到国计民生和全社会可持续发展，需要由政府价格主管部门或者其他有关部门，基于自然资源的使用价值，按照维护公共利益需要和相应原则制定自然资源资产价格，体现生态环境损害成本和修复效益。在市场交易过程中，自然资源资产的价格应通过市场竞争形成，反映自然资源的价值和市场供求关系。自然资源资产市场定价方法主要包括成本导向定价法、需求导向定价法、竞争导向定价法等，当自然资源资产有效供给形成的边际价格等于或者小于消费者有效需求形成的支付意愿价格，才会产生自然资源资产使用权的市场交易。

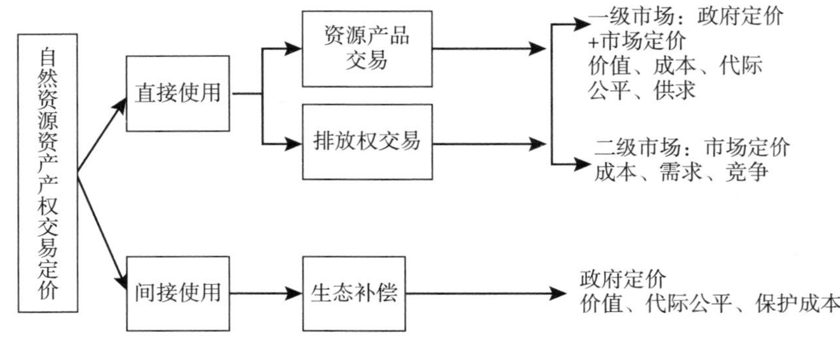

图6　自然资源资产产权交易定价机制

自然资源资产使用权的市场交易应实施政府定价和市场定价相结合的定价方式。市场定价主要集中在直接使用权交易的二级市场，综合考虑自然资源资产的市场供求关系来确定价格，使资源供给和消费需求基本实现平衡。政府定价则分布于直接使用权和间接使用权交易市场，在直接使用领域主要集中在一级市场，政府管理部门根据自然资源的可持续开发利用及维护公共利益的需要，制定自然资源资产使用权的出让底价，并通过拍卖等市场定价方式进行配套。在间接使用领域，自然资源资产受益方向自然资源所有者或保护方进行生态补偿，需要由政府管理部门共同制定生态补偿标准，体现自然资源资产的生态服务价值。

3. 探索构建跨区域自然资源资产交易市场

上海可以发挥引领示范作用，联合江苏、浙江和安徽三个省份，基于自然资源资产使用权一级市场和二级市场交易结构，以及政府定价和市场定价相结合的定价方式，在长三角地区探索构建跨区域自然资源资产交易市场。

第一，明确区域自然资源资产交易市场的层次结构。第一层为跨省份的交易市场，在各省市的政府管理部门间进行，交易对象主要是流动性自然资源资产，如水资源、生态服务功能等。第二层为各省市内部交易市场，在属地政府管理部门、企业、个人等不同类型的市场主体间进行，交易对象主要是非流动性自然资源资产，如土地、森林等。实行分层交易市场结构，是因为跨区域的自然资源资产交易涉及自然资源在不同区域之间的配置，鉴于自然资源资产的稀缺性以及维护生态安全的重要性，需要各省份根据经济社会发展形势和生态环保需求统筹制订交易计划。

第二，设立区域性的自然资源资产交易平台。根据目前长三角地区资源环境交易市场机制培育情况，可依托上海环境能源交易所，建立长三角跨区域自然资源资产交易电子平台，根据自然资源资产的直接使用和间接使用特点设置交易项目，为供需双方提供信息发布和交易平台。

参考文献

封志明:《资源科学导论》,科学出版社,2004,第404页。

康京涛:《自然资源资产产权的法学阐释》,《湖南农业大学学报》(社会科学版)2015年第1期。

谢高地、曹淑艳、王浩:《自然资源资产产权制度的发展趋势》,《陕西师范大学学报》(哲学社会科学版)2015年第5期。

陈德敏、郑阳华:《自然资源资产产权制度的反思与重构》,《重庆大学学报》(社会科学版)2017年第5期。

杨海龙、杨艳昭、封志明:《自然资源资产产权制度与自然资源资产负债表编制》,《资源科学》2015年第9期。

苏利阳、马永欢、黄宝荣:《分级行使全民所有自然资源资产所有权的改革方案研究》,《环境保护》2017年第17期。

B.11 上海排污许可管理制度建设及实践经验总结

胡 静 徐文倩 洪祖喜 陈 静*

摘 要： 上海自20世纪80年代开展排污许可管理试点以来，不断调整和完善排污许可制度的功能定位，深化排污许可管理制度建设。2016年11月，国务院办公厅发布《控制污染物排放许可制实施方案》，提出要“将排污许可制建设成为固定污染源环境管理的核心制度”①。可以说，排污许可制并不是一项新生事物，而是根据当前环境管理的最新形势和要求，对已有的排污许可制度加以完善和提升。而要将新一轮排污许可制建设成为“固定污染源环境管理的核心制度”，到底需要怎样的制度设计？如何推进实施？会对环境管理部门、企业及社会公众产生怎样的影响？本文将通过梳理、总结上海市排污许可管理制度建设及推进实施的要点和经验，积极探讨以排污许可制为核心的固定污染源环境管理转型的内涵和外延。

关键词： 排污许可制 “一证式”管理 完善建议

* 胡静，上海市环境科学研究院，高级工程师；徐文倩、洪祖喜、陈静，上海环境保护有限公司。

① 《国务院办公厅关于印发控制污染物排放许可制实施方案的通知》（国办发〔2016〕81号），国务院办公厅，2016年11月10日。

为进一步推动环境治理基础制度改革，改善环境质量，根据《中华人民共和国环境保护法》第四十五条“国家依照法律规定实行排污许可管理制度”的规定和《生态文明体制改革总体方案》中“尽快在全国范围建立统一公平、覆盖所有固定污染源的企业排放许可制”等具体实施要求，国务院办公厅于2016年11月发布《控制污染物排放许可制实施方案》，明确提出要“将排污许可制建设成为固定污染源环境管理的核心制度，作为企业守法、部门执法、社会监督的依据，为提高环境管理效能和改善环境质量奠定坚实基础”。2016年12月，环境保护部出台了《排污许可证管理暂行规定》（环水体〔2016〕186号），明确规定了排污许可证申请、审核、发放、管理等工作程序及要求，并于2017年6月发布了《固定污染源排污许可分类管理名录（2017年版）》，明确了实施排污许可管理的行业范围、按行业推进的进度要求、排污单位应该持证排污的最后时限以及排污许可分类管理要求，确定了排污许可证核发的实施路线图。

可以说，排污许可制并不是一项新生事物，而是根据当前环境管理的最新形势和要求对已有的排污许可制度加以完善和提升。为此，上海以新一轮排污许可管理制度建设为契机，积极贯彻落实国家要求，以排污许可证为载体，全面加强企事业单位依法申领排污许可证、按证排污、自证守法等管理要求，加快推动环境保护工作由注重事前审批向加强事中事后监督管理转变，通过最严格的管理手段推动企业加大污染治理力度，实现改善环境质量的目的。

一　上海排污许可管理制度建设及实施历程

上海早在1985年就领先于全国在黄浦江上游地区试行水污染物排污许可证制度，而闵行区则是全国第一个实施排污许可证管理的试点区。1985年，上海市颁布《上海市黄浦江上游水源保护条例》，规定在上游水源保护地区实施排污总量和浓度控制相结合的管理办法，由环保部门颁发排污许可证，无证单位不得排放工业废水[①]。在 1992 ~ 2002 年十年间，上海市总计发证 3167 家。2002 年以后，由于监管能力不匹配，排污许可管理和环评、总量控制等制度未能有效衔接、融合等原因，排污许可证发放工作一度停滞，其间，排污许可证也未能发挥应有的控制污染排放功能。

2012 年始，上海市环保局率先开展综合性排污许可证试点工作，对既有的市级排污许可证制度的定位、功能进行了调整和完善，重视与其他现有制度的衔接和过渡，实现了对固定污染源管理制度的再创新。2012 年 12 月，上海市环保局发布了《上海市环境保护局关于印发〈上海市主要污染物排放许可证管理办法〉的通知》（沪环保总〔2012〕479 号），开始对市、区（县）两级重点排污监管单位核发上海版本的“主要污染物排放许可证”。截至 2016 年底，已颁发“上海版本”的排污许可证 525 张。

2013 ~ 2016 年，上海市环保局出台了一系列规范排污许可证核发、监管的文件，进一步完善上海市排污许可证的管理制度和管理体系。一方面，陆续出台、修订了《上海市大气污染防治条例》《上海市主要污染物排放许可证管理办法》《上海市环境保护条例》，并于 2017 年 3 月发布了《上海市排污许可证管理实施细则》，为上海推进实施新一轮排污许可管理提供了基础保障。另一方面，出台了《上海市 2015 ~ 2016 年排污许可证核发和证后监管工作要点》（沪环保总〔2015〕376 号）、《2016 年度及“十三五”期间本市大气污染物重点排放企业总量控制方案》（沪环保总〔2016〕200 号）等配套管理文件和《上海市固定污染源重点污染物许可排放量核定规则（试行）》（沪环保总〔2016〕200 号）、《上海市工业企业挥发性有机物排放量通用计算方法（试行）》等技术支撑文件，切实将排污许可证打造成为重点排污企业环境管理的核心工具，并将排污许可证的核发和管理与改善上海市环境质量的总体目标有机衔接。此外，还开展了《上海市排污许可证核发流程与业务手册》《上海市排污许可证核发阶段技术评估指南》《上海市排污许可证年度核查技术指南》等业务操作手册和指南的编制，与环

---

① 《上海市黄浦江上游水源保护条例》，上海市人大常委会，1985 年 4 月 19 日。

保部2017年先后发布的《排污许可证申请与核发技术规范总则（征求意见稿）》及分行业排污许可证申请与核发技术规范、《环境管理台账及排污许可证执行报告技术规范（试行）（征求意见稿）》等文件一起，基本构建完成了一套高效的许可证核发机制，并探索建立了以智能化、信息化为特色的证后监管体系。

目前，上海市已根据《固定污染源排污许可分类管理名录（2017年版）》的规定，全面完成了造纸、火电两个行业共计68家企业的排污许可证核发，其中火电行业（包括自备电厂）28家，造纸行业40家。其他钢铁、有色金属冶炼、石油炼制等13个行业排污许可证的核发工作正在紧锣密鼓地推进过程中。

二　上海排污许可管理制度建设要点

国务院办公厅发布的《控制污染物排放许可制实施方案》（以下简称《实施方案》）明确提出，到2020年，完成覆盖所有固定污染源的排污许可证核发工作，实现系统化、科学化、法治化、精细化、信息化的“一证式”管理①。对照《实施方案》的总体要求，上海在推进“一证式”排污许可管理方面做出了诸多有益尝试和探索。

（一）注重系统化布局，为排污许可管理准确定位

《实施方案》明确指出排污许可证是企业“生产运营期排污行为的唯一行政许可”，要与环境影响评价制度做好充分衔接，实现从污染预防到污染治理和排放控制的全过程监管；并要改革总量减排核算考核办法，通过实施排污许可制，落实企事业单位污染物排放总量控制要求，实现环境管理制度的系统整合。

① 《国务院办公厅关于印发控制污染物排放许可制实施方案的通知》（国办发〔2016〕81号），国务院办公厅，2016年11月10日。

上海市在排污许可管理制度建设上特别注重与上游环境影响评价管理制度、总量控制制度的衔接，以及与下游排污收费/环境税、环境统计、环境监管等管理工作的整合，通过制度的衔接融合、方法的协调统一、工作程序的对接优化，理顺针对排污企业“建设—运行—管理”全过程的环境监管体系。具体体现在以下三方面。

第一，在工作程序上，一是优化现有管理程序，实现建设期到运营期的排污控制对接。2017 年 9 月，上海市环保局发布《上海市环境保护局关于贯彻落实新修订的〈建设项目环境保护管理条例〉的通知》（沪环保评〔2017〕323 号），在 2016 年 6 月 1 日起取消建设项目试生产（试运行）行政审批的基础上，进一步于 2017 年 10 月 1 日起，取消本市建设项目竣工环保验收行政审批，同时明确新建项目按照环保部排污许可证的行业推进节奏，在项目产生实际排污前申领排污许可证。在执行过程中上海已将环评名录和排污许可名录进行对接，并将排污单位排污许可证执行情况作为环境影响后评价的主要依据。二是分类疏导，强化环评与排污许可管理的有效对接。2016 年 3 月，上海市环保局发布《关于清理整治“未批先建”、“久拖不验”建设项目的指导意见》（沪环保评〔2016〕108 号文），将违法违规建设项目清理整治保留下来的项目，纳入排污许可证管理范围，将环评和环评验收中提出的管理要求在许可证中予以细化和落实。针对企业现状与环评及批复不一致的情况，专门发布了《上海市建设项目变更重新报批环境影响文件工作指南（2016 年版）》，明确了三同时对措施未落实到位、批建不符等常见问题处理要求，对不属于重大变动的情形，由企业组织有资质的环评机构编制“环境影响分析报告”，相应提出管理要求纳入排污许可证进行管理；对属于重大变动的情形，由原环评审批部门按新项目进行处理。

第二，在排放量核算方面，逐步实现排污许可量与环评审批量、总量控制目标的系统衔接。以前由于管理条线不一、目的不同，对于同一家排污企业，环境统计、排污申报、排污收费、总量减排等要求的污染物排放核算方法都有所不同，造成同一家企业有多套排污数据的情况，按照新的排污许可制管理后，企业的排污数据将只剩下两项：一项是许可的排放量，也就是企业在生产运营中允许的最大排放量，是污染排放的天花板，对于新建企业，环评及批复中确定的排放量将作为其运营期间许可排放量的重要参考；未来，还将随着排污许可证的普及和推广，全面落实企事业单位污染物排放总量控制要求，逐步实现总量控制及考核由“自上而下”以行政区域为主向以排污单位为主的“自下而上”的控制方式转变。而另一项就是企业的实际排放量，实际排放量将作为排污收费/环境税、环境统计、排污权交易等的依据。根据《中华人民共和国环境保护税法》，自2018年1月1日起，企业事业单位和其他生产经营者将采用自行申报的方式向污染物排放地的税务机关申报缴纳环境保护税。针对已纳入排污许可管理的企业，将严格按照其排污许可证中规定的“实际排放量”核算方法予以核定，作为环保税计税依据。

第三，在环境监管联动方面，将许可证载明事项和要求作为环境监测、监察、执法的重要依据。为进一步落实企业自行监测的主体责任，上海市环保局于2017年6月发布《上海市固定污染源自动监测建设、联网、运维和管理有关规定》（沪环规〔2017〕9号），明确纳入排污许可证管理的排污单位应当在核发之日起的6个月内完成固定污染源自动监测设备的建设、联网和备案，直接为后续许可证的实施监督及执法提供良好条件。2017年8月发布《上海市环境保护局关于开展本市火电和造纸行业排污许可证专项检查的通知》，将无证排污以及不按许可证排污作为专项检查重点。2017年11月发布《上海市固定污染源排放口标识牌信息化建设技术要求（试行）》，对接了市环境监测中心LIMS系统和监察总队移动执法系统，进一步加强了固定污染源信息化管理，实现监管、监察、监测联动和数据共享。

（二）注重科学化设计，直接服务于改善环境质量

排污许可证载明的重要事项之一就是排污企业的污染物许可排放量，前文已经论述了从制度衔接上，排污许可量将与环评审批量、总量控制目标等实现系统融合，而上海在排污许可管理制度建设中突出强调要以许可排放量和减排目标为抓手，直接服务于改善环境质量，并以此为核心建立了上海排

污许可管理从严核算许可排放量的实施规则，努力推动以“环境质量－环境容量－排污总量－许可排放量”为主线的科学减排。

环保部发布的《排污许可管理办法（征求意见稿）》对许可排放量的核定提出要“按照污染物排放标准、总量控制指标等法律法规和环境管理制度要求，按照从严原则确定许可排放量”[①]。《上海市排污许可证管理实施细则》规定，本市现有固定污染源污染物许可排放量由市、区环保部门根据区域环境容量，按照公平合理、鼓励先进和兼顾历史排放情况等原则，综合考虑行业平均排放水平以及排污单位的减少污染物排放措施等因素确定。[②]

在实施层面，为进一步改善环境质量，上海市环保局于2016年5月制定发布了《上海市固定污染源重点污染物许可排放量申请及核定规则（试行）》，明确规定“现有固定污染源以达标前提下的上年度实际排放量为基础，根据当地政府确定的年度减排目标，核定首年度和分年度许可排放量”。也就是说，对于大部分已经达标排放的企业，企业的许可排放量是以低于环评及行业排放标准的实际排放量为基准核算的。相比于环保部发布的《排污许可证申请与核发技术规范总则（征求意见稿）》及分行业排污许可证申请与核发技术规范中对许可排放量核算大多以行业排放绩效值为依据进行核定，上海的许可排放量核算普遍更为严格。上海这一看似“鞭打快牛”的实施规则，背后就是大力减排的决心和执行力。上海近年来的环境质量虽有显著改善，但是仍然没有达到国家标准，与全球城市发展定位及市民需求仍有较大差距，以PM2.5、臭氧为代表的复合型大气污染问题突出，主要水体氮、磷普遍超标[③]，正是上海目前的污染排放负荷仍然超过环境承载能力，造成整体环境质量尚未达标，在这种情况下，首要任务仍然应该是大力减排，这一核定原则更有利于改善本市环境质量。

---

① 《关于公开征求〈排污许可管理办法（征求意见稿）〉意见的通知》（环办规财函〔2017〕1135号），环保部办公厅，2017年7月17日。

② 《上海市环境保护局关于印发上海市排污许可证管理实施细则的通知》（沪环规〔2017〕6号），上海市环保局，2017年3月31日。

③ 《上海市人民政府关于印发〈上海市环境保护和生态建设“十三五”规划〉的通知》（沪府发〔2016〕91号），上海市人民政府，2016年10月19日。

同时，针对分年度排污许可量，上海也在规则设计上做出了特殊规定。2016 年 3 月，上海市环保局发布了《2016 年度及“十三五”期间本市大气重点排放企业总量控制方案》，明确了纳入“大气重点排污单位”名单的企业，到 2020 年前要确保主要大气污染物（包括二氧化硫、氮氧化物、烟粉尘、挥发性有机物）排放总量在 2015 年基础上削减 30% 以上。也就是说，对于这些纳入重点管理的排污企业，其排污许可证五年有效期内的年度许可排放量并不是一个定值，而是逐年递减的变化值。由此可见，上海在排污许可证管理方面，通过严格把控许可排放量，努力将排污许可制与改善城市的环境质量挂钩，并将排污许可证作为推进固定污染源管理的一个有力抓手。

根据《关于开展 2016 年大气污染物重点排放企业减排措施动态跟踪评估工作的通知》（沪环保总〔2016〕142 号）开展的总量控制目标和减排任务的跟踪评估，2016 年，上海市大气重点企业排放量明显降低，2016 年本市空气环境质量明显改善，环境空气质量（AQI）优良率提升至 75.4%，PM2.5 年均浓度由 2015 年的 $53ug/m^3$ 降低到 2016 年的 $45ug/m^3$。2017 年，随着各项污染减排措施的深入推进，本市环境空气质量持续改善，截至 2017 年 10 月底，上海 AQI 优良率为 76.6%，PM2.5 平均浓度为 $37ug/m^3$。

（三）注重法治化保障，坚持依法开展许可证管理

随着《中华人民共和国环境保护法》《中华人民共和国水污染防治法》《中华人民共和国大气污染防治法》等一系列法律法规的更新、出台，当前排污单位由污染排放所导致的法律责任已不仅仅局限于环境行政责任，还包括民事甚至刑事责任。上海市在排污许可管理制度建设中一方面通过各类管理和技术规范全面落实排污企业的主体责任；另一方面通过不断加强相关法律法规建设，清晰界定政府及企业在推进排污许可管理中可能面临的“行政 - 民事 - 刑事”责任。

在地方性法规方面，2016 年修订通过的《上海市环保条例》，进一步强化了排污许可证制度，主要做出了以下规定：一是明确了动态管理制度，当污染物排放标准、总量控制要求等发生变化时，环保部门可依法变更排污许

可证上的载明事项。为地方政府实施以“环境质量—环境容量—排污总量—许可排放量”为主线的持续减排、改善环境质量提供了重要的法律保障。二是将污染防治协议作为排污许可证重要的补充，作为企业减排的自愿行动，为先进企业实施更加严格的排放标准、更大力度的污染减排提供了激励机制。三是衔接事后监管，明确了无证排污、超总量排污和不按许可证排污的处罚情形，设置了停产、罚款等法律责任。尤其是对不按许可证规定的排污情形，设置了10万元以上50万元以下的罚则。除针对无证排污、不按许可证排污的处罚情形外，还明确了针对排污单位未按规定履行自行监测、报告、台账管理、信息公开等主体责任的相关罚则。

在政府规章方面，上海市于2014年修订了《上海市主要污染物排放许可证管理办法》，对2012年版本的管理办法从法律依据、申请要求、法律责任等方面进行了全面更新；2017年3月，上海市环保局以规范性文件的形式发布了《上海市排污许可证管理实施细则》，与环保部发布的《排污许可证管理暂行规定》相比，有以下几点不同：一是强化了“一证式”综合管理地位，除了水污染物、大气污染物外，还将固体废弃物、噪声也纳入上海市排污许可证管理范围。二是明确了市区分工，市环保局除了负责本市排污许可制度的组织实施和监督外，还负责部分大型排污企业的许可证核发和管理工作，通过深入组织参与排污许可管理实践，为全市排污许可管理制度的完善和提升积累宝贵经验。三是固化了许可排放量从严核定原则，相对于行业排放绩效法，上海许可排放量核定采用的是历史排放法，以基于达标前提下的实际排放量为依据从严核定许可排放量。四是加强了冬季排污管控等环境管理要求。通过核定冬季月度许可排放量、增加冬季不利气象条件等特殊时期的环境管理要求等来实施冬季排污管控。目前，上海市已将排污许可证管理办法列入市政府2017年度政府规章制定预备项目，一旦条件成熟，将积极推进出台本市排污许可证管理方面的地方政府规章。

（四）注重精细化管理，强化排污企业环境自律

早期的排污许可管理制度由于相关技术支撑体系不到位，一方面对企业

的排污控制与环境承载力之间的关系界定并不清晰，难以直接为改善环境质量服务。另一方面，排污控制的量化管理一般以企业的各类主要污染物的排放总量为控制目标，并未针对主要设施、排口加以分解，使许可证的实施和监管“无从下手”。为此，上海推进新一轮排污许可管理特别注重覆盖企业“产污—治污—排污”全链条的精细化管理，在提高控制污染排放有效性的同时，努力增强制度落地的可操作性。

2016～2017年环保部针对排污许可管理出台了大量分行业、分领域的技术规范，并建立了全国统一的许可证信息管理平台，细致、有效地规范排污许可的实施。相比“国家版”排污许可管理，上海地方版的排污许可制度建设在精细化管理方面主要体现在以下两个方面。

一是将排污控制的量化管理细化到排口。《上海市固定污染源重点污染物许可排放量核定规则（试行）》规定，固定污染源原则上应当核定每个废水和废气排放口的年度许可排放量；如无实测数据，同一生产线的多个排口可以合并核定。在推进许可证核发过程中，该项规定意味着排污企业与监管部门都要对每一个废水、废气排放口进行细致摸排和检查，不仅包括排放口的定位及合法性判定，还包括对每一个排放口开展适用的排放标准、监测要求判定及不同污染物的排放量核算，真正将排污控制的管理细化到每一个排口、设施。其中，对于废气的无组织排放，一般不予许可，因不具备收集或者消除、减少污染物排放条件的无组织排放（造船等），在采取了法律法规规定的措施后按上年度实际排放量予以许可。2017年5月，上海启动排污口信息化的试点工作，通过统一污染源编码和排放口编号和标识，生成排污口二维码，实现排放口档案和排污许可证管理要求等信息的快速查询，为企业依许可证排污、政府部门依许可证监管、公众依许可证开展社会监督提供了便利。

二是不仅要管住结果，还要管住过程。《上海市排污许可证管理实施细则》明确，企业在提交排污许可申请材料时，还应当提供生产设施及原辅材料信息，以及污染治理设施运行、维护规程。一方面需要利用产污—治污相关信息对企业许可排放量和实际排放量的核算进行验证；另一方面也为企业提升环境自律水平，监管部门提高专业化管理和服务水平，共同推进清洁生产、源头控制提供了必要支撑。上海目前已完成火电、水泥、钢压延等多个行业的排污许可证副本范本的编制，在许可证的管理要求章节不仅有针对性地落实了企业开展自行监测、台账记录、执行报告和信息公开等企业四项主体责任的细化、可操作性的实施要求，还依据法律法规、政府规章、技术规范等规定，根据各行业、各企业的实际和特点，进一步明确了原辅材料控制、污染治理设施的运行维护、冬防及总量减排任务、无组织排放控制、列入计划的设备维护及开停工等管理要求，将设施管理的规范要求作为企业必须遵守的强制规定，规范了企业“产污—治污—排污”全过程的管理。

（五）注重信息化建设，提升许可证管理效能

目前，国家的许可证信息管理平台已具备统一收集、存储、管理排污许可证信息的基本功能，未来还将逐步实现各级联网、数据集成、信息共享。上海则率先通过将证后监管系统与国家排污许可证管理信息平台对接，不断完善与移动监察、监测系统的数据交换，利用现代化手段，实现了“监测—监察—监管”三监联动，努力打造许可证发证后的闭环管理体系。上海许可证管理的信息化系统主要包括以下几个组成部分。

1. 证后管理平台

上海的证后监管系统整合了排污企业数据、监测数据、监管信息、监察信息以及相关辅助数据，形成了重点污染源综合业务数据库。证后管理系统包括信息联动管理、许可证数据集成管理、移动监测模块、统计分析、信息提醒及数据报警管理、移动信息管理、系统管理、系统交互接口等功能模块。信息联动管理是监测、监察、监管三个部门联动管理；移动监测模块和移动信息管理是通过开发移动终端软件随时随地实现监测数据的采集、上报和任务的派发等，实现证后监管任务的发布与查询、重要信息的查询和统计等功能。另外，证后监管系统还可以完成数据的统计分析，向社会公众发布许可证审批信息等。

2. 移动监测

监测和记录是排污许可证中的一项重要内容，是排放标准等各项规定能够执行的重要因素。通过移动终端软件的开发，可以实现数据从 PC 端到移动端的延伸，即在现场通过移动端完成监测任务派发、接收及监测数据的采集、上报等工作，包括监测任务内容、监测人员、监测点位（扫描二维码）自动录入，并完成监测过程全记录（样品、现场记录、样品交接环节照片或录像），可实现监测流程闭环管理。

3. 移动执法

移动执法终端目前的具体内容包括：①信息查询（一厂一档、地图查询、在线监测、环境质量）；②任务管理（任务指派、待办任务、已办任务、执法台账以及不通过任务流转直接现场检查模块）；③投诉咨询（投诉统计、投诉信息）；④环保手册（法律法规、环保标准、危险化学品、应急管理、作业指导书）等。可现场上传监察记录，实现了现场执法数据的快速传输，与监测、监管的联动更高效。

4. 排放口信息化

上海市排污口二维码的编码将采用 QR 码标准，包括污染源名称、污染源编号、许可证编号、排放口编号、信息公开网址等五项信息。同时，研发并采用了基于 EXIF 图像标准的数码照片格式，并开发了数码照片 GPS 坐标信息定位工具软件，自动提取数码照片中的 GPS 坐标信息，实现排污口精准定位功能。目前开发的排污口二维码信息查询系统包括以下三部分内容：①企业的基本信息，排污许可证信息、污染源基本信息及排放口信息；②监察执法查询，现场监察记录和行政处罚记录；③监测数据查询，包括在线监测数据、监督性监测数据、企业自测数据、监测任务执行情况等。

通过建立完善从排污口二维码立牌到移动监测、移动执法的全流程监管和闭环管理，并实现信息共享和互联，上海许可证管理的信息化系统将为全面实现“一证式”管理提供有力支撑。

三　进一步完善排污许可管理制度的建议

新一轮排污许可制度建设在努力实现系统化、科学化、法治化、精细化、信息化的“一证式”管理方面取得了可喜的进展，对于提升我国固定污染源的全过程管理和多污染物协同控制水平将发挥重要作用。但是由于该项工作具有很强的专业性和系统性，从管理制度完善、政策衔接、技术支撑，到管理体系的健全等仍有较大改进、提升的空间。基于上海排污许可管理制度建设及实践经验，提出以下完善建议。

一是以排污许可管理需求为导向，进一步夯实技术支撑体系。借鉴美国、欧盟排污许可管理的成功经验，以切实改善环境质量为目标，针对不同区域，除设定不同的污染物排放标准外，加强对不同行业、不同工艺控制技术的研究和标准规范制定，不断提高许可证管理的含金量；鼓励各地深化分行业、分工艺排污绩效跟踪评估，推动许可排放量核定从历史法向行业基准线法、标杆法改进，在从严实施排污许可管理的基础上，为行业领跑者创造更多激励机制；加强分级分类指导，细化排污许可简化管理标准及要求。

二是以提升排污许可管理效能为目标，加快推进制度衔接。以排污许可管理为核心，加快推进总量控制及考核、环境统计、污染源清单、污染源普查、环保税等管理制度的衔接和融合，不仅包括标准、方法的协调统一，还包括信息平台的融合共享，以及管理条线的统筹归并，尽快转变原有切割式、多头管理模式，在管理流程的设计和辅助信息化系统建设上，强化综合效益发挥，减轻企业重复申报负担，降低政府的环境监管成本，提高环境管理政策的体系性和协调性。

三是以提高排污许可管理能力为依托，推进环境治理体系现代化。根据各地实际及特点，明确不同阶段的排污许可证后监管重点，逐步引导排污企业加强环境自律，全面履行主体责任。配合制度转型及管理提升，加强政策解读及技术和管理培训，不仅针对排污企业，还应针对各级监管部门及第三方社会机构，同时进一步加强信息公开和公众参与，在提升政府服务职能的

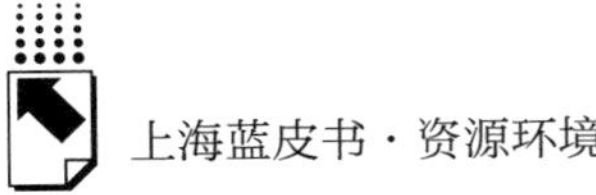

同时，大力提高全社会推进排污许可管理的能力和水平，为构建以政府为主导、以企业为主体、社会组织和公众共同参与的环境治理体系做出积极贡献。

四是以实施排污许可管理为契机，促进区域环境管理协作。在环保部的整体部署、指导下，加强区域层面许可证管理制度的协调统一。以长三角区域为例，目前，浙江、江苏两省已全面开展排污权交易试点，上海成功推进碳排放交易试点，未来有条件通过规范、统一排污许可管理制度建设，为进一步构建区域排污交易机制奠定良好基础，利用市场化机制推动区域环境标准政策协同和环境管理协作，加快推进长三角区域产业结构调整和一体化发展，为切实改善区域环境质量发挥重要支撑作用。

B.12 上海市资源环境年度指标

刘召峰*

本文利用图表的形式对 2011 ~ 2016 年上海能源、环境指标进行简要直观的表示，反映这期间上海在资源环境领域的重大变化。结合上海市“十三五”规划，分析上海资源环境现状与目标之间的差距，为“十三五”发展奠定基础。本文选取大气环境、水环境、水资源、固体废弃物、能源和环保投入等作为资源环境指标。

一 环保投入

2016 年，上海市环保投入 823.57 亿元，占当年 GDP 的 3%，比上年增长了 16.3%（名义价格），其中城市环境基础设施投入大幅增长，为 29.3%，污染源防治投入增长了 11.4%，而农村环境保护投入上涨了 56.9%，表明上海市为实现“十三五”环境保护目标打下坚实基础。

在 2016 年上海环保总投入中，占比前三项的支出分别为城市环境基础设施投资、污染源防治与环保设施运行费用。

二 大气环境

2016 年，上海市环境空气质量指数（AQI）优良天数为 276 天，AQI 优

* 刘召峰，上海社会科学院生态与可持续发展研究所博士。

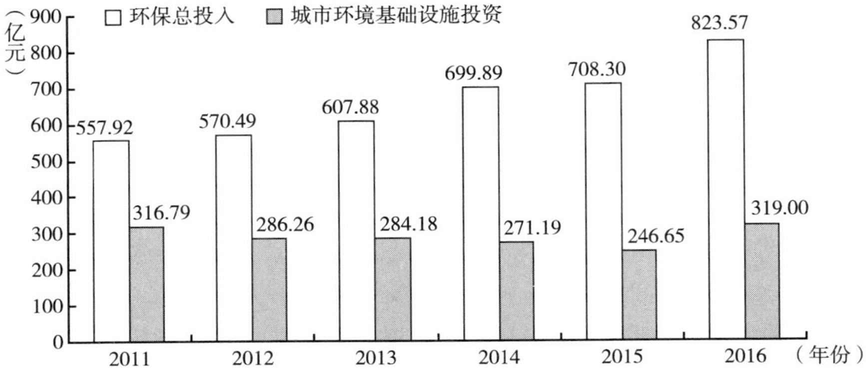

图1　2011～2016年上海市环保总投入及城市环境基础设施投资状况

资料来源：上海市环保局，2011～2016年《上海环境状况公报》。

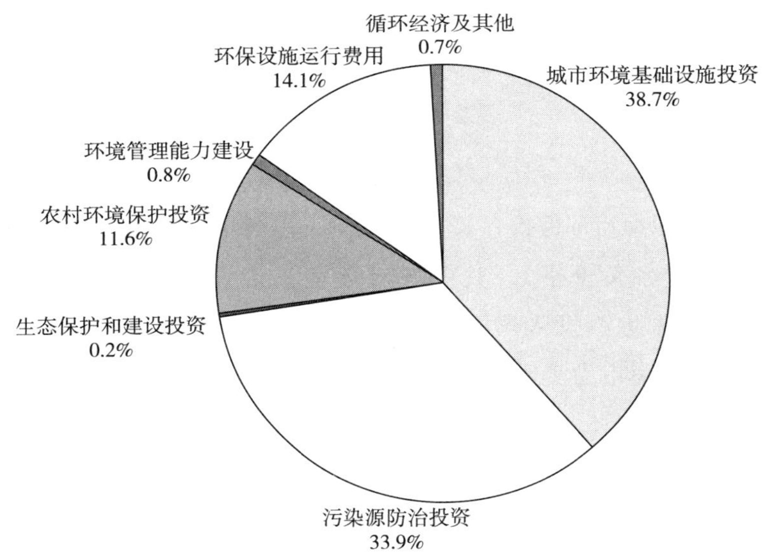

图2　2016年上海市环保投入结构概况

资料来源：上海环保局，2016年《上海环境状况公报》。

良率为75.4%。全年细微颗粒（PM 2.5）、可吸入颗粒物（PM 10）、二氧化硫、二氧化氮的年均浓度分别为45微克/立方米、59微克/立方米、15微克/立方米、43 微克/立方米。2011 ~2016 年，上海环境空气质量呈逐渐趋好态势。

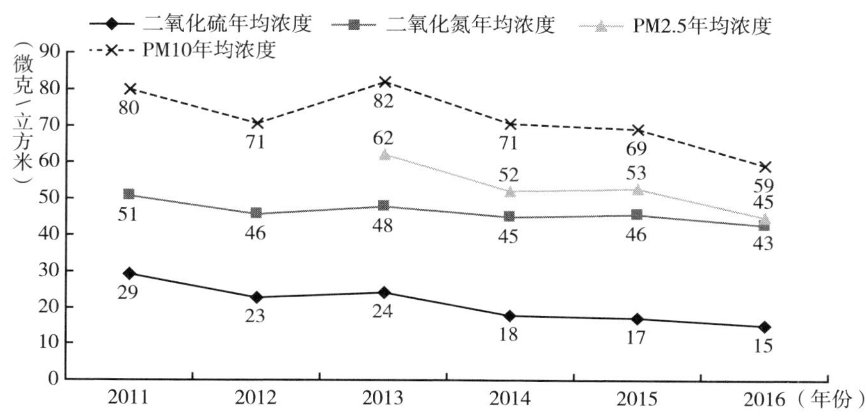

图 3　2011 ~2016 年上海市环境空气质量情况

资料来源：上海市环保局，2011 ~2016 年《上海环境状况公报》。

2016 年，上海市二氧化硫和氮氧化物排放总量分别为 15.44 万吨和 28.67 万吨，比上年分别下降了 9.6% 和 4.6%。

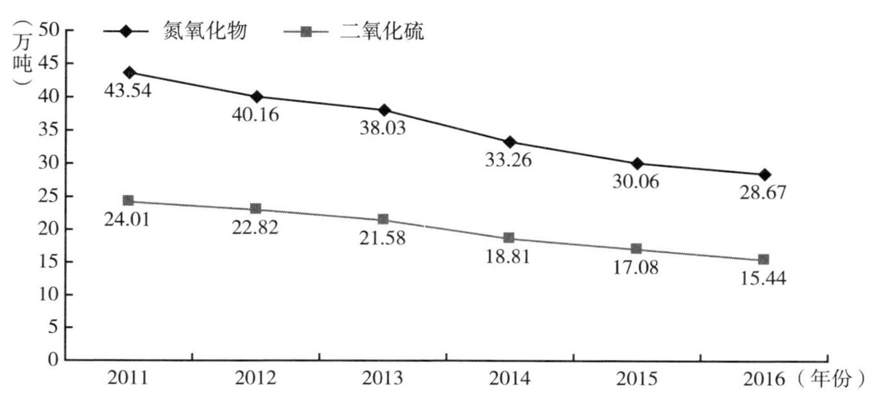

图 4　2011 ~2016 年上海市主要大气污染物排放总量

资料来源：上海市环保局，2011 ~2016 年《上海环境状况公报》。

三　水环境与水资源

2016 年上海市主要河流断面水质达 III 类及以上的比例为 16.2%，劣 V 类占 34%，主要污染指标为氨氮和总磷，相对于 2015 年，地表水环境质量有所改善，尤其是劣 V 类断面比例下降了 22.4 个百分点，氨氮、总磷平均浓度分别下降了 23.0% 和 20.8%。

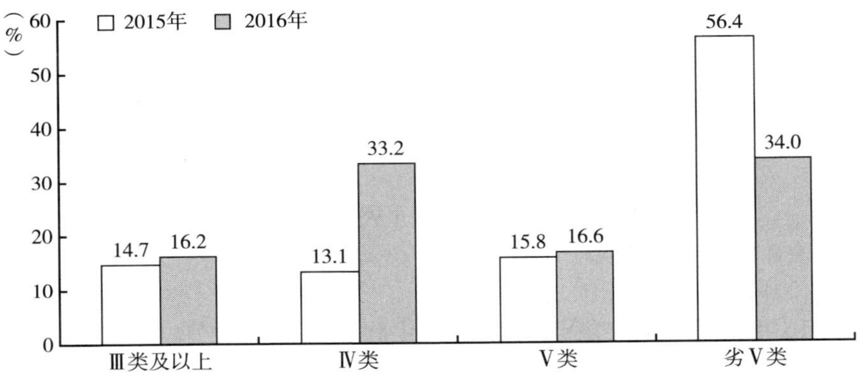

图 5　2015～2016 年上海市主要河流水质类别比重变化

注：2015 年、2016 年数据选取的断面为 259 个。

资料来源：上海市环保局，2015～2016 年《上海环境状况公报》。

2016 年上海市化学需氧量和氨氮排放总量分别为 18.48 万吨与 4.13 万吨，比 2015 年下降了 7.0% 和 3.1%。

2016 年，上海市自来水供水总量为 32.04 亿立方米。

2016 年，上海市城镇污水处理率为 93%。

四　固体废弃物

2016 年，上海市工业废弃物产生量为 1669.44 万吨，综合利用率为 95.79%。冶炼废渣、粉煤灰、脱硫石膏占工业固体废弃物总量的比重为

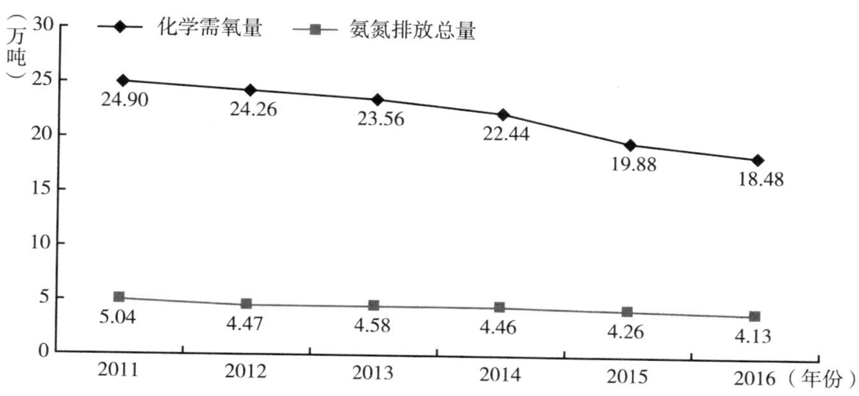

图6　2011～2016年上海市主要水污染物排放总量

资料来源：上海市环保局，2011～2016年《上海环境状况公报》。

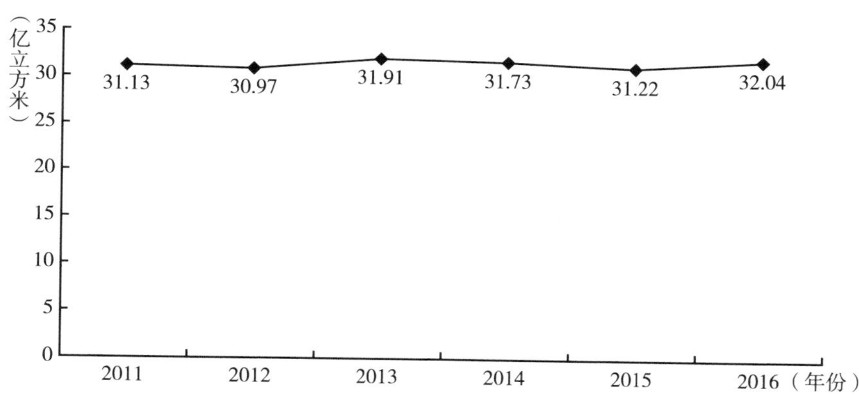

图7　2011～2016年上海市自来水供水总量变化

资料来源：上海水务局，2010～2016年《上海水资源公报》。

67.08%。2016年上海市生活垃圾产生量为879.9万吨，无害化处理率为100%，其中，卫生填埋和焚烧处理分别占43.4%和36.3%。

2016年上海市危险废弃物产生量为62.17万吨，综合利用率为46.55%。

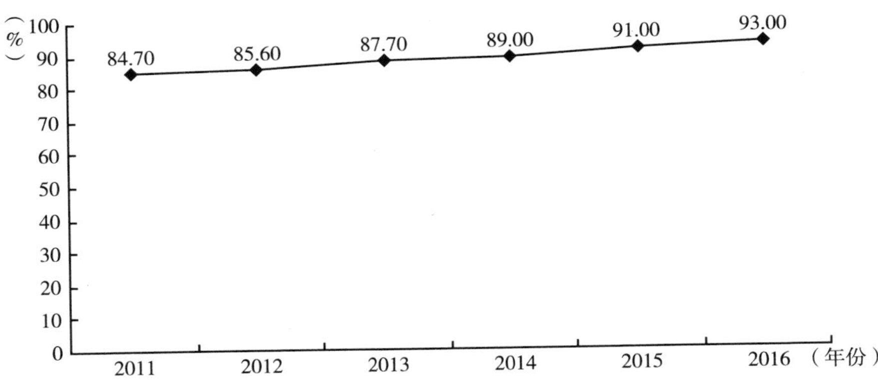

图8　2011～2016年上海市城镇污水处理率变化

资料来源：上海水务局，2011～2016年《上海水资源公报》；上海统计局，《2016年上海市国民经济和社会发展统计公报》。

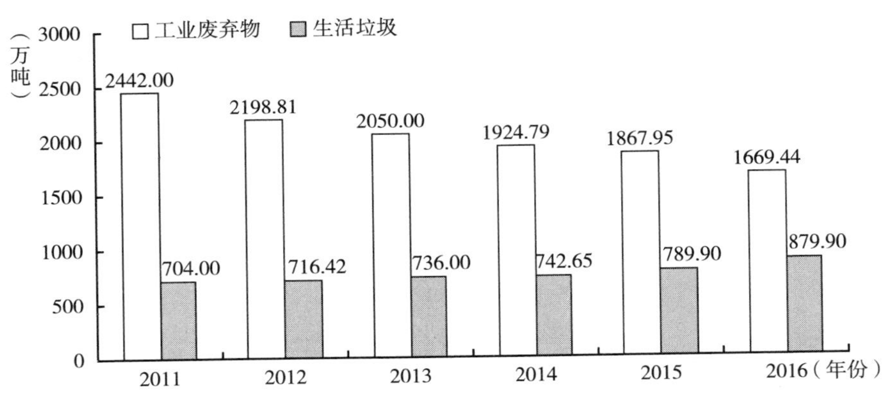

图9　2011～2016年上海市生活垃圾和工业废弃物产生量

资料来源：上海市环保局，2011～2016年《上海市固体废物污染环境防治信息公告》。

五　能源

2016年，上海市万元生产总值的能耗比上年下降了3.7%，万元地区生产总值电耗下降了1.01%。

2016 年，上海市能源消费总量为 1.17 亿吨标准煤，比上年上升了 2.9%。

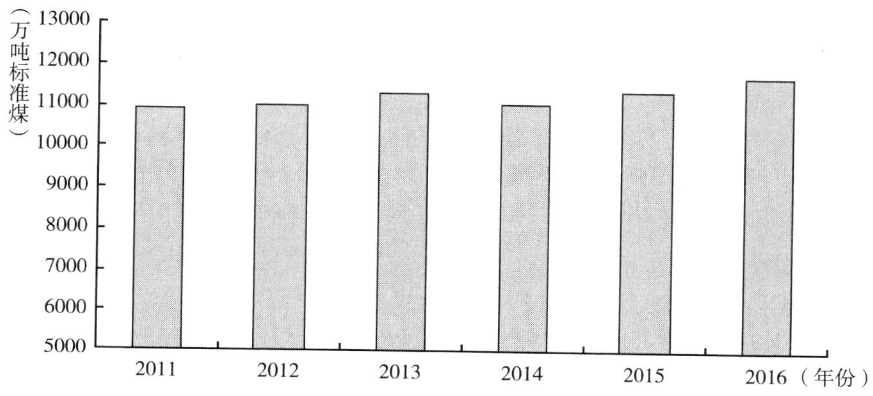

图 10　2011～2016 年上海市能源消费总量变化

资料来源：上海市统计局，《2016 年上海能源统计年鉴》，2016 年数据来源于国家统计局、国家发改委、国家能源局《2016 年分省（区、市）万元地区生产总值能耗降低率等指标公报》。

Abstract

The Yangtze River Economic Belt runs through China's east and west parts, and carries more than 40% of the Chinese population and GDP with 20% of the Chinese total land area. It not only plays an important role in China's regional development, but also serves as an important ecological security shelter for China. In recent years, due to the impacts and influences of multiple factors (such as economic activity and global climate change), the Yangtze River Economic Belt suffers from harsh eco-environmental problems, including aggravated environmental pollution, enormous potential safety hazards, severe ecological degradation, frequent natural disasters and worsened ecology in the estuary. With a view to the development of the Yangtze River Economic Belt, it is necessary to put ecology first, adhere to green development, give top priority to ecological and environmental protection, jointly spare no efforts for great protection and avoid massive exploitation.

Promoting the construction of ecological community of the Yangtze River Economic Belt is of great significance for systematical progress in the great protection of the Yangtze River Economic Belt. "Ecological Community of the Yangtze River Economic Belt" is based on soundness, integrity and systematicalness of composite ecosystem in the Yangtze River Economic Belt and characterized by undertaking of ecological and environmental risks, governance of ecological and environmental systems and sharing of ecological civilization benefits among regions, thereby forming a regional community with organic integration of ecological elements, benign interaction between economic development and ecological environment protection and inclusive growth, bilateral benefit and common prosperity among regions. On theoretical basis of compound ecosystem, this report draws on the connotations of urban vitality, ecosystem vitality and other concepts, builds "Ecological Community Vitality Index" at three dimensions

(i. e. , Ecosystem Soundness Index, and Social Progress Index, and Ecological Regulation Responsiveness Index), makes overall evaluation of the dynamic development characteristics of Ecological Community Vitality Index of the Yangtze River Economic Belt during 2011 – 2015, and compares the characteristics of vitality indices of various regions. According to the results, Ecological Community Vitality Index of the Yangtze River Economic Belt continues to rise, and it gradually shifts from single driving force of ecosystem soundness to multi-pronged driving forces of ecosystem soundness, economic and social development and ecological construction responsiveness. There are significant differences in ecological community vitality indices of different regions. The upper reaches of the Yangtze River boast higher ecosystem soundness index, while economic and social development index and ecological construction responsiveness index are relatively higher in the lower reaches of the Yangtze River. Moreover, the lower reaches of the Yangtze River outperform in terms of economic development level, economic development vitality, environmental and economic efficiency, and human-social life harmony and other aspects. This is also the uppermost advantage of Ecological Community Vitality in the lower reaches of the Yangtze River Economic Belt.

Ecological Community Vitality Index of Shanghai City always ranks first in the Yangtze River Economic Belt. For a long time, Shanghai actively echoes with the national development orientation for this city, explores for the mechanism for cooperation in the Yangtze River Economic Belt, advances counterpart support and industrial transfer, enhances the overflow of innovation in the upper and middle reaches of the Yangtze River Economic Belt, improves economic development, exerts great efforts to synergize with the construction of Yangtze River Economic Belt and harvests remarkable fruits. This provides significant support to Shanghai's Services to the construction of Ecological Community of the Yangtze River Economic Belt. By taking advantage of the intersection of river and sea, the status of global city, the construction of scientific and technological innovation center and institutional innovation, Shanghai will be positioned as "a demonstrator of joint ecological protection, a forerunner of innovation-driven development, a leader of regional development coordination, a powerhouse for opening up to the outside world and a vanguard of institutional innovation" in the construction of Ecological Community of the Yangtze River Economic Belt. To this end, Shanghai will emerge as a coordinator of regional synergy, a diffuser of factor synergy and a pacesetter of goal synergy in the construction of Ecological Community of the Yangtze River Economic Belt.

With a view to Shanghai's services to construction of Ecological Community in the Yangtze River Economic Belt, first, Shanghai should strengthen the construction of urban ecological environment, intensify the protection of natural ecosystem, make greater efforts for the protection of water sources and comprehensive improvement of water environment, protect ecological space carriers, constantly give impetus to the construction of Chongming World-class Eco-island, and form important nodes in Green Ecological Corridor of the Yangtze River Economic Belt. Second, Shanghai should give full play to the advantages of global city, and build important hubs for factor allocation and service system. Shanghai should be poised to be an international shipping and financial service center, a platform of transfer of high-end industries to inland regions and a hub of the Asia-Pacific production organization, and play more important roles in information, industry, cargo transport, commodity transaction information management, personnel training and other aspects in the Yangtze River Economic Belt. Third, Shanghai should grow into a global scientific and technological innovation center, and rely on innovation and cooperation to promote the green transformation and development of the Yangtze River Economic Belt. Shanghai needs to further enhance its global scientific and technological resource allocation capability, strengthen synergy of scientific and technological services and sharing of scientific and technological resources in the Yangtze River Economic Belt, bring full play to the central driving force industrial innovation network and the central conductive function of industrial green development, and devote to industrial transformation and upgrading of the Yangtze River Economic Belt. Fourth, Shanghai should set the pace for environmental governance system and mechanism innovation for the Yangtze River Economic Belt, advocate the establishment of emission trading mechanism of the Yangtze River Basin and regional cooperation mechanism of the Yangtze River Economic Belt, join hands to establish transboundary ecological compensation mechanism of the Yangtze River Economic

Belt, and devote to construction of natural resource asset and property right system in the Yangtze River Economic Belt.

Keywords: The Yangtze River Economic Belt; Ecological Community; Shanghai

Contents

I General Report

Abstract: The Yangtze River Economic Zone (YREZ) is an ecological community containing human and a variety of natural environmental factors. Prompting YREZ ecological community construction is of great significance. Yangtze River economic zone ecological community is a symbiosis and co-prosperity regional symbiosis where ecological elements are organically integrated, and economic development and ecological environment protection are benignly interacted. The Ecological Community Vitality Index of YREZ includes

Ecosystem Health Index, Social-economic Progress Index and Ecological Control Response Index. And then, we build the index system to evaluate the ecological community vitality of YREZ. Result shows that, (1) the Ecological Community Vitality Index of YREZ is generally in an upward trend. Compared with the Ecosystem Health Index, Social-economic Progress Index and Ecological Control Response Index rise faster. (2) Social-economic Progress Index and Ecological Control Response Index in lower reaches of YREZ perform better, and Ecosystem Health Index in upstream is better. With the advantages of Yangtze River Estuary, global city, scientific & technological innovation center and system innovation, Shanghai should play the role of "demonstrator of ecological protection, pioneer of innovation driven development, leader of regional coordinated development, promoter of open development, and bellwether of institutional innovation" . In the future, Shanghai should be the important nodes both in the construction of the Yangtze River Economic Belt green ecological corridor and element configuration. And also, Shanghai should promote the transformation of green and high-grade production, and play a positive role in environmental management system and mechanism innovation.

Keywords: Yangtze River Economic Zone; Ecological Community; Vitality; Shanghai

Ⅱ Part of Ecological Co-building

Abstract: The Yangtze River Economic Belt is the horizontal axis of China's national economy, so a healthy and functional ecological corridor along the river is crucial to the national security, strongly supporting economic development in this region. The prime challenge facing building the Ecological Corridor of the Yangtze River Economic Belt is still the contradiction between economic development and environmental protection (e. g. over-exploitation of water power harming the environment), and segmentation of administrative divisions is also incompatible with the continuity and integrity requirements of ecological corridor building. In order to promote the Ecological Corridor of the Yangtze River Economic Belt, it is needed to follow the green development road, turning the "green mountain" into "gold mountain" through innovative reforms; it is suggested to centralize the population and economic activities by optimizing the function of cities groups, leaving more green space to be protected; a cap should be exerted upon water power development rights; some giant inter-provincial ecological projects are needed as the platform to coordinate multi-provinces efforts in ecological restoration in the Yangtze Valley. In this process, Shanghai could make good use of its advantages in the respects of financial system, technological innovation, industry development and city functions to help other provinces, e. g. participating in exploiting and operating their ecological assets so as to turn their ecological advantages into economic advantages; mobilizing international technology resources to serve ecological restoration in other provinces; improving cities group network in the Yangtze Delta so as to centralize the population and economic activities towards the network nodes, leaving more space to natural ecology.

Keywords: the Yangtze River; Ecological Corridor; Shanghai; Advantages; Measures to Help Other Provinces

Abstract: Shanghai City is located in the estuary of the Yangtze River. With a unique geographic location, it is one of the most concentrated region of beach wetland in our country and plays a significant role in the conservation of the estuary ecosystem, aquatic animalsin the Yangtze River Basin and international migratory birds. It is also an important area to ensure the ecological security of the Yangtze River Basin and to protect the global biodiversity. First, based on the identification of the characteristics and main problems of the ecosystem in Shanghai, the importance of ecosystem services function was evaluated based on the InVEST model. The ecological protected space in the city was then determined based on the evaluation results and its classified and hierarchical management system was established. Finally, considering the systematism and integration of the ecological protection for the Yangtze River basin, the key issues were identified, and the basin-scale integrated and coordinated promotion mechanism was put forward, including ecological risk monitoring and early warning, assessment of the ecological protection red line and ecological compensation. The research results are of great significance for improving the ecological environment of the Yangtze River Basin and safeguarding the national ecological security.

Keywords: Ecological Protected Space; Management Mechanism; the Yangtze River Basin

Abstract: Shanghai is committed to promoting water pollution control of the Yangtze River. It is of great significance to the construction of the Yangtze River green ecological corridor, which is based on the Yangtze River Delta and serves the Yangtze River Economic Belt in Shanghai. The situation of the Yangtze River Basin water environment is not optimistic, still facing the large scale of total pollutants and prominent agricultural non-point source pollution problems, and pollution industry agglomerate along the Yangtze River, water safety is threatened, water ecology is in urgent need of protection and restoration, watershed management needs to be strengthened, and so on. In the analysis of the aspirations of the Yangtze River Economic Belt flowing to Shanghai, Shanghai should focus on the following aspects: strengthen basin industrial cooperation, promote industrial green development; strengthen watershed environmental cooperation, promote watershed cooperative governance; output environmental management mode, leading environmental management system reform; strengthen building the platform, realization of factor resource sharing; strengthen the construction of talent team, provide high-end intellectual support.

Keywords: Yangtze River Economic Belt (YREB); Water Pollution; Watershed Management

B. 5 Shanghai Join with Yangtze River Economic Zone in Advancing the Sustainability of Water Resources Development and Utilization *Wu Meng* / 102

Abstract: Water resources are the core resource elements to economic and social development and environment protection in Yangtze River Economic Belt, and are also the difficult and key points in developing ecological community. We attempt to build a framework to guide the sustainability assessment of water resources development and utilization, and we take Yangtze River Economic Belt as the study area. The results show that in recent years, the sustainability of water resources development and utilization in the Yangtze River Economic Belt has been continuously improved. However, the following issues should be addressed: improve the social equity of water development and utilization between eastern and western provinces, enhance the overall water utilization efficiency, avoid the water resources development in upstream provinces to affect the environment and ecosystem protection in overall Yangtze River Economic Belt, and consolidate and protect Yangtze River Economic Belt as the important status as strategic water source area in China. Considering the problems and challenges, we try to provide some solutions from the view of Shanghai development, including the following targeted management strategies: improve the coordination of water resources development and utilization and to promote the social equity; promote the implementation of the most stringent water management system and improve the management of both total amount and efficiency of water utilization, then we can improve the water development efficiency in the whole society; optimize the strategic layout and environmental risk control of water sources area to protect the strategic role of water sources area of China; accelerate the implementation of ecological red line management, to protect the water ecology of Yangtze River Economic Belt, and maintain the important function of ecological barrier at the national and global scale.

Keywords: Water Resources; Sustainability; Yangtze River Economic Belt; Ecological Community

Ⅲ Part of Development Pacesetting

Abstract: The industrial transformation and upgrading refers to a high degree of industrial structure, high added value at the industrial level and green development of the industry. As the most concentrated industrial development zone in the country, the industrial transformation and upgrading of the Yangtze River Economic Belt are the main battlefields of economic supply-side structural reform. It is also the basis and result of enhancing regional economic competitiveness and the technical, product and material basis of regional green development. In recent years, as a whole, the industrial output continues to grow, industrial structure continues to optimize, environmental loads continues to decrease. However, from a horizontal perspective, the results of industrial transformation and upgrading in the Yangtze River Economic Belt are extremely uneven. Shanghai, as a benchmark, leads the industrial transformation and upgrading of the Yangtze River Economic Belt. To realize the abutment,

Shanghai needs to further enhance the functions and levels of global city, enhance its ability to allocate resources globally, give full play to its transnational hub for industrial resource allocation, its central coordination in industrial development, its central motivation in industrial innovation networks, and its conduction of industrial green development for the Yangtze River Economic Belt.

Keywords: the Yangtze River Economic Belt; Industry; Transformation and Upgrading; Shanghai; Abutment Joining Efforts

B. 7 Shanghai Joining and Advancing Prevention and Control of Ship Pollution in the Yangtze River Economic Belt

Abstract: The Yangtze River Economic Belt covers 11 provinces and municipalities, water transport capacity of 4. 138 billion tons and 159 million people, resulting in a large number of pollution. Due to the mobility and complex characteristics of ship pollution, it is necessary to build a collaboration mechanism of river basin, trans-administrative districts and multi sectors. The implementation of the ship emission control belt policy has achieved good results, but also exposed some problems. If the current coordination mechanism is only aimed at air pollution, it only involves Jiangsu, Zhejiang and Shanghai. If the joint prevention and control mechanism of ship pollution is constructed in the Yangtze River Economic Belt, it is necessary to solve such problems as lack of environmental cooperation mechanism, hard supervision, insufficient emergency response capacity and imperfect regional environmental information collaboration mechanism. Shanghai should play an active role in the joint prevention and control mechanism of ship pollution in the Yangtze River Economic Belt. To this end, this paper puts forward how to build mechanism of joint prevention and control of ship pollution in Yangtze River Economic Belt, innovation of ecological compensation policy, green financial policy, emergency response capacity building, unified pollution prevention policy, and so on.

Keywords: Yangtze River Economic Belt; Ship Pollution; Joint Prevention and Control; Mutual Strategy

Abstract: Under the background of construction of ecological community in the Yangtze Economic Region, green development shall play an important role in many aspects. As a crucial element of green development, green consumption shall also be promoted proactively. This article analyzed firstly relationship between the promotion of green consumption and the protection of water resource, and pointed out that the green consumption is necessary for the protection of water resource in Yangtze Economic Region. As "The Four Centers" and the most downstream city of the Yangtze River, Shanghai has many advantages for dealing with promotion of green consumption and also protection of water resource based on that promotion. However, Shanghai has also some disadvantages. By promoting green consume, there are challenges from consumers' conscious, need of market, production, circumstance and externality of consume. By water resource protection, difficulties come from coordination of riparian cities, backwardness of the current legal regulations, and the construction of the circular economy. Shanghai must have a proactive attitude to face these challenges. Its government should play a leading role, which can build a foundation for the beneficial interaction of government, enterprises, consumers and the other participants. This article is meaningful for Shanghai to play a leading role in the construction of the ecological community in the Yangtze Economic Region, and also for Shanghai's promotion of the green consumption. It is also important to further consideration on the environmental protection in the Yangtze River, the enhancement of the circular economy system, and the improvement of the related legal regulations of the green consumption and of the water resource protection.

Keywords: Green Consumption; Water Resource Protection; Yangtze Economic Region

Ⅳ Part of System Collaboration

B. 9 Shanghai Joining and Constructing the Mechanism of Cross-border Payment for Ecological/Environmental Service (PES) in the Yangtze River Economic Belt

Abstract: The Yangtze River Economic Belt development strategy is a new strategy based on the regional harmonious development in our country, through the implementation of infrastructure construction, industry layout optimization, a batch of major projects, such as ecological environment protection to solve the problem of unbalanced development in various regions. And the ecological environmental fair problem is the topic of important strategic thoughts of ecological civilization construction in the "five-in-one" overall arrangements put forward from the 18th National Congress of the Communist Party of China. PES is the coordination of the regional ecological development of the Yangtze River Economic Belt Area and ecological resource reconfiguration of economic means, is to realize the ecology of the Yangtze River Economic Belt of fair mechanism. Therefore, building mechanism of cross-border PES plays a positive role in coordinating the ecological benefit between the middle and lower reaches of the Yangtze River of the ecological environment governance, natural resources development and ecological engineering construction, and planning as a whole the area of ecological environment protection on fair problems, therefore its urgency is self-evident. However, due to bigger difference in the middle and lower reaches of the Yangtze River Economy Belt of natural resources, geographical location, social economic condition, and building across the eastern, central and western PES mechanism in large area of the Yangtze River Economic Belt faces many problems. This paper reveals the reasons behind the phenomenon. From the building design elements of the, the building path of cross-border PES mechanism in Yangtze river Economic Belt is put forward from aspects on the PES standard accounting, marketing compensation basis and developing the market main body and the PES security mechanism in the Yangtze River Economic Belt. At the same time, combined with the advantages of Shanghai, the countermeasures for Shanghai docking of cross-border PES mechanism of the Yangtze River Economic Belt are put forward, so as to a local experience and the Yangtze River Delta experience are formed and popularized to the Yangtze River Economic Belt.

Keywords: Yangtze River Economic Belt; Cross-border; PES Mechanism

Abstract: Property rights system is related to the realization of the value of natural resources assets. The current property rights system of the Yangtze River Economic Belt is not perfect, the property right boundary is unclear, the property rights flow is not smooth and so on. Shanghai is located at the intersection of "The Belt and Road" and the Yangtze River Economic Belt. Shanghai is also in the leading position in the Yangtze River Economic Belt, and has the system and management advantages in the construction of property rights system of natural resource assets. Shanghai should make property right confirmation registration of natural resources, and take Chongming Island as the first pilot areas, to explore registration methods for the right to use cross-border water resources. The execution of ownership can be divided into different level, and there should establish a natural resources asset management office under the SASAC, the goal is to form a unified national ownership of natural resources and explore the construction of the natural resources assets property rights system. The natural resources asset rights system should also be sound, and establish tight of possession, right of use, right of profit and right of disposition based on the ownership. To explore the property rights trading of natural resources assets, build a market system consisting of primary market transactions and secondary market transactions, and to explore the construction of cross-regional natural resource assets trading market.

Keywords: Natural Resources Assets; Property Rights System; Yangtze River Economic Belt

B. 11 Study on Emission Permit System Construction and Practical Experience of Shanghai

Hu Jing, Xu Wenqian, Hong Zuxi and Chen Jing / 237

Abstract: Shanghai started its pilot trial on Pollutant Discharge Permit management from 1980's, and has been working on the improvement of the PDP management system ever since. In November 2016, the General Office of the State Council of the People's Republic of China issued the Implementation Plan on Permit Mechanism for Controlling Pollutant Discharge, aiming at building PDP into the very core management system for controlling stationery emissions. As an update of the existing PDP management, this 'new version' has taken into considerations of the utmost requirements for environmental protection in China under current circumstances. But what kind of institutional design does it need to build PDP into the core management system? How to implement? What impacts it might have on governmental departments, business sectors and the general public? This paper will try to explore the key principles and the policy implications of the PDP management, taking the example of Shanghai's institutional design and implementation practices on PDP management.

Keywords: Pollutant Discharge Permit; Environmental Management; "One Certificate Only" Management

✤ 皮书起源 ✤

“皮书”起源于十七、十八世纪的英国，主要指官方或社会组织正式发表的重要文件或报告，多以“白皮书”命名。在中国，“皮书”这一概念被社会广泛接受，并被成功运作、发展成为一种全新的出版形态，则源于中国社会科学院社会科学文献出版社。

✤ 皮书定义 ✤

皮书是对中国与世界发展状况和热点问题进行年度监测，以专业的角度、专家的视野和实证研究方法，针对某一领域或区域现状与发展态势展开分析和预测，具备原创性、实证性、专业性、连续性、前沿性、时效性等特点的公开出版物，由一系列权威研究报告组成。

✤ 皮书作者 ✤

皮书系列的作者以中国社会科学院、著名高校、地方社会科学院的研究人员为主，多为国内一流研究机构的权威专家学者，他们的看法和观点代表了学界对中国与世界的现实和未来最高水平的解读与分析。

✤ 皮书荣誉 ✤

皮书系列已成为社会科学文献出版社的著名图书品牌和中国社会科学院的知名学术品牌。2016 年，皮书系列正式列入“十三五”国家重点出版规划项目；2013~2018 年，重点皮书列入中国社会科学院承担的国家哲学社会科学创新工程项目；2018 年，59 种院外皮书使用“中国社会科学院创新工程学术出版项目”标识。

中国皮书网

（网址：www.pishu.cn）

发布皮书研创资讯，传播皮书精彩内容
引领皮书出版潮流，打造皮书服务平台

栏目设置

关于皮书：何谓皮书、皮书分类、皮书大事记、皮书荣誉、皮书出版第一人、皮书编辑部

最新资讯：通知公告、新闻动态、媒体聚焦、网站专题、视频直播、下载专区

皮书研创：皮书规范、皮书选题、皮书出版、皮书研究、研创团队

皮书评奖评价：指标体系、皮书评价、皮书评奖

互动专区：皮书说、社科数托邦、皮书微博、留言板

所获荣誉

2008 年、2011 年，中国皮书网均在全国新闻出版业网站荣誉评选中获得“最具商业价值网站”称号；

2012 年，获得“出版业网站百强”称号。

网库合一

2014 年，中国皮书网与皮书数据库端口合一，实现资源共享。

中国社会发展数据库（下设 12 个子库）

全面整合国内外中国社会发展研究成果，汇聚独家统计数据、深度分析报告，涉及社会、人口、政治、教育、法律等 12 个领域，为了解中国社会发展动态、跟踪社会核心热点、分析社会发展趋势提供一站式资源搜索和数据分析与挖掘服务。

中国经济发展数据库（下设 12 个子库）

基于“皮书系列”中涉及中国经济发展的研究资料构建，内容涵盖宏观经济、农业经济、工业经济、产业经济等 12 个重点经济领域，为实时掌控经济运行态势、把握经济发展规律、洞察经济形势、进行经济决策提供参考和依据。

中国行业发展数据库（下设 17 个子库）

以中国国民经济行业分类为依据，覆盖金融业、旅游、医疗卫生、交通运输、能源矿产等 100 多个行业，跟踪分析国民经济相关行业市场运行状况和政策导向，汇集行业发展前沿资讯，为投资、从业及各种经济决策提供理论基础和实践指导。

中国区域发展数据库（下设 6 个子库）

对中国特定区域内的经济、社会、文化等领域现状与发展情况进行深度分析和预测，研究层级至县及县以下行政区，涉及地区、区域经济体、城市、农村等不同维度。为地方经济社会宏观态势研究、发展经验研究、案例分析提供数据服务。

中国文化传媒数据库（下设 18 个子库）

汇聚文化传媒领域专家观点、热点资讯，梳理国内外中国文化发展相关学术研究成果、一手统计数据，涵盖文化产业、新闻传播、电影娱乐、文学艺术、群众文化等 18 个重点研究领域。为文化传媒研究提供相关数据、研究报告和综合分析服务。

世界经济与国际关系数据库（下设 6 个子库）

立足“皮书系列”世界经济、国际关系相关学术资源，整合世界经济、国际政治、世界文化与科技、全球性问题、国际组织与国际法、区域研究 6 大领域研究成果，为世界经济与国际关系研究提供全方位数据分析，为决策和形势研判提供参考。

法律声明